U0261082

国家出版基金项目

NATIONAL PUBLICATION FOUNDATION

国家出版基金项目

"十四五"时期国家重点出版物出版专项规划项目

中国战略性新兴产业——前沿新材料

仿生材料

丛书主编　魏炳波　韩雅芳

编　　著　郑咏梅　侯永平

中国铁道出版社有限公司

CHINA RAILWAY PUBLISHING HOUSE CO., LTD.

内 容 简 介

本书为"中国战略性新兴产业——前沿新材料"丛书之分册。

本书基于国家自然科学基金重点项目、面上项目、"973"计划项目等多项科研成果,论述仿生材料。通过自然界中一些特殊表界面现象,分析了表面微观结构和宏观性质的关系,论述了目前仿生结构材料、仿生界面材料、功能材料的概念、理念、研究进展,以及仿生材料近期的一些应用,分析了各领域仿生材料存在的问题,展望了仿生材料发展趋势。

全书立足于仿生研究的最新成果,渗透仿生设计、仿生制备、仿生方法和思路,适合从事仿生材料研究和工作的科研人员和工程技术人员参考,也可供高校相关专业师生参考,还可作为高校相关专业的研究生、本科生教材。

图书在版编目(CIP)数据

仿生材料 / 郑咏梅,侯永平编著. -- 北京 : 中国铁道出版社有限公司,2024. 11. --(中国战略性新兴产业 / 魏炳波,韩雅芳主编). -- ISBN 978-7-113-31491-0

Ⅰ. TB39

中国国家版本馆 CIP 数据核字第 2024U78A86 号

书　　名	**仿生材料**
作　　者	郑咏梅　　侯永平

策　　划	梁　雪　李小军	
责任编辑	梁　雪	编辑部电话：(010)51873193
封面设计	高博越	
责任校对	安海燕	
责任印制	高春晓	

出版发行：中国铁道出版社有限公司(100054,北京市西城区右安门西街 8 号)

网　　址：https://www.tdpress.com

印　　刷：北京联兴盛业印刷股份有限公司

版　　次：2024 年 11 月第 1 版　　2024 年 11 月第 1 次印刷

开　　本：787 mm×1 092 mm 1/16　**印张**：12　**字数**：256 千

书　　号：ISBN 978-7-113-31491-0

定　　价：98.00 元

作 者 简 介

魏炳波

中国科学院院士,教授,工学博士,著名材料科学家。现任中国材料研究学会理事长,教育部科技委材料学部副主任,教育部物理学专业教学指导委员会副主任委员。入选首批国家"百千万人才工程",首批教育部长江学者特聘教授,首批国家杰出青年科学基金获得者,国家基金委创新研究群体基金获得者。曾任国家自然科学基金委金属学科评委、国家"863"计划航天技术领域专家组成员、西北工业大学副校长等职。主要从事空间材料、液态金属深过冷和快速凝固等方面的研究。获 1997 年度国家技术发明奖二等奖,2004 年度国家自然科学奖二等奖和省部级科技进步奖一等奖等。在国际国内知名学术刊物上发表论文 120 余篇。

韩雅芳

工学博士,研究员,著名材料科学家。现任国际材料研究学会联盟主席,《自然科学进展:国际材料》(英文期刊)主编。曾任中国航发北京航空材料研究院副院长、科技委主任,中国材料研究学会副理事长、秘书长、执行秘书长等职。主要从事航空发动机材料研究工作。获 1978 年全国科学大会奖、1999 年度国家技术发明奖二等奖和多项部级科技进步奖等。在国际国内知名学术刊物上发表论文 100 余篇,主编公开发行的中、英文论文集 20 余卷,出版专著 5 部。

郑咏梅

工学博士,北京航空航天大学化学学院二级岗教授、博士生导师,中国复合材料学会理事,中国化学学会高级会员,英国皇家化学会会士,瑞典先进材料学会会士。主要从事仿生界面化学研究,开展微纳米梯度界面的动态浸润性调控研究在雾水收集、大气获水、防覆冰、纳微流体定向输运等方面的研究和应用。获国际仿生工程学会突出贡献最高奖。在 *Nature*, *Adv. Mater.*, *ACS Nano*, *Adv. Funct. Mater.*, *Small* 等国内外高水平学术期刊上发表 SCI 论文 150 余篇,封面作 15 篇,出版英文专著 3 部。总引用 14 115, H 因子 52。

序

  前沿新材料是指现阶段处在新材料发展尖端,人们在不断地科技创新中研究发现或通过人工设计而得到的具有独特的化学组成及原子或分子微观聚集结构,能提供超出传统理念的颠覆性优异性能和特殊功能的一类新材料。在新一轮科技和工业革命中,材料发展呈现出新的时代发展特征,人类已进入前沿新材料时代,将迅速引领和推动各种现代颠覆性的前沿技术向纵深发展,引发高新技术和新兴产业以至未来社会革命性的变革,实现从基础支撑到前沿颠覆的跨越。

  进入 21 世纪以来,前沿新材料得到越来越多的重视,世界发达国家,无不把发展前沿新材料作为优先选择,纷纷出台相关发展战略或规划,争取前沿新材料在高新技术和新兴产业的前沿性突破,以抢占未来科技制高点,促进可持续发展,解决人口、经济、环境等方面的难题。我国也十分重视前沿新材料技术和产业化的发展。2017 年国家发展和改革委员会、工业和信息化部、科技部、财政部联合发布了《新材料产业发展指南》,明确指明了前沿新材料作为重点发展方向之一。我国前沿新材料的发展与世界基本同步,特别是近年来集中了一批著名的高等学校、科研院所,形成了许多强大的研发团队,在研发投入、人力和资源配置、创新和体制改革、成果转化等方面不断加大力度,发展非常迅猛,标志性颠覆技术陆续突破,某些领域已跻身全球强国之列。

  “中国战略性新兴产业——前沿新材料”丛书是由中国材料研究学会组织编写,由中国铁道出版社有限公司出版发行的第二套关于材料科学与技术的系列科技专著。丛书从推动发展我国前沿新材料技术和产业的宗旨出发,重点选择了当代前沿新材料各细分领域的有关材料,全面系统论述了发展这些材料的需求背景及其重要意义、全球发展现状及前景;系统地论述了这些前沿新材料的理论基础和核心技术,着重阐明了它们将如何推进高新技术和新兴产业颠覆性的变革和对未来社会产生的深远影响;介绍了我国相关的研究进展及最新研究成果;针对性地提出了我国发展前沿新材料的主要方向和任务,分析了存在的主要问题，提出了相关对策和建议；是我国"十三五"和"十四五"期间在材料领域具有国内领先水平的第二套系列科技著作。

本丛书特别突出了前沿新材料的颠覆性、前瞻性、前沿性特点。丛书的出版，将对我国从事新材料研究、教学、应用和产业化的专家、学者、产业精英、决策咨询机构以及政府职能部门相关领导和人士具有重要的参考价值，对推动我国高新技术和战略性新兴产业可持续发展具有重要的现实意义和指导意义。

本丛书的编著和出版是材料学术领域具有足够影响的一件大事。我们希望，本丛书的出版能对我国新材料特别是前沿新材料技术和产业发展产生较大的助推作用，也热切希望广大材料科技人员、产业精英、决策咨询机构积极投身到发展我国新材料研究和产业化的行列中来，为推动我国材料科学进步和产业化又好又快发展做出更大贡献，也热切希望广大学子、年轻才俊、行业新秀更多地"走近新材料、认知新材料、参与新材料"，共同努力，开启未来前沿新材料的新时代。

中国科学院院士、中国材料研究学会理事长

国际材料研究学会联盟主席

2020 年 8 月

前　言

　　"中国战略性新兴产业——前沿新材料"丛书是中国材料研究学会组织、由国内一流学者著述的一套材料类科技著作。丛书突出颠覆性、前瞻性、前沿性特点,涵盖了超材料、气凝胶、离子液体、多孔金属等 10 多种重点发展的前沿新材料。

　　本册为《仿生材料》分册。随着仿生学和纳米技术蓬勃发展,受自然启发的各种仿生材料和颠覆性技术受到了科学家的广泛关注。受生物启发或者模仿生物的某种特性而开发的材料,即仿生材料,推动了生物、物理、化学、机械、生物制造、纳米技术等学科之间的交叉,衍生出了诸多新概念、新理论、新方法及新技术。近年来,材料科学通过与生命科学交叉,对生物材料的形成过程进行了研究,从研究中得到启示,将传统的人造材料领域扩大到生物材料领域,涉及生物大分子、生物合成、基因技术等。仿生材料的研究范围广泛,包括微结构、生物组织形成机制、结构和过程的相互联系,并最终利用所获得的结果进行材料的设计与合成。仿生材料为雾水收集、热量传递、减阻、防覆冰、自清洁表面、黏附性表面、光学表面、发电、微流控和柔性机器人等各种应用的研究和发展提供了一条新途径。仿生材料的发展极大地扩展了传统工程的边界,为开发更安全、更便宜、更高效的功能材料提供了一个新策略。

　　本书基于国家自然科学基金重点项目、面上项目、"973"计划项目等课题成果,论述仿生材料。通过自然界中一些特殊表界面现象,分析表面微观结构和宏观性质的关系,论述目前仿生结构材料、仿生界面材料、仿生功能材料概念、理念、研究进展,以及仿生材料近期的一些应用,分析各领域仿生材料存在的问题,展望了仿生材料发展趋势。

　　本书立足于近年来仿生研究方面的最新成果,从仿生概念、仿生理念,到仿生研究进展逐步展开,同时重点突出仿生结构材料、仿生界面材料、仿生功能材料,内容中渗透仿生设计、仿生制备、仿生方法与思路等特色,适合从事仿生材料研究和工作的科研人员和工程技术人员参考。

　　限于编著者水平,书中不妥之处在所难免,恳请读者批评指正。

编著者

2024 年 6 月

目　　录

绪　　论

0.1　仿生学的概念

自然界中的动物和植物经过 45 亿年优胜劣汰、适者生存的进化,逐渐适应了环境的变化,从而得到生存和发展,其结构与功能已达到近乎完美的程度。自古以来,自然界就是人类各种技术思想、工程原理及重大发明的源泉。道法自然,向生物学习,向自然界学习,利用新颖的受生物启发而来的合成方法和源于自然的仿生原理来设计合成结构材料和功能材料是近年来迅速崛起和飞速发展的研究领域,而且已成为化学、材料、生命、力学、物理等学科交叉研究的前沿热点之一。

虽然仿生学的历史可以追溯到许多世纪以前,但人们通常认为,1960 年在美国召开的第一届仿生学讨论会是仿生学诞生的标志。仿生学一词是 1960 年由美国斯蒂尔(Jack Ellwood Steele)根据拉丁文“bion”(“生命方式”的意思)和后缀“ic”(“具有……的性质”的意思)构成的。1963 年我国将“Bionics”译为“仿生学”,它是研究生物系统的结构、性质、原理、行为以及相互作用,从而为工程技术提供新的设计思想、工作原理和系统构成的技术科学。简言之,仿生学就是模仿生物的科学。仿生学是生物学、数学和工程技术学等学科相互渗透而结合成的一门新兴科学。随着化学、材料学、分子生物学、系统生物学以及纳米技术的发展,仿生学向微纳结构和微纳系统方向发展已成为仿生学前沿研究的一个重要分支。

仿生学的主要研究对象就是大自然,它是基于生物体独特的功能结构并加以改进、与多种学科相结合的综合学科。人类自身设计制造的工具与器械远不如经过漫长进化后的生物体的结构优越,这样的例子不胜枚举,例如鱼类的流线形外形与人类船舶形态的设计、蛋壳的弯曲外形与人类的建筑设计风格的联系、蝙蝠的超声功能与声呐的发明。

在科技高速发展的大背景下,仿生学研究水平也在不断发展,自然界中的各种生物结构、功能无一不成为人们模仿与研究的对象。时至今日,在短短五十年左右的时间里,现代仿生学已与人类科技的各行各业联系到一起。自然界的各种动植物生命体给了人类无数的灵感与启迪,帮助人们探索和研究大自然神奇的奥秘,为技术创新、产业升级提供了巨大的动力,与此同时,仿生学本身也获得了巨大的推动与发展。如今,在各种观察测量手段、计算机模拟建模方法、高新实验技术与测试技术的发展下,人类对于生物研究的手段也越来越多样化,准确性和深入性也得到了很大提升。

仿生学如今已是一门结合了生命医学、结构形态学、航空航天、军用技术、物质科学、机械材料等各类领域的综合性学科,各类学科相互间的交叉渗透极大地拓展了仿生学的研究范围,仿生学在观察中创新,在模仿中改进,将生物体奇特的结构形态与现有学科科技相结合,再将结果融入科学研究与现代生产中,开发出新的设计方法与制作工艺。现代仿生学主要包括以下几个方面:

1. 生命医学

对生物体生命活动规律、身体器官、组织的分工分布进行研究,对生命体新陈代谢、与自然环境相融合等方面加以深入探讨,以此优化出人工材料的器官或组织等,加入现代医学技术中。

2. 机器人学

主要研究生物体的运动方式及宏观与微观力学、多足动物前进时的步态协调与控制等,为优化机器人设计与应用提供新的思路和启发,比较著名的如美国波士顿的大狗机器人,预计未来在军事领域将有较大应用前景。

3. 神经与脑科学

研究生物体细胞元与神经网络的分部组织及神经中枢的机理,生命体能量信号的传递和化学转化过程等。通过对研究对象脑组织的特性进行研究,对机理进行抽象,实现实际生产与应用。

4. 航空航天

研究与模拟生物体身体结构、形态造型、骨骼材料等,以及生命体的特殊功能适应大自然严苛环境的原理。将研究成果应用于航空航天领域,不断优化与升级人类现有的产品及功能,为飞行器材料与结构的设计与应用提供新的思路和启发。

0.2　仿生学的研究过程与应用

0.2.1　仿生材料研究过程

经过长时间的总结与发展,现代仿生学的研究主要分为以下几个过程进行。

1. 根据实际生产需求,选择仿生对象

升级生产与创造过程中往往会遇到新的难题,实际需求不断向人类提出新的要求。人们根据实际情况,选择研究生物原型,即仿生对象身上所具有的某种优异的结构或功能,该功能能够对人们解决技术难题提供启发与思路。选择仿生对象作为实际研究目标,并建立仿生对象模型,通过试验验证仿生对象生物功能的优异性。

2. 抽象仿生研究机理,进行仿真分析,搭建研究模型

在确立仿生对象后,需要对生物功能进行观察、研究与分析,借助计算机技术、现代仿真软件等途径,通过数学建模的方法模拟出生物对象具有的独特功能,对结果进一步分析与抽象,搭建出研究模型。

3. 制作仿生实物,进行测试并分析总结

通过材料加工、精密制造、3D激光打印等现代工业技术手段,以生物对象为设计原型,制作出仿生对象测试模型。以设计目标为指导，通过大量的测试与试验，进一步探索仿生试件的性能与特点。对试验结果进行分析总结，并借助反馈结果对仿生试件加以改进，结合人类现有的科学技术方法，实现能够满足人类实际需求、解决技术问题的新产品与新技术。

0.2.2　仿生材料的应用

1. 仿生学在建筑设计中的应用

仿生建筑设计是以生物界中的动植物的生命体征或组织规律为基础原理，使建筑技术和生物学紧密结合在一起，丰富和发展建筑的技术设计。

在建筑仿生设计中，最为常见的是结构仿生建筑。"脑干式"仿生建筑外观别致、交错有序、线条变化丰富，但外观建筑体型较大，尺寸、平面扭转不规则导致施工困难。"类细胞"仿生建筑是从细胞角度，模仿细胞的结构以适应不同的生存环境，其结构均达到力学要求，可从细胞组织形态、单体形态、细胞机能等来优化建筑仿生设计，如图0-1所示。"马蹄莲花"仿生建筑模拟马蹄莲花结构，采用高空大悬挑花冠钢屋盖施工控制技术、空间多点超长塔式起重机附墙技术、复杂空间曲面幕墙施工技术，建筑自身紧凑、自然通风，是集精密、清洁、绿色为一体式建筑，达到低能耗、无污染的目的。建筑仿生学的发展贯穿于人类文明的整个历程，在学科交融发展的今天，仿生建筑在人类认知、计算机科学、生命科学技术等多方面的影响下，已经走到了建筑科学的最前沿。

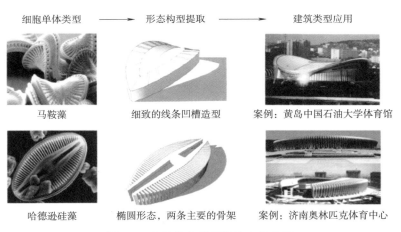

图 0-1　仿生学在建筑设计中的应用

2. 仿生学在桥梁设计中的应用

现代中国桥梁的设计不断顺应着时代的发展，同时也在向仿生领域进军。仿生桥梁设计可分为宏观仿生设计和微观仿生设计。桥梁宏观仿生设计主要是参照生物体实体及器官等进行研究，可分为形态仿生、结构仿生以及意象仿生。形态仿生是利用动植物体外形结构而设计的，旨在体现自然生物构架。结构仿生是通过研究和模仿生物体相对力学运动的结构，通过结构仿生总结出桥梁设计模型，如图0-2所示。意象仿生则是利用社会与自然的完美结合，使桥梁具有时代感和社会性。桥梁微观仿生设计主要是对细胞及生物分子层面的研究,可分为材料仿生、系统仿生以及机理仿生。随着材料技术的发展与进步,很多新型建筑材料问世,而这些建筑材料则基于生物体的基础上具有更高强度和更高应用价值的材料,从而在应用建筑材料上实现材料仿生。自然界中的动植物所具有的优良生物性能则经过了数百年演化而具有其特有的优势,如行为调控、信息处理、反应机理等,将其应用于桥梁设计中,可增加桥梁的软实力,实现自动式调节或抵御外界灾害。桥梁宏观仿生设计应用较多,而微观仿生设计还有待完善。仿生技术的引入在桥梁设计中很大程度上会提高桥梁的原有质量并增强其特殊性能,能够更好地适应外界环境,减少损害。

图 0-2 仿生"硬骨鱼"桥梁——摇摆桥

3. 仿生学在机械人体运动器官设计中的应用

仿生机械学是基于多种相关学科而形成的一门较为综合型的学科。随着人工智能技术的不断发展,适用范围不断扩大,仿生学在机械人体运动器官的设计中有较大的应用前景。仿生机械臂是通过参照人类手臂结构,深入研究其基本运动机理并模仿设计的一种新型可运动的机械装置。不同关节有不同的运动驱动,根据运动学计算来确定各关节间的相互关系。

仿生机械臂的问世为截肢患者的生活带来了巨大的变化,呈现出更为广阔的应用前景,如图 0-3 所示。基于 Leap Motion 传感器的仿生机械手臂不仅可以识别人体手势并进行实时运动,同时还能实现一系列的抓取、转向等动作。孟令达等设计出的无限体感仿生机械手模拟手部关节并由 3D 打印技术打印拼接完成,可通过无线电链接实现人手所有运动,该仿生机械手可应用于排爆机器人、危险试验工作场景、深海潜艇作业等危险系数较高的工作,机械手虽然成本低、用法简单但精确度较高且用途广,必将会为人类带来巨大的经济利益。

非洲鸵鸟后肢强劲稳健、奔跑起来高速且持久,何远根据非洲鸵鸟后肢为生物原型,通过对鸵鸟后肢的运动规律及生物机理进行系统研究,并从运动学、解剖学及关节被动回弹特性三方面进行了相关的机理分析,将其应用到腿式机器人结构的设计中。

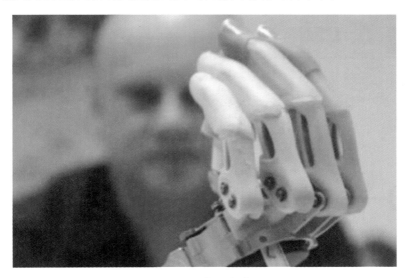

图 0-3　仿生义肢

4. 仿生学在材料设计中的应用

仿生学应用于材料设计是目前材料科学与工程的研究热点。从材料学角度出发,结合生物体组织和器官的结构与性能,通过仿生设计研制仿生材料。俞书宏等因受人类足弓的弹性拱结构的启发,设计并获得足弓的层状连拱结构,在宏观尺度上制备一种具有超弹性、耐疲劳等特性的微观层状碳纳米组装体材料,虽然该合成材料易碎但却具有高压缩性、弹性及耐疲劳性。王彬课题组通过探索鲸须优异的强韧性,从仿生材料角度研究鲸须抗裂纹扩展性、抗断裂性及多层级递阶结构的相关理论,分析鲸须断裂韧性的影响和作用机理,通过计算机高度模拟拟合,再加入 3D 打印技术设计并制作一系列能够实现多尺度各级单元特征的仿生结构模型,为我国海洋环境材料提供设计思路。中科院刘增乾博士等首次发现熊猫的牙齿具有自动修复的功能,通过对熊猫牙齿的牙釉分析,发现熊猫牙釉界面中具有高密度有机矿物质,而这些矿物质在水合条件下会溶胀,从而实现自动修复牙釉质。研究小组在自身组织结构和外力之间的取向关系上调整抗拉及抗压,进一步提高材料的整体力学作用力。

0.3　仿生材料的发展

材料是人类赖以生存和发展的重要基础,是直接推动社会发展的动力,材料的发展及其应用是人类社会文明和进步的重要里程碑。材料按其应用一般可以分为两大类:结构材料和功能材料。结构材料主要是利用其强度、韧性、力学及热力学等性质;功能材料则主要利用其光、电、磁、声、热等特殊的物理、化学、生物学性能。材料科学水平已经成为衡量一个国家科学技术、国民经济水平及综合国力的重要标志,许多国家都把新材料的研究放在了优先发展的地位。仿生材料发展如图 0-4 所示。

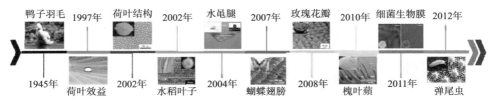

(a)仿生超疏水材料发展

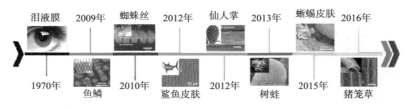

(b)仿生超亲水材料发展

图 0-4　仿生材料发展

现代工业化进程是一部向大自然学习的历史。人类历史中许多重要的成就都直接或间接地受到大自然的启发。在 45 亿年的进化过程中,生物体为了能够在激烈的竞争中生存,进化出了各种各样的功能结构,如图 0-5 所示。更具体地说,生物体为了面对生命活动中遇到的各种挑战,其生物材料和系统需要具有多种多样的功能,比如自我修复性、多相性、传输性和环境适应性等。基于这些原理,生物系统进化出一系列具有独特的、精致的拓扑结构的材料以及多功能的表面形态,形成一套简单但高效的控制模式。生物体经过长期的物竞天择,其结构优美合理,性能优越,是传统材料所不能及的,人们通过研究生物体得到启迪。例如甲壳虫可以将糖及蛋白质转化成为质轻但强度很高的坚硬外壳;蜘蛛吐出的水性蛋白质在常温下竟变成不可溶的丝,而丝的强度却比防弹背心材料还要坚韧;鲍鱼(石决明)以及人们通常认为用途不大、极其简单的物质如海水中的白垩(碳化钙)结晶形成的贝壳,其强度是高级陶瓷的两倍。此外,自然界中还有许许多多具有神奇功能的常见材料。例如锋利的鼠牙可以咬透金属罐头盒;胡桃木及椰子壳可以抵抗开裂;贻贝的超黏度分泌液可以将自己牢固地贴在海底。生物系统的准确与精巧使科学家们折服,他们企盼能从生物体那里获得启示并设法解开自然界这一隐藏着的秘密。简单的原材料经过活的有机体合成后,其性能竟远远优于当今先进的高级人工合成物。这就是仿生材料学的研究课题,这门新兴的科学就是要研究生物矿物质的结构、功能和形成机理,并仿照某种生物的特点进行材料的设计与制造。

图 0-5　生物体功能的多功能化、自下而上的构建过程、自我修复和多相性

　　传统的表面工程技术已经被广泛地研究并应用于运动、能源和信息的传输等领域。在这些应用领域中，由于材料的体积大，表面的独特结构经常被忽略。然而，将特殊的表面结构融入传统的表面工程中可能改变机械系统的工作方式，对流体流动、热量传递、能量的产生、储存和转化等方式的改变具有重要意义。20 世纪 80 年代以前，生物学家致力于研究天然生物材料的结构，他们了解天然生物材料的多级结构并阐明结构所对应的生物学性能。到 20 世纪 90 年代，材料学家开始主动投身于天然生物材料的结构研究。如图 0-6 所示，首先，观察到自然界中某种生物的独特特性，并对这种特性进行科学分析，从其相应机制的基本原理中激发出仿生灵感，然后将生物灵感转化为生物创新，设计出性能优异的仿生材料，并将其应用于实际需要的领域。他们的目的是从材料学的角度，探明其多级结构和优良性能以及多级结构的形成过程，以抽象出材料模型，制备出高性能的仿生材料。模仿天然生物材料特殊精巧的结构特征并从中得到启发而制备出类似这种结构特征的材料的仿生设计，称为结构仿生。比较系统的现代仿生研究，是从 20 世纪 60 年代逐步活跃起来的。材料仿生研究相对较晚，受生物启发或者模仿生物的某种特性而开发的材料称为仿生材料。近年来，材料科学通过与生命科学交叉，对生物材料的形成过程进行研究，从研究中得到启示，将传统的人造材料的领域扩大到生物材料领域，涉及生物大分子、生物合成、基因技术等。材料仿生的研究范围广泛，包括微结构、生物组织形成机制、结构和过程的相互联系，并最终利用所获得的结果进行材料的设计与合成。

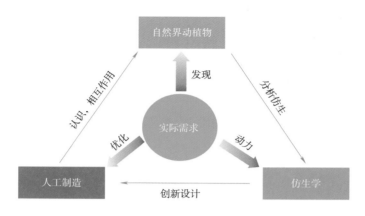

图 0-6　仿生材料发展的循环过程

　　随着仿生学和纳米技术蓬勃发展,受自然启发的各种仿生材料和颠覆性技术受到了科学家的广泛关注。仿生材料为雾水收集、热量传递、减阻、防覆冰、自清洁表面、黏附性表面、光学表面、发电、微流控和柔性机器人等各种应用的研究和发展提供了一条新途径。仿生材料的发展极大地扩展了传统工程的边界,为开发更安全、更便宜、更高效的功能材料提供了一个新策略。

0.4　仿生材料的研究意义及应用前景

0.4.1　仿生材料的研究意义

　　目前从事仿生材料学的科学家们仍处于发现生物材料合成机理的基础研究中。他们发现生物材料都是由糖、蛋白质、矿物质及水生成的,关键在于从原子排列成分子,分子组合成为"半成品"的过程,如纤维、晶体到最终形成多功能复合材料,如木材、骨骼、昆虫体的角质层的形成等。生物材料的功能往往不是单一的,因而深入研究生物材料的生成过程可以使人工合成材料具有更独特的特性。例如仿生合成材料可以具有甲壳虫外壳优良的物理性能,或可以感测并适应周围环境,若飞机机翼材料具有了这种性质,在遇到损坏时,它可以察觉出来并能自身修复。研究人员还设想利用人工合成蜘蛛丝做出高强度吊桥的缆索、抗撕裂降落伞;仿犀牛角材料制成的汽车在相撞后会自动恢复原貌;药物输送系统通过感测人体内的变化情况而在准确的部位释放出所需的药量等。研究人员认为仿生材料学不仅可以获得特殊性质的仿生材料,而且将对环境保护做出贡献。防弹背心材料(凯夫拉)是一种合成纤维,它的提取要在高温下利用滚沸的硫酸作为溶媒,整个生产过程要消耗大量能源,原材料本身又有毒性,废液也难以处置;而蜘蛛吐出的丝是可再生的,形成丝的过程是在常温下进行的,溶媒不是硫酸而仅仅是普通的水,同时蜘蛛丝不仅可以分解,而且分解后不会对环境造成污染。

　　人类制造合成材料的过程与生物材料形成过程有着本质的区别。人类是利用相对简单的工艺对大量复杂的混合物进行加工处理的。自然界对微观结构的控制是极普遍的,是现代工程学可望而不可即的,在电子显微镜下对鲍鱼贝壳进行观察,就会发现它与精心堆砌的灰抹砖墙结构很相似,一层层超薄的碳酸钙砖由厚度不足亿分之一米的有机蛋白质连接在一起。这种微观结构使贝壳强度与大多数高级陶瓷的强度不相上下,但不像陶瓷那样发脆易碎,其强度来自碳酸钙结合在一起的化学键。如果人们能够利用这些特性进行设计,就将会生产出具有革命意义的新型陶瓷材料。目前仿生材料学研究已经获得大量专利产品。在仿生合成和加工方面,根据生物体生长珍珠质、牙质、骨质、蛋壳等的形成过程,已经形成了仿生陶瓷工程,在形成核控制、常量加工、晶体生长控制方面都有所建树。由于这类过程可用生物学原理合成出新的材料,开展这项工作是具有战略意义的。

时至今日,通过模仿自然的设计原理来制造人工材料的思想在材料设计和研究中已越来越受到关注,可以预见在不远的将来,会成为未来材料设计的主要引导方向之一。尽管仿生材料已在各个领域有很多成功例子,但与精巧的自然设计相比,依然有很大的差距。首先,自然界作为制备高性能材料的灵感源泉,其结构与性能之间的相互关系还有待开发。例如,荷叶超疏水自清洁效应自 1997 年被 Barthlott 揭示以来,已有大量的相关研究。Aizenberg 模仿猪笼草的结构,通过在多孔结构中浸入润滑液体获得了超润滑表面(SLIPS),不同于将空气捕获在粗糙结构中的类荷叶表面,这种界面 SLIPS 的孔洞被特殊液体所充满,形成了固—水—液界面,界面表面性能极大地提高,不仅对几乎任何液体都具有极强的排斥性,同时还具备透明、防污、防结冰和防雾等功能。其次,自然界中的生物材料往往通过生物系统中的简单材料在温和的环境下自组装而成,这种复杂的生物多级结构却难以被现有的技术所复制,因此,如何在大尺度上精确地控制结构依然是一个巨大挑战。但是可以确信的是,在不远的未来,通过合理的结构设计和使用更高效的材料部件,可以获得比自然原型更优异的仿生材料,尤其是当这些材料应用于严酷苛刻的环境时,这一点显得更为重要。最后,生物材料一般都具有响应性、自适应性和自修复能力,具有时间依赖性,相比之下,大部分的仿生材料在结构被破坏之后就会丧失其功能。在未来的研究中,理解和掌握自然系统中的动态分子机理显得尤为重要。

随着仿生技术的不断发展,仿生高效能量转换系统、智能传感器和灵活机械系统的设计、制造、集成和评价极具挑战性,也是将来需要重点研究的对象。一个典型的例子是 2013 年初由英国科学家制造出的第一个仿生人"雷克斯",这个仿生人由来自世界各地的人造假肢和器官组成。相信在不远的将来,功能更为完善的仿生人和其他仿生系统将越来越多地走进我们的日常生活。

0.4.2　新型仿生材料的未来发展趋势和前景

材料的发展趋势是复合化、智能化、能动化、环境化,而仿生材料具有这几方面的特征。仿生材料学涉及范围之广,未来的发展或将影响到社会的各个角落。首先,对人体器官的置换带来变革及生物体系统可人为地改良。其次,将对材料的制备及应用带来革命性的变化,如利用生物合成技术在常温常压水介质条件下就可完成,而且能够使材料自愈合化、智能化和环境化等,这些将极大地改变人类社会的面貌,对国家的国防及综合国力提高是至关重要的。生物材料的一个显著特征就是具有多样化规模的组织结构。欧盟对未来仿生学的研究应用集中在两个方面：仿生材料体积小型化和功能多样化、仿生材料的有机复合。仿生材料目前的主要研究内容是仿照生物的完美设计用以制备生物相容的医用材料或性能优异的工程材料。仿生材料与生物医用及医疗材料是两个主要方向。

从宏观到细观再到微观，结构仿生不断从生物界获得灵感。结构仿生正沿着多功能、智能化、集成化和微型化方向快速发展，只有重视并加强多学科协作，建立和完善仿生学理论，才能进一步扩大结构仿生的工程应用，推动技术进步。我们必须承认仿生材料学尚处于摸索时期，各领域有待开拓，目前付诸实施的工程十分有限，但有一点可以明确，如果科学家们能够找到一些控制自然过程的重要因素，那么一个科学变革时代的到来将指日可待。近年来在仿生材料学发展进程中，已经不断地向复合化、智能化、环境化和能动化的方向发展。纳米级功能性生物材料的制备也成了可能。仿生材料已由宏观复合向微观复合发展；由结构特征复合向功能结构一体化发展；由双元混杂向多元混杂扩展。仿生学将给材料的设计和制备带来革命性的进步，具有里程碑式的重要意义。

本书论述仿生材料的发展，通过自然界中一些特殊表界面现象，分析表面微观结构和宏观性质的关系；论述目前仿生结构材料、功能材料主要研究进展以及仿生界面材料在不同领域的应用；论述仿生材料近期一些新的应用，分析各领域仿生材料存在的问题，展望了仿生材料发展趋势。

参考文献

[1] 江雷. 仿生智能纳米界面材料[M]. 北京：化学工业出版社，2007.

[2] AKSAY I A，TRAU M，MANNE S，et al. Biomimetic pathways for assembling inorganic thin films[J]. Science，1996，273(5277)：892-898.

[3] CAHN R W. Imitating nature's designs[J]. Nature，1996，382(6593)：684.

[4] CHA J N，STUCKY G D，MORSE D E，et al. Biomimetic synthesis of ordered silica structures mediated by block copolypeptides[J]. Nature，2000，403(6767)：289-292.

[5] SANCHEZ C，ARRIBART H，GIRAUD GUILLE M M. Biomimetism and bioinspiration as tools for the design of innovative materials and systems[J]. Nature Materials，2005，4(4)：277-288.

[6] MOUTOS F T，FREED L E，GUILAK F. A biomimetic three-dimensional woven composite scaffold for functional tissue engineering of cartilage[J]. Nature Materials，2007，6(2)：162-167.

[7] BELLAMKONDA R V. Marine inspiration[J]. Nature Materials，2008，7(5)：347-348.

[8] NALEWAY S E，TAYLOR J R A，PORTER M M，et al. Structure and mechanical properties of selected protective systems in marine organisms[J]. Materials Science and Engineering：C，2016，59：1143-1167.

[9] RHEE H，HORSTEMEYER M F，HWANG Y，et al. A study on the structure and mechanical behavior of the terrapene carolina carapace：a pathway to design bio-inspired synthetic composites[J]. Materials Science and Engineering：C，2009，29(8)：2333-2339.

[10] SEKI Y，SCHNEIDER M S，MEYERS M A. Structure and mechanical behavior of a toucan beak[J]. Acta Materialia，2005，53(20)：5281-5296.

[11]　SEKI Y,BODDE S G,MEYERS M A. Toucan and hornbill beaks:a comparative study[J]. Acta Biomaterialia,2010,6(2):331-343.

[12]　POLITI Y,PRIEWASSER M,PIPPEL E,et al. A spider's fang:how to design an injection needle using chitin-based composite material[J]. Advanced Functional Materials,2012,22(12):2519-2528.

[13]　PORTER M M,NOVITSKAYA E,CASTRO-CESEñA A B,et al. Highly deformable bones:unusual deformation mechanisms of seahorse armor[J]. Acta Biomaterialia,2013,9(6):6763-6770.

[14]　NEUTENS C,ADRIAENS D,CHRISTIAENS J,et al. Grasping convergent evolution in syngnathids:a unique tale of tails[J]. Journal of Anatomy,2014,224(6):710-723.

[15]　AIZENBERG J,WEAVER J C,THANAWALA M S,et al. Skeleton of Euplectella sp. :structural hierarchy from the nanoscale to the macroscale[J]. Science,2005,309(5732):275-278.

[16]　WEAVER J C,AIZENBERG J,FANTNER G E,et al. Hierarchical assembly of the siliceous skeletal lattice of the hexactinellid sponge Euplectella aspergillum[J]. Journal of Structural Biology,2007,158(1):93-106.

[17]　李世芬,李超先,丁晓博. 类细胞仿生建筑设计方法研究[J]. 新建筑,2016(1):112-115.

[18]　叶建,黄心颖,杨菊,等. 马蹄莲花型仿生节能建筑设计建造技术[J]. 建设科技,2019(11):70-76.

[19]　郭高洁. 仿生方法在桥梁设计与优化中的应用思考[J]. 工程建设与设计,2018(8):140-141,152.

[20]　孟令达,方俊杰,周雨. 无线体感仿生机械手[J]. 物联网技术,2017,7(7):12-13.

[21]　何远. 仿鸵鸟后肢节能减振机械腿研究[D]. 长春:吉林大学,2018.

[22]　GAO H L,ZHU Y B,MAO L B,et al. Super-elastic and fatigue resistant carbon material with lamellar multi-arch microstructure[J]. Nature Communications,2016,7(1):1-8.

[23]　YAN X T,JIN Y K,CHEN X M,et al. Nature-inspired surface topography:design and function[J]. Science China Physics,Mechanics & Astronomy,2020,63(2):36-50.

[24]　崔福斋,郑传林. 仿生材料[M]. 北京:化学工业出版社,2004.

[25]　王艳菲. 走进 e 时代的医疗模式[J]. 时代风采,2003(13):28-29.

[26]　BARTHLOTT W,NEINHUIS C. Purity of the sacred lotus,or escape from contamination in biological surfaces[J]. Planta,1997,202(1):1-8.

[27]　WONG T S,KANG S H,TANG S K Y,et al. Bioinspired self-repairing slippery surfaces with pressure-stable omniphobicity[J]. Nature,2011,477(7365):443-447.

[28]　VOGEL N,BELISLE R A,HATTON B,et al. Transparency and damage tolerance of patternable omniphobic lubricated surfaces based on inverse colloidal monolayers[J]. Nature Communications,2013,4(1):1-10.

[29]　YAO X,HU Y,GRINTHAL A,et al. Adaptive fluid-infused porous films with tunable transparency and wettability[J]. Nature Materials,2013,12(6):529-534.

[30]　KIM P,WONG T S,ALVARENGA J,et al. Liquid-infused nanostructured surfaces with extreme anti-ice and anti-frost performance[J]. ACS Nano,2012,6(8):6569-6577.

[31]　林捷. 欧盟拟着力推动的十大材料科学研究领域[J]. 全球科技经济瞭望,2003(8):63-64.

第1章 自然材料的演变与功能

大自然作为人类的母亲,在源源不断的供给以人类大量资源的同时,还以其许多神奇的自然现象启迪着人类的智慧。其中,许多生物表面在经过几百万年甚至上亿年的演化和进化之后,在数10亿年的进化演变过程中,自然界中的生物材料体系逐渐形成了令人惊奇的卓越性能和智能行为。它们的功能通常是由生物体内有限的资源在室温和水环境等温和条件下实现,形成了各种特殊形态的微纳米复合结构,呈现出奇妙的功能。

1.1 生物体上奇妙的自然现象

1.1.1 超疏水表面——荷叶

中国自古就有"出淤泥而不染,濯清涟而不妖"的诗句以描述荷叶的自清洁现象,荷叶上的水滴能自动凝聚形成水珠,水珠从荷叶表面滚落的同时能带走荷叶上的尘土污泥等污染物,从而使得荷叶保持洁净。1997 年,欧洲植物学家威廉·巴特洛特对此现象进行了细致的科学研究,并把这种现象命名为"荷叶效应"。科学家们分别对荷叶表面的水滴接触角和滚动角进行测量,发现水滴在其表面的接触角为 161.0°±2.7°,滚动角为 2°,对荷叶表面进行扫描电镜分析发现,荷叶表面有许多微米级的乳突结构,其直径为 3~10 μm,同时,这些乳突又被许多平均直径为 70~100 nm 的蜡质纳米级晶体所包覆,如图 1-1 所示。在这些微纳米级的凹凸之间,储存有空气因而形成大量气垫,阻挡水滴的进入,进而形成超疏水表面。正是由于这种特殊的微纳米复合结构与其上方低表面能蜡质的共同作用,使得水滴不能渗透到荷叶表面的凹槽中,水滴在荷叶表面呈滚珠状,且可以自由滚动。通过对荷叶的研究结果表明,荷叶的超疏水表面所具备的高接触角和小的滚动角特性是通过其表面微米乳突结构和纳米绒毛结构的协同作用实现的。

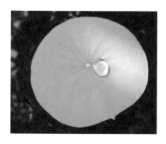
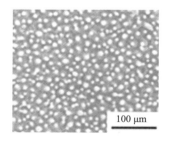

100 μm

图 1-1　荷叶表面有许多微米级的乳突结构

1.1.2　超疏水表面——蝉翼

蝉,又名知了,隶属于昆虫纲、同翅目、蝉科。世界已知有 3 000 余种,我国已知种类有120 多种,其中最常见的是蚱蝉,图 1-2 是它的成虫形态。蚱蝉的成虫体长 40～50 mm,翅展120～130 mm,全体黑色,具有亮金属光泽。蝉翼是成虫蝉用来飞行的工具,分为前后四翅。过去,人们常把制作精巧、体薄透明的工艺品喻为"功薄蝉翼"。研究发现蝉翼不仅透明轻薄,而且其表面有非常好的超疏水性和自清洁性,可以使蝉保持其良好的飞行能力。水滴在蝉翼的表面保持几乎完美的球形。我们在扫描电子显微镜下观察蝉翼的截面和表面时,发现蝉翼的厚度为 8～10 μm,而且蝉翼的上下表面都是由规则排列的纳米柱状结构组成的。这些纳米柱的直径大约为 80 nm,纳米柱之间的间距大约为 180 nm,纳米柱的高度大约为200 nm。通过卡西定律简单计算表明:正是这些规则排列纳米凸起所构建的粗糙度使其表面稳定吸附了一层空气膜,诱导了其超疏水的性质,从而确保了自清洁功能,表面不会被雨水、露水以及空气中的尘埃所黏附,保证了受力平衡和飞行安全。

图 1-2　蝉翅膀的微观结构

1.1.3　高强度超疏水表面——水黾腿

Wang 等揭示了水黾腿中体积在飞升(fL)至微升(μL)范围内液滴的自去除行为。如图 1-3 所示,水黾腿由具有弧形纳米槽结构的倾斜锥形刚毛阵列组成。通过对水黾腿表面凝结液滴的观察,探究了其微纳结构作用。液滴在水黾腿表面的自清除过程包括三个过程:

液滴沿着单个锥发生自渗透和清除效应,而后从柔性刚毛之间弹性排出,进而从具有各向异性腿表面去除。水黾腿所具备的这一小尺度的防雾特性可以为新型的实用型强力防水材料的设计提供启发。

 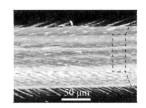 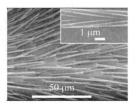

图 1-3　水黾图像及其腿部的微观结构

1.1.4　超疏水表面——美人蕉

美人蕉表面也呈现出超疏水性能和自洁净功能。水滴在其表面的静态接触角为 165°,滑动角小于 5°,表现出很小的接触角滞后。通过对美人蕉叶进行微观结构分析,发现一些微米级的凸体很随意地分布在其表面,进一步放大照片显示这些微米级凸体也是由一些次微米级的棒状材料构成,这些棒状材料的直径为 200~400 nm,在表面上形成二元复合结构,从而有利于对空气的包裹,从而赋予了表面超疏水性能。

1.1.5　超疏水防雾表面——蚊子眼睛

人们发现蚊子复眼上可以在潮湿环境中保持清晰视觉,其具有理想的超疏水性和保护特性,这归因于其智能精巧的微纳米结构设计机制。蚊子的眼睛是一个由数以百计的微型半球组成的复合结构,而每一个微结构都作为单个的感知视觉器官,因而蚊子眼也被称为复眼。这些微型眼直径大约为 26 μm 且整齐相互拥簇排列,这些微型半球上布满了无数个纳米乳突。这些乳突排列极为规整,平均直径为 101.1 nm,间距为 47.6 nm 左右,结构整体上组成了一个类似六角形的阵列,如图 1-4 所示。由于这些特殊的微纳米结构,使得空气在结构内部形成了一个稳定的保护层,这些微小的结构可以极大程度上减小雾气中的小水滴与结构底部区域接触,进而使雾气凝结的概率大大降低。正是这种复合结构导致了蚊子复眼具有优异的防雾性能。这个发现为开发干性防雾表面材料提供了研究思路。

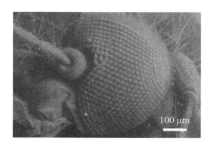 

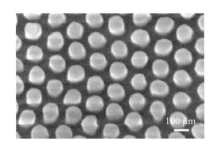

图 1-4　蚊子眼睛的 SEM 图像

1.1.6　超疏水高黏附表面——玫瑰花瓣

　　水滴在玫瑰花瓣表面上呈球形，即使玫瑰花瓣倒置也不会滚落。与"荷叶效应"相比，这种现象定义为"花瓣效应"。如图 1-5 所示，红玫瑰花瓣的表面存在由微米级别乳突和纳米级褶皱组成的多级结构。这些微米和纳米结构使玫瑰花瓣具有超疏水特性，同时对水体现出了高黏附力。通过复制花瓣表面制得具有纳米压纹结构的人造仿生聚合物膜，进一步表明液滴在玫瑰花瓣表面处于 Cassie 润湿状态，即可以浸润微米结构而无法浸润纳米结构，从而使玫瑰花瓣表现出了独特的超疏水但高黏附特性。

图 1-5　玫瑰花瓣的超疏水高黏附表面

1.1.7　高黏附表面——壁虎脚

壁虎可以在光滑的墙面高速灵活地移动,这归功于具有超高黏附作用的壁虎脚。壁虎脚的表面为良好排列的微米刚毛(长度约 110 μm,直径约 5 μm),这些刚毛的末端则由上百个更小的纳米尺度末端组成。由壁虎刚毛纳米末端和固体表面接触所产生的范德瓦耳斯力则是壁虎能够在各种角度墙面爬行的支持。壁虎脚有着自清洁、超疏水以及对水的高黏附性能。Autumn 等于 2002 年首次观察到壁虎刚毛的接触角约为 160°,而 Jiang 等进一步对壁虎脚表面的浸润性进行表征,壁虎脚与水的黏附力在 10～60 μN 的范围。

1.1.8　各向异性排列的浸润性表面——水稻叶

荷叶表面上的水滴可以向任意方向滚动,这说明荷叶表面的浸润性是各向同性的。与荷叶不同,水滴在水稻叶表面存在着滚动的各向异性。水稻叶是自然界中超疏水现象中较为特殊的,水稻叶表面水滴仅易于沿着平行叶脉方向滚动。水稻叶表面具有类似于荷叶表面的微—纳米相结合的多级结构,但是,在水稻叶表面,乳突沿平行于叶边缘的方向排列有序,而垂直方向则呈现出无序任意排列。与之相对应,水滴在这两个方向的滚动角值也不同,沿平行叶脉方向为 3°～5°,垂直叶脉方向为 9°～15°。研究发现,水滴在水稻叶表面的滚动各向异性是由于表面微米结构乳突的排列影响了水滴的运动造成的。这也是水稻可以在恶劣的沼泽环境中生存,其能将叶子上的污渍及时除去,防止光合作用下降的原因。这一研究结果为制备浸润性可控的固体表面提供了重要的信息。

1.1.9　各向异性的黏滞性——蝴蝶翅膀

大闪蝶的超疏水性翅膀具有对水的定向附着能力。水滴很容易沿着身体中轴的径向向外(RO)滚出翅膀表面,但却能够在逆 RO 方向上实现牢牢固定。有趣的是,这两种不同的状态可以通过控制机翼的姿态(向下或向上)和气流穿过表面的方向(沿 RO 方向或沿 RO 反方向)来调节。研究表明,在两个不同的液滴的接触模式方向上,产生了微观结构的调整,从而产生这些特殊的能力。得益于蝴蝶翅膀在一维层面上方向性排列的柔性纳米鳞片和纳米尖在微尺度的重叠所产生不同的黏附力,这一发现将有助于智能的、流体可控界面的设计,可应用于新型微流体设备和定向、易于清洗的涂料。受这种特殊结构的影响,静止蝴蝶翅膀上的雾滴通过不对称地生长和合并而定向运动。振动的蝴蝶翅膀上的雾滴,由于雾滴在蝴蝶翅膀上的不对称脱湿而被定向推进。不同于水稻的各向异性是沿着叶片方向与垂直于叶片方向,蝴蝶翅膀上更显著的是水滴在沿着 RO 方向与沿着 RO 反方向展示出截然不同的滚动特性,从而保证蝴蝶飞行中避免灰尘颗粒在翅膀上的积累。

Zheng 课题组通过研究发现蝴蝶翅膀上具有微纳复合棘轮结构,如图 1-6 所示。在这种结构中,其表面上由重叠的鳞片组成,在这些鳞片上又覆盖有多孔不对称的脊。在这种结构中,表面的微米结构凸起和鳞片上的多孔结构增大了表面的疏水性,使得液滴在翅膀上不会浸湿结构,从而通过微纳复合的棘轮结构可以滑落。Zheng 还研究当翅膀处于振动模式下的液滴传输和合并过程。当翅膀振动时,液滴会更容易沿着棘轮结构方向(RO 方向)合并和脱离。因为在振动过程中,提供了额外的能量,RO 方向上的不平衡的表面张力使得液滴发生不对称收缩,当不平衡的表面张力克服了整个液滴在 RO 方向上的黏滞力时,液滴就会脱落,而振动提供的能量加速了液滴的合并过程和脱落传输过程。

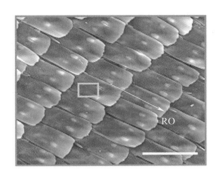 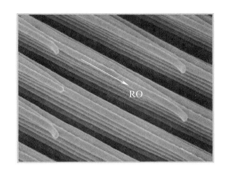

图 1-6　蝴蝶翅膀表面的分层微结构和纳米结构

综上所述,自然界中的蝴蝶翅膀上存在不对称棘轮超疏水结构。其中,超疏水表面对雾滴在表面上的附着提供了低黏滞力,不对称的棘轮结构提供了不平衡的表面张力,促进液滴迅速脱落。另外,还研究了在动态情况下液滴的脱落过程,振动在结构的基础上增加了额外的能量,可以更快促使液滴脱落。

1.1.10　定向液体输运表面——猪笼草

在许多自然系统中存在能够实现定向输水的表面或纤维。液滴的定向传输行为通常归因于微尺度和纳米尺度的分层结构特征,表面能量的梯度和拉普拉斯压力梯度是主要驱动力。Chen 等通过对食肉植物翼状猪笼草(Nepenthes alata)的捕食器官进行研究,发现猪笼草"口缘"处的表面具有连续的定向水传输能力,如图 1-7 所示。猪笼草口缘处具有多尺度结构,优化和增强了液滴在运输方向上的毛细上升力,并通过锚定反方向移动的水锋来防止液体的回流。在没有任何表面能梯度的情况下,液滴也能够实现单向流动。这一液滴连续搬运行为背后的基本"设计"原则可用于开发具有实际应用的人工流体输送系统。

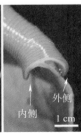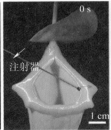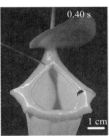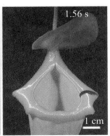

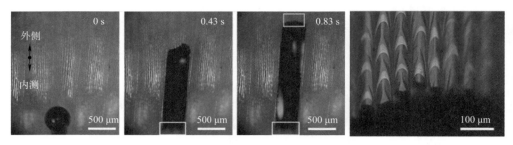

图 1-7　翼状猪笼草的光学图片和其口缘部液滴逆重力单向爬升现象

1.1.11　微液滴定向输运——瓶子草

各种天然材料由于具有分级微米尺度和纳米尺度结构从而实现水的定向传输。Chen等揭示了水在瓶子草毛状体表面的超快速的传输过程,其传输速度比水在仙人掌刺和蜘蛛丝上的传输速度快约三个数量级,如图 1-8 所示。水的高速传输关键在于毛状体独特的多级微纳沟槽结构。具有不同高度的两种类型的棱规则地分布在毛状体锥体周围,其中两个相邻的高棱形成包含 1～5 个低棱的大通道,这导致两种连续但不同的水输送模式。最初,在基础通道内形成快速薄膜水(模式Ⅰ),然后在该薄膜顶部实现水的快速滑动(模式Ⅱ)。通过对这种两步超快水输送机制进行模拟和对仿生制备的微通道进行试验测试,证实了这种分层设计在微流体应用、水收集等方面的潜力。

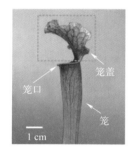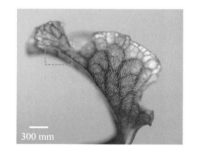

图 1-8　瓶子草的光学图像

1.1.12　毛细棘轮效应——水鸟喙

鸟喙形态的变异反映了其不同的觅食策略。Prakash 等揭示了在涉禽的觅食机制中包含了一种表面张力诱导的毫米级液滴的传输,通过反复地张开和闭合喙,鸟类可实现以逐步的棘轮方式将水滴从喙的尖端移动到其嘴中。如图 1-9 所示,分析了鸟喙液滴传输的微妙的物理机制,通过试验证明,调整鸟喙几何形状和微调的动力学可以优化水的传输效率,强调了毛细管棘轮对鸟喙的润湿性能的关键依赖关系,从而明确了毛细管进料器对表面污染物的易损性。

图 1-9　水鸟嘴的方向性水传输特性

1.1.13　定向集雾表面——蜘蛛丝

蜘蛛丝作为一种机械性能优异的纤维材料，受到了广泛的关注。天然蜘蛛丝主要成分为蛋白质，其在强度和韧性方面甚至超过了许多合成材料。除了优异的力学性能外，蜘蛛丝还拥有从空气中收集水的能力。为了探究蜘蛛丝集水的机理，郑咏梅教授课题组对筛腺蜘蛛捕获丝的微观结构进行了深入研究，揭示了蜘蛛丝集水性能与其微观结构之间的关系。

图 1-10 为筛腺蜘蛛捕获丝的 SEM 图像，是由周期性排列的膨胀体和两根贯通膨胀体的轴纤维组成。进一步对膨胀体进行观察，发现膨胀体是由随机杂乱排列的亲水纳米纤维组成。当干燥的蜘蛛丝被置于潮湿的环境中时，液滴会在亲水的膨胀体上凝结，随着这个过程的进行，膨胀体被浸润后结构发生改变，体积缩小变成了串在丝上的一个个纺锤体结构，最终形成纺锤体（双锥形结构）和连接体周期性交替排列的结构。从纺锤体和连接体高倍放大的 SEM 图像中可以看出纺锤体表面的纳米纤维是高度随机杂乱排列的，而连接体表面的纳米纤维是呈取向性排列的，这意味着纺锤体的表面比连接体表面更加粗糙。以上这些特殊的结构特点引起了表面能梯度和拉普拉斯压力差，两者共同作为驱动力驱动液滴从连接体向纺锤体定向移动。

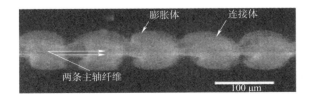

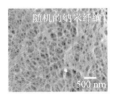

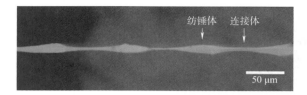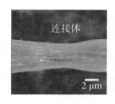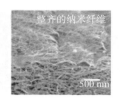

图 1-10 筛腺蜘蛛捕获丝 SEM 图像

1.1.14 多结构集水材料——仙人掌刺

江雷课题组对仙人掌的集雾过程进行了研究,揭示了仙人掌高效的复合雾水收集系统。如图 1-11 所示,这种独一无二的收集系统是由表面均匀分布的锥形刺和毛状体簇组成每根刺都包含着三个相互协同作用的部分——同一取向倒刺的尖端、具有梯度渐变凹槽的中部、包含条状结构毛状簇的底部。液滴的捕获发生在尖端以及尖端的倒刺上,并且被捕获的液滴会沿着尖端或者倒刺定向移动。随着这个过程的进行,液滴逐渐合并,离开尖端区域来到中部区域。合并起来的大液滴由含有梯度渐变凹槽的中部定向运输到底部,然后被底部的毛状簇吸收。在这个过程中由于仙人掌的刺呈锥状,液滴两端的拉普拉斯压力是不一样的,会产生压力差。同时由于中部是含有梯度的凹槽结构,半径小的地方凹槽稀疏,半径大的地方凹槽密集,不同半径的部位就存在粗糙度差异,引起表面能梯度的不同而产生驱动力。在这两者共同的作用下,从尖端收集到的液滴被定向驱动到刺的根部被吸收。

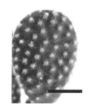

图 1-11 仙人掌上均匀分布的锥形刺和毛状体簇

1.1.15 亲疏相间集水表面——甲虫

非洲南部的纳米布沙漠是世界上最干旱的地区之一,这里平均年降水量只有 1.8 cm,连年滴雨不下在这里都很常见。有趣的是,在这样极度恶劣的环境中仍然有生命的存在。沐雾甲虫是一种生活在纳米布沙漠的甲虫。由于水是生物赖以生存的重要物质,能在如此干旱区域生活的沐雾甲虫自然就引起了科学家们的注意。Packer 和 Lawrence 就对这种沙漠甲虫展开了细致的研究,如图 1-12 所示。纳米布沙漠常年大风,白天高温,早晨被浓雾覆盖。为了适应这种环境,沙漠甲虫进化出了在雾气中收集水分的能力。沙漠甲虫的背部是由相间排列的凸起和凹槽构成,凸起之间相距 0.5～1.5 mm 不等,每个凸起的直径大约为 0.5 mm。在显微镜下观察发现凹槽的部分是被蜡质覆盖的,而凸起的部分没有被蜡质覆盖。进一步对凹槽部位进行观察发现上面排列着如同荷叶表面一样的微米级凸起。通过一系列测试发现这些凹槽也如同荷花叶片一样表现出超疏水性能,而凸起部位则表现出超亲水性能。当雾气吹向沙漠甲虫背部时,雾气在亲水的凸起部位被捕捉形成小液滴,液滴慢慢变大,当大到一定程度时在重力的作用下从甲虫的背部滚落,由于甲虫的背部是亲疏水相间排列的,这就极大地提高了排水效率,最终液滴滚落到甲虫的嘴中。利用这种方法,沙漠甲虫成功地从空气的雾气中收集到水分。

  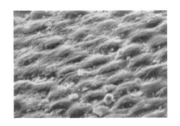

图 1-12　甲虫的亲疏相间集水表面

1.1.16　水下超亲气表面——水蜘蛛

水蜘蛛常年生活在水下,产卵、进食等一切活动都在水下进行,它们会使用一种水下气泡蛛网,在气泡蛛网中充满了空气以便于它们在水下呼吸。这种气泡蛛网功能相当于一个腮部,可以从水中提取氧气,并向水外排出二氧化碳。为了能够向水下蛛网补充氧气,水蜘蛛会使用腹部的超疏水绒毛将水面的气泡搬运到水下。通过测试气泡内外的氧气含量,Seymour 和 Hetz 发现了一种气体交换机理,这种机理与一些动物在水中用腮呼吸的机理类似。随着气体被不断消耗,气泡最终会破灭,但这个过程是极度缓慢的。试验结果证实,这一过程持续时间大约为 1 d。

1.1.17　水下减阻表面——鱼鳞

鱼鳞在水下表现出了良好的自清洁和减阻的性能。Liu 等揭示了鲫鱼鱼鳞的水下超疏油和空气中的超亲水的性能。鱼鳞通常会被一层很薄的黏液覆盖,这为鱼鳞提供了很强的空气中亲水性能。扇形的鲫鱼鳞片密集排列,而在鱼鳞上则有定向排列的长度 $100 \sim 300 \ \mu m$、宽度 $30 \sim 40 \ \mu m$ 的微米尺度乳突以及乳突上的粗糙纳米结构。这种多尺度的组合结构可以在水下轻易地捕捉到水,从而形成一个复杂的水相界面而产生疏油特性,这在鱼鳞逆转被油浸湿的过程中起到了关键的作用,在油/水/固系统中有着潜在的应用。

1.2　生物材料的多尺度结构

材料体系的分子结构、纳米结构、微米结构等结构的多尺度效应是形成材料新功能的内在本质。分子是体现材料功能的最基本结构单元,分子结构的多样性决定了材料千变万化的功能和性质。总之材料体系的设计不仅局限于块体材料,更重要的是,人们可以在多尺度范围内实现对材料的结构控制,即从分子拓展到纳米结构和微米结构,使得材料本身在宏观上产生奇异的物性。

1.2.1 自清洁功能

荷叶上的灰尘和污染物容易被水滴带走,这种自清洁的性质被人们称为荷叶的自清洁效应。荷叶与水的接触角可以达到160°以上,而其滚动角只有2°左右。如此的超疏水性和对水的不黏附性是导致自清洁效应的直接原因。Barthlott和Neinhuis曾提出,如此高的接触角是由于荷叶表面上的植物蜡和微米级的乳突导致的。植物蜡提供了低的表面能,而微米级的乳突则提供了空间可以将大量的空气捕获在水滴与其表面之间的缝隙中。然而,许多的理论计算表明,基于这种微米结构模型的接触角最大可以达到147°。江雷课题组对荷叶表面结构进一步用扫描电子显微镜(SEM)观察发现:荷叶表面上尺度介于5～9 μm之间随意分布的乳突是由许多平均尺寸为(124.3±3.2)nm的纳米分支所组成,在荷叶乳突外的表面上,也可以看到许多的纳米级分支结构。理论模拟表明微纳米复合结构的效应可以使其表面接触角达到160°。鸭子的羽毛也有着类似效果,水珠很容易从它们身上滚落。蚊子复眼在长时间的雾气处理后依然明亮,微米尺度的雾滴很难在复眼表面停留;而其附近的刚毛和口刺上却凝聚了很多雾滴,随时间的延长不断融合更多的雾滴而逐渐成为更大的水珠。很显然,蚊子的复眼独特的微纳米结构使其显示出理想的防雾性能。

1.2.2 高黏附表面——壁虎脚

众所周知,壁虎能在光滑的墙壁上行走自如,甚至能贴在天花板上。这表明,壁虎的脚底与物体表面之间必定存在很强的特殊黏着力,但这种力量究竟从何而来,这已经成为数百年来一道难解的谜题。2000年,美国加利福尼亚大学伯克利分校的Full教授等发现,这种超强的黏附力是由壁虎脚底无数的纳米刚毛与物体表面分子之间产生的范德瓦耳斯力累积而成。壁虎脚的底部长着大约50万根极细的刚毛,每根刚毛约100 μm长,刚毛末端又有400～1 000根更细小的分支。这种精细结构使得刚毛与物体表面分子间的距离非常近,从而产生范德瓦耳斯力。范德瓦耳斯力是中性分子彼此距离非常近时产生的一种微弱电磁引力。虽然每根刚毛产生力的平均值仅为20 μN,微不足道,但它们累积起来就很可观。根据计算,如果壁虎同时使用全部刚毛,就能够支持1 225 N的力。正因为如此,壁虎只用一个脚趾就能够支撑整个身体的质量。研究人员认为,模仿壁虎脚底的这种结构,有可能研制出黏合力超强的新型胶纸。它具有易于被揭下,不对物体表面造成损伤,可反复使用等优点。

1.2.3 强吸附作用——章鱼

章鱼肢体上的吸盘对于其运动以及捕食都是必不可少的。章鱼吸盘由两部分组成:中空的杯状物——窝关节,盘状部分——漏斗状器官。窝关节下方有一个凸起,漏斗状器官通过一个孔口与上方窝关节联通。漏斗状器官表面存在许多密集的相互交叉的网络状凹槽。

径向凹槽从孔口开始一直延伸到上皮边缘,其角度分布约为 18°± 3°;周向凹槽大致同心分布。章鱼吸盘松弛的上皮组织将整个吸盘紧紧包裹,窝关节凸起的表面分布有许多类毛发的纤维组织,直径为 $(2\pm0.9)\ \mu m$,这些纤维在顶部又分叉成更细小的绒毛结构。试验表明:具有较多的凹槽数、较大的凹槽宽度和较小的凹槽深度的吸盘能提供更大的吸附力。从章鱼吸盘结构来看,章鱼吸盘内有一个真空发生腔,窝关节凸起的升降,可以明显改变其空间容积,从而产生真空。吸盘内表面的凹槽有利于表层的大范围扩张和收缩,提高吸盘的吸附力。窝关节凸起上的类毛发纤维起到的是传感作用,能实时反馈吸附的真空度和吸附状态;章鱼吸盘褶皱的上皮组织能更好地包裹基体,实现密封。从章鱼组织黏弹性特性来看,漏斗状器官的平均弹性模量为 18.1 kPa,而窝关节凸起处仅为 7.7 kPa。这使得章鱼吸盘上部分结构具有较好的弹性,而下部分结构具有较好的黏性,吸附力的产生和保持更容易实现。

1.2.4　强排水表面——水黾腿

水黾身长为 12~18 mm,它有 6 条细长的腿,腿的表面分布有无数的纤毛。水黾被喻为池塘中的溜冰者,因为它不仅能站在水面上,而且还能像奥林匹克的溜冰运动员一样在水面上优雅地滑行和跳跃,最高速度能达到 400 mi/h(643.7 km/h),被公认为是自然界中最为先进的水面昆虫。长期以来,人们一直感到非常好奇到底是什么使得这些厘米尺度的微型昆虫能毫不费力地站在水面上并能快速移动和跳跃,即使在湍急的水流或受到暴风雨的袭击时也不会淹死。江雷课题组的研究结果从根本上揭示水黾在水面上稳定站立并可以快速行走的奥秘,他们认为,水黾的这一优异的水上特性,是利用其腿部微米与纳米相结合的结构效用来实现的。研究发现,水黾腿压到水面上时会在水面上产生一个漩涡,水黾的多毛腿一次能够在水面上划出 4 mm 长的波纹,水面都不会被水黾腿穿透。通过扫描电子显微镜分析看到:水黾腿表面上定向长着微米尺度的针状刚毛,每根刚毛上都明显有螺旋状的纳米尺度沟槽,从而形成特的阶层结构。这样,空气就会被有效地吸附在这些取向的微米刚毛和螺旋纳米沟缝隙中,在表面上形成稳定的气膜,从而有效阻碍水滴的浸润,这才是水黾腿具有疏水性能和高表面支撑力的根源。

材料体系的分子结构、纳米结构、微米结构等结构的多尺度效应是形成材料新功能的内在本质,分子是体现材料功能的最基本结构单元,分子结构的多样性决定了材料千变万化的功能和性质(图 1-13)。总之材料体系的设计不仅局限于块体材料,更重要的是,人们可以在多尺度范围内实现对材料的结构控制,即从分子拓展到纳米结构和微米结构,使得材料本身在宏观上产生奇异的物性。

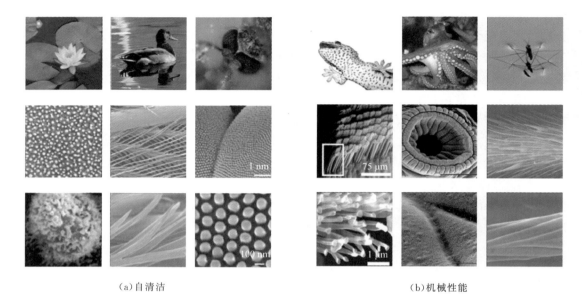

(a)自清洁　　　　　　　　　　　　　　　　(b)机械性能

图 1-13　多尺度特殊功能表面

1.2.5　优异的力学性能

作为一种天然生物材料,竹子同样具有从宏观到纳米尺度的精巧分级结构。在纳米尺度,每个细胞壁亚层可以视为直径在 20～30 nm 之间的刚性纤维素微纤丝镶嵌在柔性的半纤维素/木质素薄壁基本组织中,形成纳米纤维增强复合材料;细胞壁亚层之间通过层积复合形成多壁层的竹纤维和薄壁组织细胞壁;竹纤维之间通过胞间层黏合组成纤维鞘,与疏导组织一起形成维管束,分布在柔性均匀的基本组织中形成"海岛结构"的两相复合材料;维管束分布密度沿径向从内向外连续增大,使竹竿壁又具有典型功能梯度材料的特点。竹子的纵向刚度与木材类似,但平均拉伸强度在 100～250 MPa 之间,约为木材的两倍,比强度是优质钢的 2～3 倍。同时竹子对垂直纹理方向的横纹表现出优良的抵抗能力。例如,毛竹横纹断裂韧性,与铝合金相当,是云杉的 7 倍,是道格拉斯杉的 23 倍。此外,竹子还具有优良的弯曲延展性,即使在生长过程中受风吹雪压弯曲至触地,也不会产生断裂。E. Obataya 等发现毛竹弯曲延展性是山毛样的 2 倍,是云杉的 3.5 倍。研究表明,竹子内部的空心柱、纤维的层状排列以及不同界面内的竹纤维升角逐渐变化的结构都是适应大自然环境的结果,这对人工合成复合材料与设计具有相当大的意义。

1.3　生物表面特殊结构与性能

天然生物材料,是由生物过程形成的材料,如结构蛋白(胶原纤维、蚕丝、蜘蛛丝)和生物矿物(骨、牙、贝壳等)。它们为了适应环境,经过不断的演变和进化,常常形成不同的结构和性能,但也存在着共性:(1)构成物质简单而结构复杂。研究表明天然生物材料的基本单元很平常,都是由少数很简单的物质构成的,如糖、蛋白质、矿物质和水等。就是如此简单的"原材料"生成功能特异的各种物质,比如甲壳虫用糖和蛋白质转化为轻质和高强度的坚硬外壳。(2)材料之间的界面是逐渐过渡的。通常从一种材料向另一种材料的变化是在一个渐变的界面重发生,这有利于降低连接处的易损性(如骨头到软骨)。(3)自组装和生物矿化。由无序到有序、自上而下的自组装过程广泛地存在于天然生物材料的形成过程中,并且起着重要作用,同时生物矿化贯穿生物材料中无机相形成的全过程。比如甲壳类生物就是典型的有机大分子自组装和生物矿化的过程。人们正致力于将生物矿化机理引入到无机材料的合成,去控制无机物的形成,制备具有独特显微结构特点的无机材料。(4)复合特性。天然生物材料的基本组成单元都是很平常的生物分子材料和生物无机材料,但具有优良的综合性能。比如木材和竹材都是比较有代表性的天然纤维增强复合材料。(5)功能适应性和自愈合特性。无论从形态学的观点还是从力学的观点天然生物材料都是十分复杂的,这种复杂性是长期自然选择的结果。尤其是天然生物材料具有再生机能,受到损伤破坏后能自行进行创伤愈合,比如骨折和树皮愈合等。(6)分级结构。天然生物材料为适应环境形成错综复杂的内部结构和整体多样性,其复杂性是传统材料(金属、陶瓷等)无法比拟的。天然生物材料有其特定的组装方式,但它们都具有空间上的分级结构,例如蛋白质就分为几级结构,探讨各种天然生物材料的表面结构的协同关系以获得特定功能的规律是仿生材料的重要内容之一。

1.3.1　骨骼结构

经过长期的发展,人类从具有优异结构与性能的生物体中获得无限的灵感,小到细胞,大到鲨鱼,从植物到动物,已经有众多成功的仿生学研究案例。Rhee 等通过研究发现龟壳是由具有功能梯度的多相三明治夹芯结构以及内部类似泡沫的闭合多骨网络构成,前者具有外部骨层,后者则处于两层外骨层之间,二者均具有较大的硬度,结构的弹性模量分别为 1 GPa 和 20 GPa。通过压缩和弯曲测试发现这种结构表现出了典型的非线性变形,二者的力学性能测试结果表明,其内部的闭合多骨网络在整个变形过程中起到了重要的作用。Libonati 等对骨骼结构与属性之间的关系进行细致的研究,通过拉伸和压缩试验发现,取自动物不同部位的骨骼具有不同的内部微结构,测试时表现出不同的力学性能。从断裂韧性试验中发现断裂性能与其所受荷载相关,荷载发生微小的变化会影响整体断裂性能。同时,骨骼内部的层级结构在不同的长度尺度下存在不同的韧化机理,而这会造成骨骼断裂前发生更大的能量耗散。一系列的研究表明动物骨骼具有轻质、高强及高韧性的特点,这为工程技术人员开发力学性能优异的结构提供了良好的仿生模板。

Porter 等通过对海马的研究发现,海马体内有一个由上到下的骨骼系统,其尾巴是卷曲的。与其他鱼类不同,海马是上下游动的,它们利用自身的背鳍提供驱动力,两个胸鳍则用来实现机动性,所以海马在海中的行进速度较慢。在大海中,海马会利用卷尾抓住海草、红树林的根系及珊瑚礁等维持自身稳定性。研究表明,卷尾的骨架是由几个关节相连的片段组成,其截面为正方形,每个片段都由四个围绕着椎骨的骨板构成,如图 1-14 所示。这些骨板之间通过搭接节点连接起来,使得其具有足够的灵活性去实现抓取以及保护自己。在抓取时,这种正方形结构可以提供更大的接触面积来维持这种骨板之间的连接。当卷尾受到撞击,在脊柱发生断裂之前,这种结构可以压缩到几乎原来宽度的一半,这种独特的能量吸收机理可以在其遇到天敌时较好地保护海马。这种特殊的结构及其连接形式,为研究人员进行能量吸收等方面的研究提供了天然的模板和独特的思路,为创造出更优异的吸能结构提供了可能。

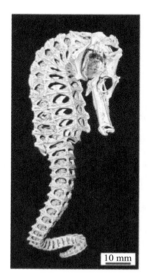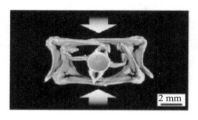

图 1-14 海马骨骼系统计算机断层扫描图

维纳斯花篮,俗称玻璃海绵,是一种生活在西太平洋冰冷海水中的海绵动物。Aizenberg 等在对其研究后发现,玻璃海绵的外部由一个坚硬的骨骼构成,这种骨骼既保证生物结构的完整性又为隐藏其中的鱼虾提供保护。玻璃海绵整体呈圆筒状,其骨骼由硅质骨针构成,骨针可分为经向骨针、纬向骨针及螺旋骨针。三种骨针相互交叉连接构成了一种网状结构,并形成许多壁孔,在其外壁还存在众多的壁脊结构。骨针由众多同心纹层组成,各层之间则通过硅蛋白相互连接起来。通过对玻璃海绵的微观结构进行观察发现其骨针内部有着同轴的薄片状结构。玻璃海绵通过自身的锚定纤维与大海中的土壤或礁石连接起来,能够牢固依附于海底而不被洋流冲走,表现出了极高的韧性和强度。这为研究人员设计具有韧性强、质量轻、强度高的薄壁结构提供了新的思路。

1.3.2 蜂窝结构

自然界中有多种具有蜂窝形结构的天然材料,如木材、松质骨、鸟喙和玻璃水母等。影响蜂窝形多孔材料力学性能的重要因素主要包括表观密度、结构以及底层材料性能。鸟喙是一种典型的蜂窝形多孔结构,其作用主要是用于捕食、梳理羽毛、筑巢、争斗等。在捕食的过程中,喙会起到撕咬、叼住的作用,因此鸟喙通常有一定的强度和硬度。同时,为了使鸟在飞行过程中更加轻便,鸟喙必须具有较轻的质量。大自然中的鸟类通过近亿年的进化,逐渐形成蜂窝形的鸟喙内部结构,这种结构能够增加鸟喙的机械强度,同时减小鸟喙整体的质量,并且对于一些类似啄木鸟这种特殊的鸟类,蜂窝形多孔结构还发挥减振的作用。从图 1-15 可以看出,多层的角质鳞片组成了巨嘴鸟鸟喙外部,单独的角质鳞片的厚度为 2~10 pm,长为 30~60 pm,这些鳞片是正六边形的,相互覆盖。

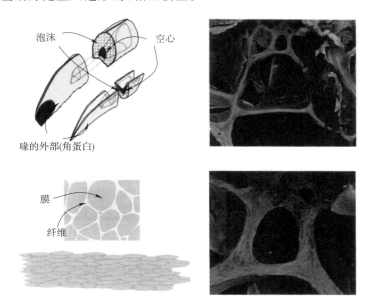

图 1-15 巨嘴鸟鸟喙外层角质鳞片及内部蜂窝形结构

1.3.3 鸟羽毛

鸟的羽毛质量极小,这种独特的自然设计最大化地将类飞行、生存所需要的升力、空气动力、刚度以及抗破坏能力等富有创造性地结合起来,形成了其适应自然所需的最优方案。鸟的羽毛主要包括两个部分,羽干以及羽毛叶片。前者保证羽毛的刚度;而在后者羽毛叶片中,从羽干伸出的羽刺与由羽毛叶片伸出的小羽枝形成了一个平面,以此为鸟类飞行提供升力。羽干与羽毛叶片都是由外部是角蛋白构成的壳体与内部多孔结构组成的轻质结构,其中内部多孔结构可以增强羽毛的屈曲性能,如图 1-16 所示。Sullivan 等通过分析羽毛叶片的微观结构,第一次定量地对非对称泡沫填充梁的抗弯刚度性能进行了解释,并使用有限元方法进行了模型的分析和验证。此外,单个羽毛叶片与几组羽毛叶片的刚度也得到了对比,结果表明羽毛叶片之间的连接依附性使得结构更加稳定,有助于在发生变形时使叶片产生更小的扭转。

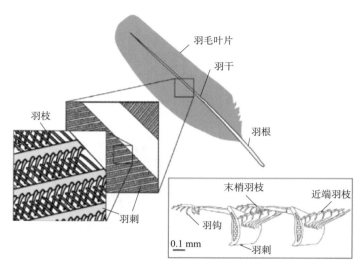

图 1-16　鸟类羽毛结构图

1.3.4　坚果外壳

　　植物坚果的种子在萌发之前,由坚果的壳,即外果皮来保护。可以推测,具有保护功能的坚果壳在植物生理学上起抵抗由外力引起的断裂的作用。作为较大外壳的组成材料,看起来在结构上具有较大的易脆倾向。但是,它们的韧性却很强。Vimcent 等对榛子、胡桃、橡子以及澳大利亚坚果进行了压缩试验,并且计算出了各种坚果外壳的表观断裂能,通过扫描电子显微镜观察了各种坚果外壳的断裂面。每次果壳破裂以后,被测的坚果仍能承受部分荷载,而且胡桃、澳大利亚坚果还没有完全破碎。由此可知,由于果壳内部储存的弹性应变能导致了果壳的破裂。通过观察扫描电子显微镜照片,各种果壳内外能部分的断裂情况是不同的。外层细胞主要是硬化细胞,断裂较易发生在细胞之间,这使得材料的抗拉性能不太好,但抗压性能良好,并且能够有效抵御鸟类和昆虫啄咬时产生的剪切力。

1.3.5　恐龙鳗鱼鱼鳞

　　恐龙鳗鱼又称为塞内加尔多鳍鱼,出现于九千六百万年的白垩纪,被称为活化石。它是一种中型淡水鱼(体长 30～40 cm,体重 300～600 g),体延长,稍侧扁,如图 1-17 所示。这种鱼属于夜行肉食性鱼类,至今还没有灭绝的一个主要原因就是拥有可以用来保护它惨遭杀害的保护衣——鱼鳞。在海洋环境中,存在很多危险,比如食物链上游的捕杀或者自然灾害引发的危害。对于恐龙鳗鱼来说,它能抵御环境中的各种危害存活至今,它的鱼鳞起到了至关重要的作用。利用现代先进的检测技术对恐龙鳗鱼的鱼鳞结构进行观察和分析,结果发现该鱼鳞具有四层结构,虽然这四层的层厚不一,但都是有机无机杂化的材料。其中,无机矿物成分各不相同且存在渐变的规律,四层的杨氏模量和硬度也存在相应的渐变规律。研究还发现,外面两层在结构上具有一定的相似度,但最外层的无机物含量远比次外层高;次外层层内无机物的含量还存在一个梯度,越往内,有机组分增加,无机含量减少。此外,内两层是胶原蛋白纤维与生物高分子材料复合的结构,这两层的结构也有明显的不同,第三层中的纤维为正交排列,而最内层中纤维为单向平行排列且分层。分析该鱼鳞的力学性能,发现上述四层结构中各层的杨氏模量和硬度是最外层＞次外层＞第三层≈最内层。值得一提的是,最外层的结构与之前提到的贝壳中珍珠层的结构非常相似,都是由片状无机晶体矿物和生物高分子复合而成,且无机矿物含量非常高。这种强而韧的复合层在抵御各种冲击力时,与内三层相互作用,起到很好的防护作用。由于受到鱼鳞是鱼类保护衣的启发,人们开始从这种结构中吸取设计和生产的灵感,正在研究和制备人体防护材料。

图 1-17　恐龙鳗鱼

1.3.6　雀尾螳螂虾

雀尾螳螂虾是自然界中附器攻击最快的动物之一。在雀尾螳螂虾攻击猎物时,它可以瞬间将挥舞附足的冲击部分撞击猎物外壳。研究表明,雀尾螳螂虾攻击的速度可达 14～23 m/s,角速度可达 670～990 rad/s,加速度可达 65～104 km/s²,相当于 0.22 英寸(5.588 mm)口径的手枪子弹。由于附足的快速冲击作用与水发生的摩擦,甚至会导致一瞬间真空气泡和电火花的产生,引起十分巨大的冲击作用。在口足类动物中,雀尾螳螂虾的胸廓部附足结构经过高度进化,通过以高度矿物质化的锤状附足击打和粉碎猎物外壳进行狩猎,产生的强大的冲击力与破坏效果特别适用于近距离战斗。在自然界中,雀尾螳螂虾能够通过使用这种强有力的复合结构附足给大量拥有矿化生物结构保护的海洋生物造成相当大的损害(如软体动物壳、蟹外骨骼、小鱼的头骨等)。通过对雀尾螳螂虾锤状指附足结构进行成分分析,发现羟磷灰石是锤状指结构外表皮层的主要组成部分,厚为 50～70 nm,一般而言,羟磷灰石层很容易破碎,不具备很好的抗冲击能力。然而,在附足结构的羟磷灰石层下,还分布有一种脱乙酰几丁质的物质,这种物质主要起到了将冲击能量扩散到各个区域,减少冲击带来的破坏影响的作用。在附足的侧面,还有一层组织,它的主要作用是扩散撞击力。雀尾螳螂虾的附足结构质量轻,抗冲击性能好,大约在敲击 5 万次后才会损坏,如图 1-18 所示。现在通用的防弹衣材料大多使用硅酸盐、特富龙和橡胶等,其抗冲击表现较雀尾螳螂虾附足结构均较为逊色。值得注意的是,对雀尾螳螂虾附足微观结构的进一步研究将为设计出具有更好的坚韧性、更好的抗冲击性仿生复合材料提供新的观点和思路。

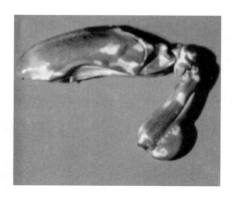

图 1-18　雀尾螳螂虾附足结构形态

1.3.7　贝壳珍珠质

贝壳的最内层由珍珠质层构成,而整个珍珠质由文石碳酸钙小板片与层间有机基质层层交叠而成,并且小板片的板面平行于贝壳的壳面。珍珠质层的断面结构显示出明显的砖墙结构,如图 1-19 所示。文石小板片与多糖有机基质及蛋白质构成的有机框架相互交叉组成层状结构,而有机基质在控制文石小板片的厚度、形貌和取向上起到非常关键的作用。通常文石小板片的厚度为 500～1 000 nm,有机层的厚度为 20～50 nm。贝壳碳酸钙无机质中还分布着各种有机基质和结构多样的色素,一般占总量的 1%～5%。贝壳珍珠质作为一种典型的天然生物复合材料,具有普通人工合成材料无可比拟的力学性质,因此已经成为一个研究热点和模型。最早研究珍珠质机械性能的是 Currey,他通过计算得出珍珠质在弯曲试验中的断裂应力范围在 56～116 MPa 之间。随后 Jackson 等测定珍珠质的杨氏模量,发现珍珠质在干燥状态下的杨氏模量大约为 70 GPa,而在湿润状态下的杨氏模量为 60 GPa;干燥试样和湿润试样的抗拉强度分别为 170 MPa 和 140 MPa;珍珠质的断裂功分布范围为 350～1 240 J/m²,通常情况下,润湿度高的试样,珍珠质的断裂韧性是纯碳酸钙的 3 000 倍,整整高 3 个数量级。

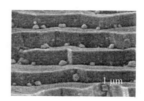

图 1-19　贝壳珍珠质的层状结构的断面 SEM 图像

1.3.8 北极熊毛发多孔结构

北极熊是一种在极端寒冷环境下生存的动物,其活动范围主要在北极附近。北极地区气候严寒,最暖月的平均气温也只有$-8\ ℃$。研究发现,北极熊除了有厚达 5 英寸(12.7 cm)的脂肪外,更重要的是北极熊全身遍布了具有极强保温隔热性能的毛发。如图 1-20 所示,通过扫描电子显微镜对北极熊毛发断面观察发现,北极熊的毛发是一根空心的细管,这种中空多孔的毛发结构可以将空气锁在空腔内,形成一层有效的保温隔热层,从而保证其体温恒定。在自然光下,人们对北极熊拍照时,它的影像十分清晰。但是,用红外相机拍照时,在红外相机的镜头里,北极熊全身漆黑,除面部外在照片上看不到它们的外形。当北极熊身体与背景环境温度相差过小时,它的身体不会被红外相机检测出来。可见北极熊具有绝好的保温隔热性能,这正是北极熊能够长期在极寒环境下生存的特有构造与功能。

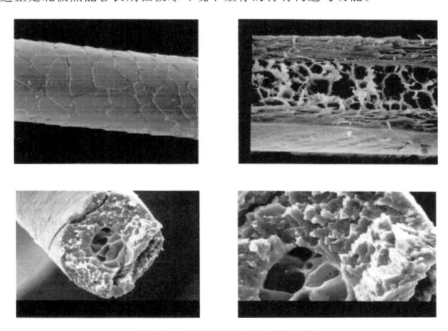

图 1-20 北极熊毛发中空多孔结构

1.3.9 植物杆茎多孔结构

对于植物而言,水是极其重要的。植物只有在适合其生存发展的足量水分的支持下,才能进行正常的生命活动,因此水分在植物内部的传输起着至关重要的作用。植物杆、茎中的木质部内的多孔导管是水分传输的主要通道。植物叶片的蒸腾作用和导管中的毛细作用则提供了水分传输的主要动力。植物体内自下而上垂直方向的水分传输过程主要包括:(1)土壤中的水分向植物体内传输。(2)水分在植物体内的定向传输。(3)植物体内的水分向空气传输。其中,土壤中的水分向植物体内传输过程主要表现为植物根部吸收土壤中的水分。

水分在植物体内的定向传输主要表现为水经由杆茎中的木质部自下而上定向运输,植物杆茎的多孔结构为水分的定向传输提供了毛细作用力,从而使得水分能够在植物体内连续不断地定向传输。

1.3.10 减阻表面——鲨鱼皮

鲨鱼的游泳速度之快令海洋中的其他鱼类望尘莫及,这主要得益于它特殊的皮肤表面。鲨鱼皮肤表面并不是光滑的,而是由许多具有沟槽形状的鳞片组成,如图 1-21 所示。人们发现鱼类鳞片上的结构有方向性地定向排列,这些结构呈同心环状从鱼头到鱼尾相互覆盖铰链排列。当鱼在水中游动时,水沿着同心环状结构朝半径增大的结构方向滑过,使得水与鱼表皮的动态黏滞力大大降低。为了在海洋中捕食更方便,经过多年的进化演变,鲨鱼皮肤具备了更为精巧的微观结构。人们发现,鲨鱼皮是由定向排列的菱形齿片结构组成,每一个齿片上大约有五个锥形脊状凸起。这些齿片同样也是从鲨鱼头至尾互相覆盖堆叠并铰链而成,齿片结构以及上面的脊状凸起与水流方向平行,使得水更容易在鲨鱼表皮滑过并极大程度地降低了流体阻力。

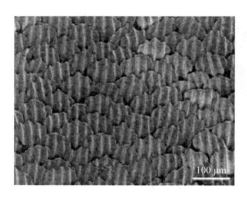

图 1-21 鲨鱼皮表面微结构

1.3.11 飞蜥优异的空气动力学性能

飞蜥一般都有很长的脚及尾巴,前后肢之间身体的两侧有 5～6 根长长的肋骨,能够在身体两侧展开,同时把与肋骨相连的松弛而有弹性的皮肤带起来,形成像两个翅膀的"翼膜",就像撑开的伞一样,如图 1-22 所示。飞蜥在树上爬行觅食时,翼膜像扇子一样折向体侧背方;在林间滑行时,翼膜向外展开。飞蜥通过调节尾巴和翼膜来改变滑行的方向和距离,但不能由低处飞向高处。爱尔兰都柏林大学的 Dyke 等对其进行重新评估,他们借助飞蜥空气动力学的风洞资料和根据化石重建的计算机模型进行研究,发现横跨在后腿的膜有助于滑行,且这种膜结构有很好的空气动力学性能。试验证实,现代喷气式战斗飞机仿飞蜥的三角翼机翼可明显提高飞行速度。Dyke 认为,三角翼的飞行效率比其他形状机翼高,尤其是超音速机翼。

图 1-22　滑行的飞蜥

1.3.12　莲蓬表面超疏水结构

在自然界中,有一类具有表面超浸润性结构的植物和生物,如荷叶的"出淤泥而不染",水黾腿可以在水上自由行走等。经过研究,Jiang 课题组发现在莲花籽和莲花叶上也存在超疏水性能,液滴在其表面上可以轻松地自然滑落而不留下水痕,如图 1-23 所示。经过研究发现,在莲花籽和莲花叶上存在多级微纳米复合结构。当水滴落在莲花叶和莲花籽上,水滴呈圆球形位于叶片上。通过观察叶片和莲花籽的表面结构可以发现,莲子和叶片容器表面都是微纳米级复合的多层级结构。同时对其表面进行静态接触角的测量,测量结果显示莲叶表面是超疏水的,其静态接触角为 153.9°±2.7°,当对表面略微倾斜一点时(<5°),水滴也会从超疏水莲蓬表面上滑落。另外,当水滴滴落在莲蓬表面上时,它们很容易从表面反弹而不会静止,这些润湿特性都可以表明,莲蓬表面的接触角滞后性很低,并且可以通过 Cassie 模型来解释莲蓬表面上的水滴的非润湿状态。这些独有的特征可以归因于表皮蜡具有低表面能和层次结构,类似于荷叶表面结构特性。当液滴与表面接触时,由于在表面上有层蜡质结构,具有极低的表面能,使得液滴在表面上呈圆形收缩形状而不易铺展,加之微纳米多级复合结构,在结构的缝隙中有一层空气膜,支撑着液滴,加剧了表面的超疏水性能。莲蓬表面具有与荷叶类似的超疏水性能,这与莲蓬表面的微纳米多级复合结构密不可分。此外,还发现莲蓬在加热过程中亲疏水性能改变,这也为构建浸润性可转化表面提供了思路和基础。

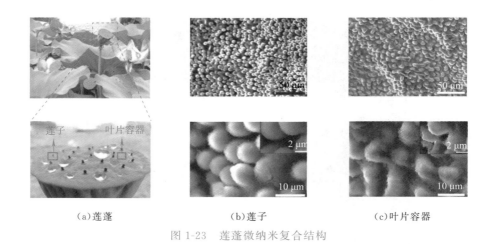

|（a）莲蓬|（b）莲子|（c）叶片容器|

图 1-23　莲蓬微纳米复合结构

1.3.13　树蛙和洪流青蛙爪子的超强黏附力

在近些年的研究中,发现一类具有极高黏附力的生物。这种生物的超强黏附力不依赖于能够与接触表面形成稳定键合的反应性物种,而是依赖于微米和纳米尺度的特殊形貌设计。其中最典型的一类是壁虎的脚趾垫,它们由数十万个紧密堆积和高度分支的毛发(刚毛)组成,可以与范德瓦耳斯力紧密接触,从而表现出极强的黏合度。与之类似但研究较少的另一个物种树蛙,与壁虎不同,在干燥的环境中,树蛙能够在垂直和悬垂的表面上附着、攀爬而不会掉落。经过对其脚趾的微观形貌观察,他们的脚趾表面呈规则的六边形形貌,其中上皮细胞 $10\sim15~\mu m$,宽通道间隔约 $1~\mu m$。每个上皮细胞的表面覆盖着一系列密集堆积的纳米柱,直径为 $300\sim400~nm$,每个柱的顶表面都略微凹陷。对其黏附性机理进行研究发现,表面形貌对于流体在垫上的分布和摩擦力的产生都是重要的。然而,在湿润液体的存在下,图案化的表面和绒毛表面均显示出较差的黏附性,这表明青蛙脚趾垫的表面设计专门用于悬挂或攀爬在有摩擦力的湿润表面上。

经过人们的研究和探索,发现另一类洪流青蛙,这类青蛙的脚趾在有流动水的情况下仍保持了优异的黏附性能,人们发现这是由于洪流蛙和树蛙的脚趾上皮细胞的解剖学差异(伸长与规则的几何形状)造成的。研究人员分别对树蛙和洪流青蛙的脚趾微观形貌进行表征和对比,发现了其中的差异,如图 1-24 所示。如上述内容提到的,在树蛙的脚趾表面,呈现规则的六边形形貌,而对于洪流青蛙来说,脚趾上皮细胞被拉长,呈现拉长形的六边形结构。其径向方向的长度约为 $30~\mu m$,宽度为 $12~\mu m$。在同等高支柱的条件下,在滑动方向上,由于细长六边形结构相比于规整六边形结构具有更大的接触面积和高边缘密度,使得脚趾与接触面间的摩擦力增大,而在垂直于平面的长轴方向上时具有最大的摩擦力,因此,这种图案化的微观形貌拥有极好的黏附性能,尤其在湿润有水的环境中,这一类微纳米级尺度上形状的微观差异也会给响应的生物性能带来极大的影响。但是,对于非常高的支柱,高变形性会导致支柱聚集并减少接触面。

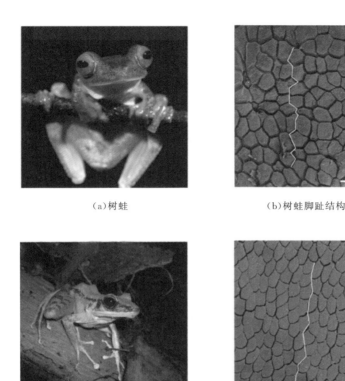

(a)树蛙 (b)树蛙脚趾结构

(c)洪流青蛙 (b)洪流青蛙脚趾结构

图 1-24 树蛙和洪流青蛙脚趾微观形貌对比

洪流青蛙和树蛙脚趾微观结构的差异使得洪流青蛙在潮湿环境中具备优异的高黏性能。通过这两种微米级六边形规则排列的微纳米结构,在后续的图案化设计中,设计出性能更加优异的湿润环境中高黏附材料,这种生物的微纳米复合结构也为人们后续制备一系列高黏附材料从微观形貌角度提供了设计思路和基础。

1.3.14 岩石青蛙脚趾结构的特异性与黏附可逆性

与上述的树蛙和洪流青蛙类似却又有差异的是一类岩石青蛙,这类岩石青蛙在湿润条件下也具有优异的黏附性能,甚至在水下也具有良好的黏附性能。研究人员对岩石蛙的脚趾的表面形貌也进行了表征,从电镜图中表征可以看到,脚趾板位于每个手指的扩展尖端上,每个前肢中有四个,每个后肢中有五个。此外,还有一些附属的附着结构,称为关节下结节,位于手指的近端。脚趾垫被近端凹槽所围绕。从衬垫的纵剖面看,描绘衬垫近端边缘的近侧凹槽较浅,而描绘衬垫远端和外侧边缘的轴向凹槽则是一条较大的深槽,尤其是在垫的远端。对整个簇状结构中的毛状体进行观察,发现每一个纳米柱毛状体都有锯齿状凹槽结构,这与树蛙和洪流青蛙的结构也存在着明显的特征差异。

由于岩石青蛙和洪流青蛙与树蛙脚趾微观结构微米尺度上的差异,使得与其他两种蛙类产生了黏附力性能上的不同,总结而言,对洪流栖息地的主要适应性似乎是穿过脚趾垫的通道的平直度,这将有助于排出多余的水;在脚趾的所有腹表面上均存在纳米柱阵列,类似黏鱼吸盘上,可能是为了适应在水下黏附和摩擦;从垫的中心到边缘的这些较短路径的明显功能是促进多余的液体从垫下面的纳米通道中快速排出。这种结构为制备和构建吸附性能可逆的智能材料提供了基础和思路。

1.3.15 "打蛋器"结构超疏水/超亲油表面

当今的石油泄漏问题对于全世界来说是一个重大问题。石油在海上的泄漏会造成严重的海水污染和石油损失,严重影响生态环境,如何高效处理原油泄漏,对泄漏的原油进行收集成了当前人们亟待解决的问题和重大挑战。现在广泛应用的方法包括人工合成的高分子海绵、Janus 金属网和一些复合物。但这些材料在应用中有可能会造成对生态环境的二次污染。在持续研究中发现一类生物材料,这类生物材料被视为泛热带入侵生物,但由于其高效的超疏水性和超疏油性被研究人员进行深入的研究和探索,这类植物名为人厌槐叶苹。经过观察发现,这类植物的表面结构与它的亲疏水性能息息相关。槐叶苹具有两种类型的叶子,褐色的淹没在水中的根状叶子和漂浮在水面上的绿色叶片。研究者主要对漂浮在水面上的绿色叶片进行了研究。水滴呈圆球状停留在绿色叶片表面,而绿色叶片上的微米结构对这种超疏水/超亲油性质产生了关键影响。从表面 SEM 的形貌表征中可以看到,叶片具有更复杂的三级层次表面结构,其微观形貌像打蛋器一样,它们的毛状体(毛)高几百微米,并且包含与纳米级蜡晶体叠加的微米级凸毛状体。这种超疏水性正是由于多层级结构和表面的疏水蜡质结构共同导致,本身的疏水性能加之多层级结构,大大提升了叶片表面的超疏水性能。除了这种表面超疏水性,被毛线包裹的叶子在其表面上还保留了稳定的空气层,从而确保了在水下拖动时植物的浮力和生存能力。但当叶片表面遇到油时,则体现出了超亲油特性。由于打蛋器结构本身的蜡质层具有憎水性,低表面张力的液体油的表面与之接触时,润湿性增加,毛线之间的毛细作用的综合作用促使油在结构上迅速铺展,同时,打蛋器结构的毛状体从四面包裹起来,这也为油附着提供了空间。当油铺开后,稳定储藏在打蛋器结构中,从而达到油吸附的目的。

综上所述,人厌槐叶苹的超疏水/超亲油特性正是由于其独特的多层级微米结构所引起。多层级的打蛋器结构和表面附着的蜡质层增大了表面的超疏水和超亲油特性,在打蛋器空腔中的空气垫增大了憎水性,使得水滴不能在叶片上附着,而油可以快速在结构中铺展储藏。这种植物的微米多层级结构也为超疏水/超亲油材料的制备提供了思路和基础。

1.3.16 海藻表面耐盐超疏油特性

表面超疏油和水下超疏油也是超浸润领域的一个关键部分,构建超疏油表面也是研究方向之一。对于超疏油表面的构建,主要有两个关键条件:构建极低表面能的表面;在表面构建时引入一种液体可以排斥油污染。第一种条件在海洋中无法实现,因为低表面能优势将在水下消失;后一种条件在海洋中可以广泛实现。在海洋中应用最大的挑战就是防油材料在高离子强度和高盐度条件下的稳定性。经研究发现,海藻在饱和的 NaCl 溶液中,也表现出很强的超疏油稳定性。经过对海藻表面的一系列研究和表征,这种超疏油特性是因为在海藻表面存在含量丰富的多糖层,这种多糖层是海藻酸盐凝胶,海藻酸盐凝胶可以大量结合水分子,这层凝胶结合的水在凝胶层上又形成一层水层,从而达到超疏油的性质。其表面的水下油接触角为 160.7°±5.0°,滚动角为 2°,同时,对其在盐水中的稳定性进行了表征,通过试验发现在不同浓度(从低到高)的盐溶液中,其表面都保持着稳定的超疏油性能。

表面粗糙度在增强表面润湿性方面起着至关重要的作用。在水下疏油表面中也发现了类似的表面粗糙度功能。如果表面是亲水性的,水往往会以较高的粗糙度进入空间,然后被捕集为"排斥的液体",以避免油黏附在油/水/固体界面上。这种结构也为耐盐疏油性能起到关键的作用。通过 SEM 对其表面形貌进行表征,发现海藻表面具有丰富的多孔结构,最外面的表面覆盖着微纤维和网状结构。由于纤维状结构类似于脱水的水凝胶,因此在其表面上受到薄层粘胶的保护,该粘胶薄层包含并结合了大量的水。受此海藻表面结构的启发,研究者通过模仿这种结构,制备了人造水凝胶材料,同样也达到了耐盐的超疏油特性。

综上所述,经过研究发现,在海藻表面存在耐盐性的水下超疏油特性,这主要与两个因素密切相关:(1)海藻表面具有丰富的多孔粗糙结构;(2)在海藻表面存在大量的多糖水凝胶层。多孔的粗糙结构提供了更大的比表面积,使更多的水进入到结构中,而表面的多糖水凝胶层可以大量结合水分子,形成一层水层。在两者协同作用下,实现表面水下超疏油特性。这也为超疏油表面的仿生构建提供了思路和基础。

1.3.17　多尺度分层塔状结构防雾应用

超浸润领域的另一个重要应用是防雾。防雾也与表面能和表面结构密不可分。在防雾领域中,具有亲水甚至超亲水性润湿行为的防雾表面由于能够减少薄膜状缩合引起的光散射而备受关注。研究人员发现,一种名为蓝闪蝶的蝴蝶,是一种典型的生存在热带雨林中的蝴蝶,在其羽翼上存在一种多尺度分层塔状结构,这种结构具有防雾的典型结构,可以使蝴蝶翅膀具有防雾性能。从光学图中可以看出,这种雄性的蝴蝶翅膀翼展约为 14 cm,而背翼由重叠的微小尺度结构组成,具有均匀蓝色光辉。在超深度 3D 立体显微镜的帮助下,亮蓝色鳞片排列并观察到了翼鳞片的微观形态。羽翼鳞片在垂直于机翼表面的垂直方向上的高度分布如图 1-25 所示,其表面实际上是粗糙的,而不是看起来光滑的表面。一方面,最大高度差达到 82.98 μm,从宏观上提高了表面的粗糙度。另一方面,进行了简单的变色试验,以确认宏观物理颜色是由机翼鳞片的微/纳米结构产生的。

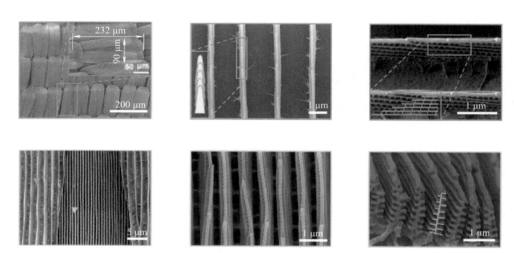

图 1-25 蓝闪蝶翅膀多尺度分层塔状结构

在羽翼鳞片表面结构上,这些重叠的微小鳞片为椭圆形,宽 90 μm,长 232 μm,密集的机翼鳞片大约平行于鳞片,并以交替的方式分为两种类型(CSs 和 GSs)。CS 位于上层,GS 位于下层,CS 和 GS 相互重叠,并且它们都具有不同周期间隔的脊沟复合阵列。每个脊由几层相互平行的薄片组成,存在许多均匀分布的微肋,它们在两个相邻的薄片之间形成成排的窗口状凹槽。深入研究发现在其表面上存在一层不能被水浸湿的蜡质层。因此,在这种多尺度分层结构和表面蜡质层的共同作用下,使得表面具有超疏水特性,其水滴接触角达到 155.5°,正是因为极佳的超疏水特性,使得这种蝴蝶表面的翅膀具备极佳的防雾性能,而这个结构也不同于上述所表述的传统防雾材料的结构。基于此,该研究团队也仿生构建了多尺度分层结构,用于防雾领域。

综上所述,蓝闪蝶具有的多尺度分层塔状结构也为仿生构建超疏水防雾表面提供了思路和基础。

1.3.18 鳞豚鱼表面各向异性水下超疏油结构

在自然界中,水中生存的生物表面也是超浸润领域一个非常重要的灵感来源。例如前述的鲨鱼皮结构、贝壳结构等,特异性的表界面结构使得水生生物可以适应在水中的生存环境。Jiang 课题组发现了一种名为绿鳍马面鲀的鳞豚鱼,主要在西北太平洋的中国海域和日本海域,这种鱼可以在积油海域中游动,而油在鱼的皮肤上从头到尾定向滚动,其表面的各向异性结构使得这种鱼在水中具有各向异性的疏油性质,如图 1-26 所示。具体表现为,在水中油滴可以沿着从头至尾的方向滚动,而将油滴逆向放置,则不会发生油滴的滚动。对鱼的皮肤进行了微观形貌表征,通过 SEM 可以观察到,在鱼的皮肤表面上排列着多种钩状棘刺结构,这种钩状棘刺结构的脊柱高约为(383.7 ± 17.6)μm,宽(51.6 ± 5.4)μm,在棘刺的尖端弯曲,且弯曲的方向均指向鱼尾。这些钩状棘突排列成行,且每行棘突之间的距离均大于 100 μm。另外,通过观察发现,这些刺的长宽比高达 8,因此,导致鱼皮表面呈宏观粗糙结构。通过对其水下疏油特性的表征,发现其油接触角(OCA)为 156.1°±1.8°,这表明油和皮肤表面的吸引力有限。鳞豚鱼表面由高表面能的有机物(胶原蛋白)组成,这是其表面在水下疏油的基础。加之这种粗糙度高的表面钩状棘刺结构,更加增强了其表面的疏油特性。紧密排列的钩状棘突通过将大量水分子紧密地互锁到每个棘突的空间中来提高水下疏油性。被捕集的水分子起排斥油液体的作用,以保护皮肤免受油在水/油/固体界面上的侵入,就像被捕集的空气在 Cassie 模型中起到疏水作用一样。同时,高长宽比和极高的脊柱硬度可在外力或轻微表面损伤下优化水下疏油性的稳定性,以轻松地在残留的未应变或未破坏的零件之间保持足够的水分。由于这种钩状棘刺结构具有方向性,使得油可以在表面发生定向的滚动。

图 1-26　绿鳍马面鲀表面钩状棘刺结构

这种钩状棘刺结构不同于其他鱼的鱼鳞结构,其具有较高的长宽比,使得表面粗糙度增大,棘刺之间的水可以排斥其他油液体,这种微米结构增大了鱼皮表面的疏油性。同时,这种棘刺结构的定向弯曲,产生了各向异性结构,可以使得油沿着鱼皮表面定向滚动。这种结构为制备水下超疏油表面提供了思路和基础。

1.3.19　超疏水性和水下超疏油性的双重超疏液表面

在之前的研究中,甲壳虫的雾气收集被广泛关注和讨论,由于其表面存在亲疏相间的结构,从而可以提高雾气捕捉和液体收集的效率。然而,在近来的研究中,一种生活在沙漠的甲壳虫,背部出色的集水能力对于它们在如此极端干旱的环境中的生存至关重要。图 1-27中显示了甲虫的照片和扫描电子显微镜(SEM)图像。结合能量色散 X 射线光谱(EDS)分析,在微观尺度上,疏水性光滑表面覆盖在近乎随机的亲水"稻田"阵列中,彼此隔开约 150 μm,直径分别约为 15 μm。受交替的疏水—亲水表面结构的启发,截留在与超疏水表面隔离的亲水纳米域上的水分子使表面具有极强的拒油性,从而获得了独特的双重超疏液表面,表现为在空气中超疏水,水下超疏油的双重特性。

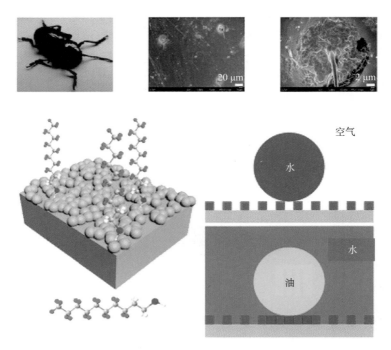

图 1-27　甲壳虫超疏水和水下超疏油特性的表面结构

　　这种亲疏相间的结构除了可以用于高效的雾气收集外,还发现具有超疏水性和水下超疏油性,这种结构也为水滴和油滴的液滴操控提供了基础。

1.3.20　山药油下超亲水表面

　　超亲水表面、超疏水表面、水下超亲油表面等都均有研究,但如何构建油下超亲水表面仍是一个难点,主要在于水具有极大的表面能。经研究发现,在自然界中山药可以保持自身的新鲜,这与其表皮的独特润湿特性有关,如图 1-28 所示。山药等植物具有非常干净的表面,当去皮后,通过水的冲洗可以得到非常干净白嫩的表面。山药表面由大颗粒组成(数十微米),可以排斥水中的油,在水下油接触角(OCA)大于 150°。如果山药在正己烷中与水滴接触,其接触角刚开始为 56°,最终变为 0°。为了保持果肉的新鲜,在果肉结构中需要有一定的锁水能力,通过这种大颗粒的亲水特性,来达到这种自清洁的能力。

　　研究人员受此启发,以高吸水性的金属有机骨架化合物(MOF)材料为基础,制备仿山药表皮结构,其中,MOF 的超亲水吸水特性产生了至关重要的作用。山药表皮具有亲水大颗粒结构,这种结构使得山药表皮具有很好的锁水能力,同时,因为这种表皮结构,使得山药在油下具有超亲水特性。受这种山药结构的启发,还制备超亲水 MOF 基的油下超亲水材料,这也为这种材料的构建和制备提供了思路和基础。

图 1-28 山药表面超亲水大颗粒结构及油下超亲水特性

1.3.21 受木头结构启发水处理领域

木头是自然界中再常见不过的一种生物了,全世界范围内有很多树木,近些年,仿生领域其中很多分支都关注在木头的结构上。经过对天然的木头研究,木材自然演化为具有层次结构,该层次结构跨越多个数量级,在每个长度尺度上具有不同的功能,以支持树木生长并提供人类使用的材料。木材的结构对于不同类型的树木(通常分为裸子植物和被子植物)有很大的不同。裸子植物中的主要细胞称为气管,长度为 2~4 mm,直径为 20~40 μm,具有机械强度,可作为水和养分运输的管道。在被子植物中可以找到更复杂的细胞,包括用于水和养分运输的 0.3~0.6 mm 长和 30~130 μm 宽的容器,以及用于机械支撑的 0.8~1.6 mm 长和 14~40 μm 宽的无形细胞。由于较高的长宽比,这些细胞已在造纸中得到广泛应用,特别是对于裸子植物中的细胞。木材可以被认为是一种天然存在的纳米复合材料,具有高结晶度的纤维素基本原纤维,通过半纤维素和木质素的原纤维间化合物黏合在一起。由于自然界中这些木质纤维素纳米材料的精密组装,木材在许多方面优于人造不可再生材料,尤其是在建筑、家具和包装的传统领域。可以预见,通过使用新开发的纳米技术对这些基于自然界的纳米材料进行进一步的功能化和工程化,可以开发出性能超过传统木材的先进材料。

木头结构的优越特性具有可生物降解和可再生的特性,以及高比表面积和通用的表面化学性质,纳米纤维素已被广泛应用于废水处理中。纳米纤维素在废水处理中的应用通常包括吸收/吸附、催化降解和抗菌,其具体应用包括油污净化、重金属吸附、有机污染物去除以及抗菌药。使用纳米纤维素作为生物吸收剂利用其通用的表面化学以及可促进治疗后恢复和再生的可调节宏观形式。具有 3D 互联网络以及完整物理结构的纤维素气凝胶已被广泛用作废水处理中的生物吸收剂。

自然界中的生物都具有其特异性的表面结构从而适应生存环境。这些表面结构都可以总结为微纳米尺度上的多级分层结构所组成。通过对这些生物结构特性的研究，为之后制备这种仿生结构也提供了思路和基础，同时，在对生物结构研究的基础上优化结构特性，从而制备出优异性能的表界面结构材料用于之后的各种领域中。

参考文献

［1］ FENG L，LI S，LI Y，et al. Super-hydrophobic surfaces：from natural to artificial［J］. Advanced Materials，2002，14（24）：1857-1860.

［2］ SUN T，FENG L，GAO X，et al. Bioinspired surfaces with special wettability［J］. Accounts of Chemical Research，2005，38（8）：644-652.

［3］ WANG Q，YAO X，LIU H，et al. Self-removal of condensed water on the legs of water striders［J］. Proceedings of the National Academy of Sciences，2015，112（30）：9247-9252.

［4］ 徐文骥，宋金龙，孙晶，等. 金属基体超疏水表面制备及应用的研究进展［J］. 材料工程，2011（5）：93-98.

［5］ GAO X，YAN X，YAO X，et al. The dry-style antifogging properties of mosquito compound eyes and artificial analogues prepared by soft lithography［J］. Advanced Materials，2007，19（17）：2213-2217.

［6］ FENG L，ZHANG Y，XI J，et al. Petal effect：a superhydrophobic state with high adhesive force［J］. Langmuir，2008，24（8）：4114-4119.

［7］ JIN M，FENG X，FENG L，et al. Superhydrophobic aligned polystyrene nanotube films with high adhesive force［J］. Advanced Materials，2005，17（16）：1977-1981.

［8］ ZHENG Y，GAO X，JIANG L. Directional adhesion of superhydrophobic butterfly wings［J］. Soft Matter，2007，3（2）：178-182.

［9］ LIU C，JU J，ZHENG Y，et al. Asymmetric ratchet effect for directional transport of fog drops on static and dynamic butterfly wings［J］. ACS Nano，2014，8（2）：1321-1329.

［10］ MEI H，LUO D，GUO P，et al. Multi-level micro-/nanostructures of butterfly wings adapt at low temperature to water repellency［J］. Soft Matter，2011，7（22）：10569-10573.

［11］ CHEN H，ZHANG P，ZHANG L，et al. Continuous directional water transport on the peristome surface of Nepenthes alata［J］. Nature，2016，532（7597）：85-89.

［12］ CHEN H，RAN T，GAN Y，et al. Ultrafast water harvesting and transport in hierarchical microchannels［J］. Nature Materials，2018，17（10）：935-942.

［13］ PRAKASH M，QUÉRÉ D，BUSH J W M. Surface tension transport of prey by feeding shorebirds：the capillary ratchet［J］. Science，2008，320（5878）：931-934.

［14］ ZHENG Y，BAI H，HUANG Z，et al. Directional water collection on wetted spider silk［J］. Nature，2010，463（7281）：640-643.

［15］ JU J，BAI H，ZHENG Y，et al. A multi-structural and multi-functional integrated fog collection system in cactus［J］. Nature Communications，2012，3（1）：1-6.

［16］ PARKER A R，LAWRENCE C R. Water capture by a desert beetle［J］. Nature，2001，414（6859）：33-34.

［17］ SEYMOUR R S，HETZ S K. The diving bell and the spider：the physical gill of Argyroneta aquatica［J］. Journal of Experimental Biology，2011，214（13）：2175-2181.

[18] LIU M,WANG S,WEI Z,et al. Bioinspired design of a superoleophobic and low adhesive water/solid interface[J]. Advanced Materials,2009,21(6):665-669.

[19] NEINHUIS C,BARTHLOTT W. Characterization and distribution of water-repellent,self-cleaning plant surfaces[J]. Annals of Botany,1997,79(6):667-677.

[20] BARTHLOTT W,NEINHUIS C. Purity of the sacred lotus,or escape from contamination in biological surfaces[J]. Planta,1997,202(1):1-8.

[21] GAST A P,ADAMSON A W. Physical chemistry of surfaces[M]. New York:Wiley,1997.

[22] MANDELBROT B B. The fractal geometry of nature[M]. New York:WH freeman,1982.

[23] HANSEN W R,AUTUMN K. Evidence for self-cleaning in gecko setae[J]. Proceedings of the National Academy of Sciences,2005,102(2):385-389.

[24] HOLBAN A M,GRUMEZESCU V,GRUMEZESCU A M,et al. Antimicrobial nanospheres thin coatings prepared by advanced pulsed laser technique[J]. Beilstein Journal of Nanotechnology,2014, 5(1):872-880.

[25] TRAMACERE F,FOLLADOR M,Pugno N M,et al. Octopus-like suction cups:from natural to artificial solutions[J]. Bioinspiration & Biomimetics,2015,10(3):35004.

[26] GAO X,JIANG L. Water-repellent legs of water striders[J]. Nature,2004,432(7013):36.

[27] 周芳纯. 竹林培育学[J]. 竹类研究,1993(1):95.

[28] AMADA S,UNTAO S. Fracture properties of bamboo[J]. Composites Part B:Engineering,2001,32 (5):451-459.

[29] OBATAYA E,KITIN P,YAMAUCHI H. Bending characteristics of bamboo (phyllostachys pubescens) with respect to its fiber-foam composite structure[J]. Wood Science and Technology,2007,41(5): 385-400.

[30] RHEE H,HORSTEMEYER M F,HWANG Y,et al. A study on the structure and mechanical behavior of the Terrapene carolina carapace:a pathway to design bio-inspired synthetic composites[J]. Materials Science and Engineering:C,2009,29(8):2333-2339.

[31] PORTER M M,NOVITSKAYA E,CASTRO-CESEÑA A B,et al. Highly deformable bones:unusual deformation mechanisms of seahorse armor[J]. Acta Biomaterialia,2013,9(6):6763-6770.

[32] NEUTENS C,ADRIAENS D,CHRISTIAENS J,et al. Grasping convergent evolution in syngnathids:a unique tale of tails[J]. Journal of Anatomy,2014,224(6):710-723.

[33] AIZENBERG J,WEAVER J C,THANAWALA M S,et al. Skeleton of Euplectella sp.:structural hierarchy from the nanoscale to the macroscale[J]. Science,2005,309(5732):275-278.

[34] WEAVER J C,AIZENBERG J,FANTNER G E,et al. Hierarchical assembly of the siliceous skeletal lattice of the hexactinellid sponge Euplectella aspergillum[J]. Journal of Structural Biology,2007,158 (1):93-106.

[35] BRUET B J F,SONG J,BOYCE M C,et al. Materials design principles of ancient fish armour[J]. Nature Materials,2008,7(9):748-756.

[36] JANDT K D. Fishing for compliance[J]. Nature Materials,2008,7(9):692-693.

[37] TAO P,SHANG W,SONG C,et al. Bioinspired engineering of thermal materials[J]. Advanced Materials,2015,27(3):428-463.

[38] ZHAO N,WANG Z,CAI C,et al. Bioinspired materials:from low to high dimensional structure[J].

Advanced Materials,2014,26(41):6994-7017.

[39] GROJEAN R E,SOUSA J A,HENRY M C. Utilization of solar radiation by polar animals:an optical model for pelts[J]. Applied Optics,1980,19(3):339-346.

[40] 周清. 植物输水过程模拟研究[D]. 天津:天津大学,2004.

[41] VILLAR-SALVADOR P,CASTRO-DÌEZ P,PÉREZ-RONTOMÉ C,et al. Stem xylem features in three Quercus (Fagaceae) species along a climatic gradient in NE Spain[J]. Trees,1997,12(2):90-96.

[42] 魏欢. 类似海豚表皮微结构的构建及其仿生涂层防污性能研究[D]. 哈尔滨:哈尔滨工程大学,2012.

[43] FEDERLE W,BARNES W J P,BAUMGARTNER W,et al. Wet but not slippery:boundary friction in tree frog adhesive toe pads[J]. Journal of the Royal Society Interface,2006,3(10):689-697.

[44] ITURRI J,XUE L,KAPPL M,et al. Torrent frog-inspired adhesives:attachment to flooded surfaces [J]. Advanced Functional Materials,2015,25(10):1499-1505.

[45] CAI Y,LU Q,GUO X,et al. Salt-tolerant superoleophobicity on alginate gel surfaces inspired by seaweed (saccharina japonica)[J]. Advanced Materials,2015,27(28):4162-4168.

[46] HAN Z,MU Z,LI B,et al. Active antifogging property of monolayer SiO_2 film with bioinspired multiscale hierarchical pagoda structures[J]. ACS Nano,2016,10(9):8591-8602.

[47] CAI Y,LIN L,XUE Z,et al. Filefish-inspired surface design for anisotropic underwater oleophobicity[J]. Advanced Functional Materials,2014,24(6):809-816.

[48] TIE L,LI J,LIU M,et al. Dual superlyophobic surfaces with superhydrophobicity and underwater superoleophobicity[J]. Journal of Materials Chemistry A,2018,6(25):11682-11687.

[49] LIU M,TIE L,LI J,et al. Underoil superhydrophilic surfaces:water adsorption in metal-organic frameworks[J]. Journal of Materials Chemistry A,2018,6(4):1692-1699.

[50] SONG J,CHEN C,ZHU S,et al. Processing bulk natural wood into a high-performance structural material[J]. Nature,2018,554(7691):224-228.

第2章 仿生结构材料

2.1 仿生结构材料的研究现状

随着现代仿生学的快速发展,仿生学与其他学科相互渗透与影响已成为主流,通过不同学科的交叉研究产生大量的灵感创意,促进人类科技进步。仿生科学与材料科学相结合,设计出大量新型复合材料,已成为现代科研工作研究发展的重要组成部分。仿生结构材料研究工作以生物的结构材料组成为研究对象,目前,仿生结构材料学主要研究工作如下:

(1)选择某种具有优异材料结构的生物为研究对象后,模仿其材料组成或结构特点直接设计制造出类似结构。

(2)选定仿生对象后,通过检测仪器等分析手段对其组成结构进行分析探究,或利用元素检测设备研究生物材料的元素组成以及分布情况。

(3)确定研究目标后,用计算机分析生物材料的基本特征和属性,对仿生对象材料结构各方面的性能进行测试检验与分析,对生物体某些优异性能进行总结和对比。

(4)选择仿生研究对象后,以仿生对象的某种或多种结构材料功能为基础,与多种元素融合起来,将研究成果与现有技术相结合,研制开发出新型材料结构。

(5)将研究成果进一步分析转化,将仿生材料结构与现有工程材料结构结合,融入各个学科工程项目中去。

(6)在仿生对象优异形态结构或材料组成的启发和引导下,对现有工程材料结构进一步升级优化,提升某方面性能。

随着材料科学的不断进步与发展,越来越多的新型结构材料被广泛应用于医疗、机械设计、工业生产、化学、生命科学、航空航天等领域。与传统材料相比较,新型结构材料具有更加优越的力学性能以及其他性能。在大自然漫长的进化发展过程中,为了适应严苛的生存环境,生物体进化出具有各种各样功能和特点的材料结构,天然生物材料往往具有良好的抗冲击、高比强度、高比刚度、耐磨损且具有一定的自愈能力等特点,很多生物体的复杂微结构更是赋予了生物材料很强的韧性与功能适应性。通过对自然界的观察与思考,人们已经普遍认识到传统材料与天然生物材料之间存在的差距,人们通过对天然生物材料的研究与学习,对生物微结构的模仿与测试,愈来愈多地选择将多种材料组合起来,研制出新型的复合结构材料,赋予材料具有更多功能。从 1980 年起,西方国家就开始重视对天然生物材料的研究与模仿,并在天然材料的启发下,设计和开发出一系列新型复合材料,仿生结构材料学也由此得到了很大的发展。为了在全球性的竞争与较量中不致落后,我国目前也加快了在仿生复合材料领域的研究步伐,并已取得一系列科研成果。

仿生结构材料学是仿生学研究的重要组成部分,仿生材料将仿生研究工作与材料研究工作结合起来,从实际生产制造需求出发,通过对仿生对象的观察与模仿,应用试验测试手段对制备出的试样进行检验与改进,研制出具有良好力学性能及其他性能的新型仿生材料,目前已成为新型材料研制与开发工作的主要方向之一。复合材料研究一直是仿生材料研究领域的重要组成部分,复合材料较之传统材料往往具有更多的优异性能,科研人员以具有某些优异性能的生物体材料结构为参考对象,应用试验测试检验手段,通过对材料间不同的组合方式与材料比例的反复调整改进,以得到复合材料组合的最佳方案。

仿生学发展迅速,从其概念提出的半个多世纪以来,科学家们相继解开了自然界中生物蕴藏的许多奥秘,揭示了许多自然界生物进化数字规律。各种材料的制备技术工艺的发展也大大推进了仿生结构材料的发展,尤其是电沉积技术、气相沉积技术、静电纺丝技术等技术的成熟,推动了仿生结构材料从宏观向着纳米微观发展。

2.2　仿生空心结构材料

多通道的超细管状结构是自然界中许多生物体中普遍存在的结构。例如,许多植物的中空茎以及存在于其中的多通道微米管结构,除了可以依靠这种结构实现水分和养料的运输,同时又可以有效利用材料获得足够的强度和刚度,支撑着其直立生长获取阳光;鸟类采用同样的方法,在长期进化过程中使其羽毛具有了多通道管状结构,以减轻质量、保持体温;极地动物的皮毛也多具有这样的多通道或多空腔微纳米管状结构,来获得卓越的隔热性能。电纺技术的成熟,推动着仿生空心结构材料的研制。采用电纺技术,科学家们相继制备了 SiO_2、ZnO、ZrO_2 和 TiO_2 等空心纳米纤维材料,如图 2-1 所示。最近,江雷课题组采用复合电纺丝技术,成功制备获得了多通道 TiO_2 微纳米管,而且以控制内流体数目的方式,获取了与内流体数目一致的多通道微米管仿生超强韧纤维材料。

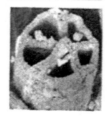

图 2-1　空心纳米纤维材料

2.3 仿生高强超韧层状复合材料

在自然界中存在着的许多生物矿化材料都具有几近完美的材料创成方式,和由此带来的优秀的力学等性能,如珍珠、贝壳等。生物矿化需要一个漫长而且极其复杂的过程,生物矿化材料具有多级结构特点,其组装方式也是独特的,它是超分子模板的调控无机矿物成核和生长的结果。在生物矿化过程中,生物大分子等有机组分调控着生物矿物的尺寸、形貌、结构以及取向等。

近年来,人们根据生物矿化原理,仿生制备了多种不同尺寸尺度的仿生材料。模仿鲍鱼壳的多层次结构,使用双亲水嵌段共聚物、聚电解质和树枝状高分子等一系列有机物,人们合成了多孔层状方解石晶体、球文石碳酸钙微米环、螺旋结构的 $BaCO_3$ 纳米纤维、高度单分散的球文石微球等具有不同形貌和结构的无机材料。贝壳珍珠层具有独特的结构、良好的韧性和极高的强度,一直以来是人们研究的热点。贝壳珍珠层拥有天然的无机层。有机层片状生物复合材料,组成成分是 95% 的碳酸钙和 5% 的有机基质。有机基质主要是蛋白质、多糖有机体,虽然它仅占体积的 5%,但是它是贝壳珍珠层具有良好强度的关键因素,其主要作用是控制着碳酸钙晶体的生长方式、排列分布,同时会影响着晶体形态成长和其核化过程,调控着这种有机/无机多层次结构。Kotov 课题组采用组装方法先后于 2003 年和 2007 年,制备了仿珍珠层有机/无机杂化材料聚二烯丙基二甲基氯化铵/蒙脱土层状复合结构材料和聚乙烯醇/蒙脱土透明层状复合材料。这种方法制备的此种复合材料,在抗拉强度和抵抗拉伸变形方面表现出了良好的力学行为,聚二烯丙基二甲基氯化铵/蒙脱土层状复合材料的拉伸强度和弹性模量接近天然的珍珠层,是同类复合物机械强度的 10 倍;聚乙烯醇/蒙脱土透明层状复合材料的拉伸强度和杨氏模量分别是 400 MPa 和 106 GPa。2008 年,Studart 课题组采用自下而上的胶体组装技术,制备了仿贝壳结构的层状复合材料。这种复合材料具有良好的弹性、韧性和强度,且轻质。Deville 等根据天然海冰的形成原理,采用定向冻融的方法,将陶瓷粒子散布在水中构建了精细的仿贝壳结构。该种仿贝壳复合材料具备复杂的分层结构,多孔支架表面同时具有一定的粗糙结构,并且层间存在矿物桥连接,这与珍珠层无机组分的微结构非常相似。

2.4 仿生高黏附材料

壁虎在各种墙面,包括天花板上,都能够自由地快速爬行、进行捕食等。在显微镜下可以发现壁虎脚掌具有非常精细的微观结构,壁虎脚掌上有 50 万根长度为 30～130 pm、直径为 5 μm 的刚毛,每根刚毛末端又细分为 100～1 000 根绒毛。而壁虎能够"飞檐走壁",正是源于其脚掌上数百万根刚毛与接触面产生的范德瓦耳斯力。壁虎全空间的优秀运动能力吸引着国内外众多课题组,针对壁虎脚掌的微细结构高黏附特性做了大量的仿生制备工作的研究。课题组利用化学气相沉积方法制得多壁碳纳米管,整合成具有多尺度的碳纳米管束,在很大程度上增加其表面的粗糙度,具有更好的黏附性,此外他们还将这种碳纳米管阵列转移到柔性载体上,这种新型的黏附材料能够反复粘贴和扯下。戴顿大学的 Qu 等,使用化学气相沉积的方法制备区别于直立碳管具有末端弯曲特点的高密度碳纳米管黏附阵列,这种阵列有效地增大了其黏附力。

    无论在干燥还是潮湿的条件下,树蛙都能够牢固附着并平滑地爬在柔韧的叶子上。树蛙脚趾有着特殊的结构,由六边形微观结构组成上皮细胞,边长约 10 μm,形成分散的阵列。顶端分布着大量的纳米级凹槽,这为设计具有高黏附性能的表面制备提供了思路。直接通过软光刻和溶剂处理即可制备出该仿生结构。复合材料前体由聚二甲基硅氧烷(PDMS)前驱体和聚苯乙烯(PS)纳米颗粒组成(直径为 500 nm),将其填充到 PU 模板后固化移出可得直径为 20 μm 的微柱阵列,如图 2-2 所示。该材料相对于 PS、PDMS/PS 复合材料有着更大的弹性模量。然后将微米结构浸入四氢呋喃(THF)中以蚀刻掉微柱表面上 PS 纳米颗粒,即可仿生出树蛙脚趾纳米凹坑结构。表面与液体接触时大部分液体被挤出接触区域,导致在纳米孔内的多个液桥形成,此外纳米坑在负压下具有较大的湿黏合强度。该仿生表面与液体接触时的黏附强度甚至比树蛙脚趾垫高约 40 倍。支柱的几何形状阵列和纳米坑有助于增强黏附性能。该仿生高黏附表面在潮湿环境下有着很好的前景。

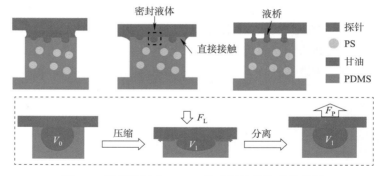

图 2-2　模板法制备 PDMS 微米级柱状阵列示意图

2.5　结构仿生防污涂料

    研究发现并不是表面越光滑材料的防污效果越好,而是像鲨鱼、海豚以及荷花等具有自清洁的动植物表面一样,表面具有一定的微纳米结构的涂层防污效果更好。结构仿生防污涂料就是通过仿制具有微纳米结构的表面结构,来实现防污的目的。日本关西公司模仿海豚在游泳时,皮肤能够分泌黏液的行为,利用丙烯酸和有机硅树脂制备的防污涂层具有防污和减阻的效果。华盛顿大学的研究者指出,当涂层表面具有与海洋生物所分泌的蛋白质尺寸相似,并具有与海豚皮肤一样的波纹时,就能够阻止海洋生物的早期附着;合成出具有纳米级山谷结构的仿海豚皮肤的两亲性树脂涂层,能有效阻止藤壶等海洋生物幼虫的早期附着。此外研究还表明,具有鲨鱼鳞片表面结构的防污涂层,能够减少藻类石莼的附着。

目前对于具有一定表面结构的仿生防污涂层的研究越来越多,主要集中在具有微结构表面的共聚物的合成、各合成参数及分子量、成分含量等对微结构的影响,以及微结构对防污性能的影响等几方面。但目前开发出来并且能够真正应用于防污涂层的具有一定表面微结构的树脂体系还比较少,此外尚没有统一的能够合理解释表面微结构对防污影响的机理。

2.6 无机结构仿生生物材料

无机结构仿生生物材料是一种无机生物医学材料,最早于 18 世纪初应用于生物医学材料,其优点是理化性质稳定、对生物组织无毒副作用及优异的细胞亲和性等。如今,无机结构仿生生物材料引起了世界各国研究人员的高度重视,是一种替代性强、前景广阔和经济效益高的新型结构仿生生物材料,目前被广泛应用于临床医学领域。

目前,无机结构仿生生物材料主要为羟基磷灰石类生物陶瓷材料,例如人工牙齿、人工骨骼、耳及充填骨缺损等。羟基磷灰石[$Ca_{10}(PO_4)_6(OH)_2$],其化学成分和结构与天然生物骨组织中的磷酸钙盐相似,其优点是具有良好的生物相容性和生物活性,且与生物组织具有相似的结构和化学组成(人体骨骼中的主要无机成分是羟基磷灰石,其理论密度为 3.156 g/cm³,莫氏硬度为 5,微溶于水,折射率为 1.64~1.65)。制备羟基磷灰石类结构仿生生物陶瓷材料主要分为羟基磷灰石粉体的制备、羟基磷灰石陶瓷的制备、羟基磷灰石涂层的制备以及羟基磷灰石复合材料的制备这几部分。苏佳灿等制备的羟基磷灰石类结构仿生生物材料,通过细胞培养发现,羟基磷灰石材料有利于成骨细胞在其上的黏附和增殖。虽然与对照组的细胞形态相比并没有什么区别,但羟基磷灰石类结构仿生材料可以有效地提高细胞的增殖能力。羟基磷灰石类仿生生物材料植入人体后对组织细胞无毒副作用和排异反应,是理想的骨组织的替代材料。Lunguo Xia 等采用水热法设计了一种三维多孔结构的植入物植入到高度连通的大孔隙羟基磷灰石纳米片生物支架材料中,结果表明该生物支架材料能够明显提高骨细胞再生能力。在试验中 Lunguo Xia 等用 α-磷酸三钙陶瓷支架材料作为前驱体,通过调控水热反应条件,来合成高连通大孔隙的羟基磷灰石纳米片、纳米片和微米/纳米棒生物支架材料。此外,Lunguo Xia 还研究了老鼠骨髓基质细胞在这三种支表面形貌的羟基磷灰石生物支架材料上的黏附、增殖和分化的机理。结果表明,带有微米/纳米棒结构的羟基磷灰石生物陶瓷支架材料能够明显地增强骨髓基质细胞的黏附、细胞活性、碱性磷酸酶活性和骨髓基质细胞中成骨细胞基因的表达能力。

目前,无机结构仿生生物材料普遍应用于临床实践中。但其存在的问题依然较多,主要问题有如下几个方面:(1)无机结构仿生生物材料粉体显现出易堆积,且烧结后易形成无序结构,与人体骨骼材料的多孔有序结构相差较大,结构仿生性差。(2)无机结构仿生生物材料具有力学性能包括韧性差、易断裂以及抗弯强度低等缺点,因而其应用受到较多的限制,在人体中无法应用于支撑部位,难以满足临床医学的要求。(3)无机结构仿生生物材料的弹性模量与人体骨骼材料相差较大,脆性大,受力后容易造成断裂。

由于无机结构仿生生物材料存在上述缺点,严重影响了无机结构仿生生物材料在临床医学等方面的应用和发展。而如何克服这些缺点,开发出生物活性好、生物相容性好、力学性能达到要求的仿生生物材料,一直是各国科研人员致力于解决的问题和研究方向。

2.7　有机结构仿生生物材料

有机结构仿生材料,具有与天然生物大分子材料相似的结构,同时具有良好的生物相容性、利于细胞的增殖和分化等优点。有机生物材料的稳定性、生物降解速率尤为重要。例如由生物大分子构成的海洋生物乌贼和斑马鱼体内的色素细胞,表现出改变自身颜色的能力;由生物大分子构成的平行于叶边缘方向有序生长的水稻表面的凸起,使得在下雨天排水更加顺畅等。这些都是生物大分子通过一定的顺序排列,在空间上表现出一定的规则外形,从而具有一定的生物功能的例子。根据结构仿生学原理,目前设计合成新型有机结构仿生材料,模仿其结构、性能、行为及其相互作用的研究已经越来越多地引起了广大科研人员的重大关注,并已经成为化学、材料、物理、生物等学科交叉的研究方向之一。例如加拿大科学家合成了人工植株蛋白质基因,然后将该基因植入山羊的乳腺细胞中,最终山羊产出的奶中含有了蜘蛛丝的蛋白质。

随着科技的发展,仿生成果日新月异,这些仿生成果不断应用于临床、军事等行业,给人类的生活带来了极大的便利。例如天然树木和竹子纤维有机生物材料。天然生物纤维在大自然中分布广泛、取之不尽用之不竭。具有成分简单、多尺度、多等级、高强度、高韧性、耐腐蚀和摩擦、价格低廉等优点,是设计合成新材料的优质来源。近年来,天然纤维仿生材料在现实社会中应用广泛,在天然生物纤维复合材料中,树木、竹子是典型的材料,它们的成分简单、结构精细。目前,有机结构仿生生物材料不断发展,但其存在的固有问题限制了其在临床医学等领域的应用和发展。有机结构仿生生物材料的主要缺点如下:(1)有机结构仿生生物材料,例如一些高分子基质的有机结构仿生生物材料,其力学性能差,难以加工成型。(2)有机结构仿生生物材料的降解率与成骨速率不协调,在加工过程中的劳动强度大,使用毒性高和挥发时间长的溶剂,容易对人体造成巨大的伤害。(3)有机结构仿生生物材料在加工过程中,高分子基质存在残留粒子,这些成分难以除去。在应用于人体后难以降解,且降解后对人体造成二次伤害。

由于有机结构仿生生物材料存在着上述缺点和隐患,严重限制了其理论研究和在临床医学上的应用。单一基质的人工仿生材料难以满足临床医学的要求和需求。目前,结构仿生生物材料的发展趋势是复合化、智能化、能动化和环境化。复合结构仿生生物材料能够将两种或两种以上的材料的优点叠加在一起,同时材料之间的优缺点互补,多种性能达到临床医学要求的目的,应用于临床实践。

2.8　复合结构仿生生物材料

在现有的结构仿生生物材料中,单一组分或者单一结构的材料,往往具有某一项或几项优点,但无法满足人们对材料结构与功能多样性的要求。传统的医用金属材料与人体组织不易牢固结合,在植入人体后,受到人体内环境的影响,容易使金属腐蚀,导致金属离子进入人体,对人体造成伤害。生物陶瓷材料具有良好的生物相容性、化学稳定性、耐磨耐腐蚀,但其脆性大、韧性差,在受到外力作用时,容易造成脆断,给人体带来潜在的损害。而复合材料的各项性能指标可控,可以设计出满足人们需求的复合结构仿生生物材料。采用烧结的方法将氧化锆与玻璃复合,制备出具有较高强度和韧性的陶瓷基结构仿生生物材料。通过调控氧化锆粉体的粒径、均匀度和烧结温度来控制最终合成的氧化锆陶瓷的机械强度。无机/有机复合结构仿生生物材料是指以高分子材料或无机材料为基体,通过材料复合,从而达到材料性能增强目的的一类结构仿生生物材料。研究人员进一步提高和改善了材料的骨诱导和骨引导作用。Wang 等探究了珍珠层(又名珍珠母),是由无机和有机成分(体积分数为 95% 的霞石碳酸钙和 5% 的有机生物聚合物)构成的,拥有优异的强度和韧性的独特组合,是一种兼容性高的材料。其优异的机械性能得益于其层状结构和精确设计的有机—无机界面。这种层状霞石薄片的结构、长径比和界面强度保证了珍珠母在抗破坏模式下机械强度的最大化。

由上可知,复合结构仿生生物材料相对于无机结构仿生生物材料和有机结构仿生生物材料而言,复合结构仿生生物材料能够综合两种或两种以上材料的性能优点,克服单一材料的性能缺陷,满足人们对材料结构与功能多样性的需求,具有其他结构仿生生物材料所不可比拟的优势,现已成为各国研究人员新的研究方向和研究重点,并已应用于临床实践。但目前现有的复合结构仿生生物材料也存在着诸多问题,比如机械强度过高、弹性模量与人体骨骼匹配度不高、细胞相容性和细胞活性差等缺点。因此,研究新型复合结构仿生生物材料迫在眉睫,具有巨大的经济价值和研究意义。

2.9 仿生结构光子晶体

光子晶体从物理学上来说,是具有不同折射率的介质呈周期性排列的结构。自 1987 年 S. John 和 E. Yablonovitch 分别独立提出光子晶体的概念后,一系列结构的光子晶体被制备出来,这些材料在控制光路传输、传感和通信装置的设计方面发挥了巨大作用。然而随着自然界中光子晶体结构生物体的发现,越来越多的人将目光转移到生物材料上。相对而言,自然生物在经过长期的进化后,拥有更加精细的亚显微结构,而光子晶体结构多体现在生物体的结构色上。结构色又称物理色,是光的选择性反射的结果。该颜色与色素无关,是生物体亚显微结构所导致的一种光学效果。生物体表面的嵴、纹、小面和颗粒能使光发生相应的反射或散射作用,从而产生特殊的颜色效应,例如,鸟类的羽毛、蝴蝶翅膀的颜色主要是由于光的干涉和衍射现象所引起的。总体而言,相比于色素色,自然界中结构色较少,但由于其本身的光学机制是由光的干涉、衍射和散射及其中多种机制的组合,结构色拥有优于色素色的诸多优点,如光学效果多样、亮度高、不褪色等特点。同时,自然界生物的亚显微结构不仅能导致结构色的光学效果,还能产生如聚光、偏振和减反射等光学效应,从而表现出复杂多样的光学操纵方案。

鉴于生物体光子晶体结构的非凡性能,一系列的研究集中在这一领域。蝴蝶翅膀是光子晶体结构的代表,从该结构出发,人们运用一系列的分析方法研究生物体本身的结构参数。歌利亚鸟翼凤蝶翅膀上的黑色部分是典型的反"V"形脊结构。通过对翅膀成分甲壳素的分析,可以得知翅膀微小结构上下层的折射率,然后通过扫描电镜的分析,可建立相应的三维时域差分模型,进而可以准确获知反"V"形脊结构对反射光的影响,如图 2-3 所示。进一步分析结构参数的影响可以发现褶皱的上层结构对反射行为有决定性的影响,而底层结构只是对光的透过性起到阻碍作用。对结构的厚度而言,光的反射和穿透行为随着厚度的减少而增加,说明翅膀具有良好的防反射性质。对于反"V"形脊结构的顶角而言,顶角角度的增加随之而来的是反射光强的增加和反射光波长的蓝移,反之亦然。

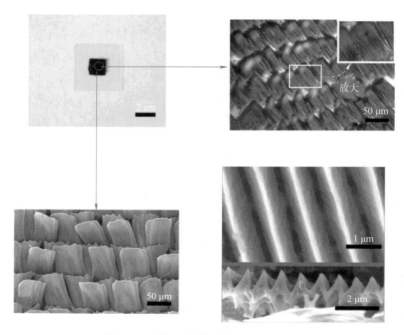

图 2-3　歌利亚鸟翼凤蝶的结构和模型

许多蝴蝶翅膀结构可以被借鉴来设计相应的人工材料。香港理工大学的黄海涛等用一步法直接将二氧化钛纳米管无缝耦合成光子晶体结构并用于染料敏化太阳能电池中。他们首先用电化学腐蚀的方法制得二氧化钛纳米管,然后这种纳米管的光子晶体结构层可以通过周期性的电流脉冲腐蚀来获得。该方法制备的染料敏感太阳能电池(DSSC)材料拥有双层结构,与不具有光子晶体结构的材料相比,光电转换效率提升了 50%。这说明光子能带间隙的结构增强了材料的光捕获能力。此外,通过调节电流脉冲的持续时间,可以变换该光子晶体结构层的参数,从而获得不同的光子能带间隙结构,以适应于不同的染料分子。

在诸多蝴蝶种类中,海伦娜闪蝶闪耀的金属蓝色光芒引起了人们的极大兴趣。这种明亮的金属蓝色翅膀拥有最典型的光子晶体结构,并且其颜色机理与本身结构所处的气氛密切相关。R. A. Potyrailo 等通过研究发现,闪蝶翅膀独特的光子晶体结构会对射入的光线产生干涉、衍射、散射等效应。当该结构暴露于特定气氛时,相应的气体分子会迅速扩散进入整个体系,从而在翅膀的精细结构上铺满很薄的一层,并改变其光学特性,变化其本身的反射光谱。这种特征可助人们实现对不同环境气氛的高选择性、高灵敏度检测。

2.10　轻质高强材料

材料科学是现代航空航天、能源、军工、电子、医疗、环保、建筑、化工、机械等行业科学技术的先导,是 21 世纪领导性科学技术之一。例如,人造飞船的制造需要高强度轻质量的材料,人造器官中需要与人体肌肉和细胞组织相似的材料,这些都依赖材料科学的先行发展。因此,材料科学的研究水平与发展状况是评价一个国家高科技开发能力的重要指标,发达国家都十分重视该学科的研究与教育。例如,日本工科大学中几乎都开设了材料学科,日本的企业依靠先进的材料科学技术使其众多产品在国际商业领域占有优势。

随着汽车工业的发展,面临着汽车节能问题,减轻质量(轻量化)是降低汽车排放,提高燃油经济性的最有效措施之一。普通钢板车身结构的优化设计一般可以减重 7%,采用高强度钢板可以达到 15%,采用全铝车身有望实现减重 30%,而使用纤维增强复合材料可以达到更有效的减重效果,采用纤维增强聚合物基复合材料制造的汽车车身和各种汽车部件具有质量轻、耐腐蚀性好、噪声低等优点。近二十年来,复合材料车身覆盖件得到了批量应用。

在航空航天领域开发具有轻质、高强度和耐磨等特性的结构材料具有重要的意义,在太空探测领域的重要性更加突出,在各种民用工业领域同样具有重要价值。如射程 10 000 km 的导弹,第三级发动机减重 1 kg,约能增加射程 17 km;弹头减重 1 kg,约能增加射程 25 km。宇宙飞船每减 1 kg 结构质量,可节省燃料 20 kg;卫星每减 1 kg 结构质量,可使推动它的火箭减轻 500 kg。汽车质量减轻 10%,燃油消耗将减少 7%。因此国内外将轻质高强的材料及结构的研究放在重要位置。资料表明,2003 年复合材料工业获得了 500 亿美元的收入,其中 17% 属于航空航天应用。目前,复合材料在高度轻量化直升机上的用量已达结构质量的 70%~80%,在先进战斗机上的用量是结构质量的 30%~40%。复合材料所占机体结构质量的比例已成为衡量飞机先进与否的重要标志,先进树脂基复合材料还为飞机隐形技术提供了材料基础,通过合理的结构和材料设计,赋予飞机隐形功能,可使雷达反射截面缩小,吸波性能提高。

大量的研究表明,借助于合理的结构设计和铺层设计,纤维增强复合材料具有比金属材料更为优越的缓冲吸能性能和轻质特性。尽管复合材料具有诸多优势和广阔的应用前景,但如何设计与制造纤维增强复合材料将是一种新的挑战,原因是复合材料结构与金属材料结构在性能分析和结构设计方面都存在着很大的差异。人们希望从天然生物材料得到启发,应用到复合材料的研制上,使之具有轻质、吸能和环保等特性。因此,天然生物材料特性的基础研究更加重要。

此外,轻质结构还具备降低噪声,保护环境的效果。结构轻量化实现的主要途径是使用轻质合金金属材料和轻质结构。前者如铝合金、钛合金、镁合金等合金材料,使用的温度范围相对来说较低,并且其工作温度的提升范围相对有限;后者结构材料如蜂窝结构、纤维增强的复合材料、泡沫金属等,可选择的材料范围较广,并且强度、刚度、传热等性能均可变化,但是制造工艺较为复杂。

就目前各高新技术领域的发展而言,结构质量能否减轻已成为各种设计方案能否实现的关键因素之一,同时防热和散热也是航空航天、电子电气等工程领域中所关注的问题。因此,对于使用温度敏感的设备以及电子产品时,有效的隔热、散热方法是非常有必要的。传统的金属材料、高分子材料、复合材料以及相应的设计在一些高荷载、特殊环境下已经无法满足要求。所以,多功能结构材料成为满足以上要求的优选材料,而模仿自然,制备出类似自然界中具有高强度、高模量等优异特性的生物材料是目前许多研究者所追求的目标。

在大自然中,各种生物为了适应优胜劣汰的生存环境,在经过漫长的进化后,发展出了各种功能特殊的生物结构和材料,比如高强度、高韧性、自愈合性以及各种优良的功能适应性。现存的生物结构材料大多是经过上万年的进化而达到的最佳优化效果,如昆虫的鞘翅、动物的骨头、软骨以及树木、植物等。自然界中,生物体中构成复合材料的原始材料大部分是高分子,例如,蛋白质、多糖等,尽管这些材料的力学性能并不优异,但往往这些材料通过一定的形式复合后就具备了高强度、高韧性、耐冲击等优异性能。因此,对这些具有优异特性的生物结构和材料做进一步的研究是很有必要性的,这对未来人工合成高性能复合材料提供了指导性的方向,并为新型结构材料的设计和制备提供创新思想与方法。所以,深入研究生物结构、材料组成与功能特性,用以指导新材料、新结构的设计、制备是目前材料领域的重要方向之一。

目前,虽然仿生材料的研究取得了一些可喜的结果,但总体来看仿生材料的研究还处在初级阶段,对天然生物材料结构的形成过程,以及他们是如何感知外界条件变化,并做出相应的选择来适应这些变化的机制,尚有未知领域。近年来,科学家们从自然界中的生物复合材料微观纤维排布结构得到了启发,在材料设计时模仿纤维形态的设计。比如采用空心纤维、哑铃形纤维、珠链状纤维、环形纤维、树杈形纤维、螺旋纤维以及其他的异形纤维等来增强复合材料。理论分析和试验证明,形态仿生的纤维增强复合材料比平直纤维增强的复合材料具有更高的强度和断裂韧性,并且可以利用管状纤维来研究复合材料的仿生愈合。哑铃状或骨形纤维增强复合材料是根据动物骨头的外形特点,将纤维进行形态仿生而发展起来的。周本镰等从分析哑铃状短纤维增强复合材料模型出发,发现哑铃状短纤维可以明显地改变复合材料中纤维轴向应力分布的不均匀性,显著减小纤维端部的界面剪应力,且该短纤维复合材料的断裂强度与纤维的长度无关。螺旋纤维增强复合材料,陈斌用仿生双螺旋玻璃纤维增强环氧树脂,所得层合板具有较好的断裂韧性和抗扭强度。李世红等的研究表明,采用螺旋碳纤维制成的复合材料具有高抗拉强度和冲击韧性。宋宏伟等研究了玻璃纤维增强环氧圆柱管轴向撞击和准静态压缩下的能量吸收特性,发现随着铺设角度增大,能量吸收机理由基体控制向纤维与基体共同控制转化,因此,能量吸收逐渐增大。蔡长庚和许家瑞选用直径较大的聚酰胺纤维加工为竹节状纤维,该短纤维增强环氧复合材料中沿纤维的应力分布较为均一;在弱界面结合时竹节状短纤维复合材料具有比相同原料的凸端短纤维复合材料更好的界面性能、拉伸强度和韧性。周本镰等以焊锡将钢丝制成树权形钢丝纤维,以这种有预定分叉角的纤维增强环氧树脂,结果表明具有分叉结构的纤维的拔出力和拔出能随分叉角的增加而增加,因而树权形纤维可以提高复合材料的断裂韧性。另外,扁平纤维增强复合材料、锯齿波纤维增强复合材料、中空纤维增强复合材料等也有一定的研究。

国内外对龙虾和螃蟹甲壳及螯外骨骼的微观结构、力学性能做了一定的研究。蟹壳、虾壳的微观结构呈片层状,无机相主要由方解石型碳酸钙和少量的磷酸钙、磷酸镁组成,碳酸钙方解石分布在网孔结构状的有机质中;研究美洲龙虾和羊蟹的螯发现其外骨骼是由具有蜂房结构的螺旋夹板层组成,其机械性能的突变特性与内外表皮层的结构梯度、矿物含量和水合状态有着密切联系。Jennifer 指出不同蜕皮阶段蓝蟹的机械性能有显著变化,新蜕皮的外骨骼具有低的刚度和模量。资料表明中国自发研制的神舟七号宇航服的灵感就是来自龙虾甲壳分层结构的仿生。太空服材料能够防火与抗辐射,新航天服不仅能适合太空行走,还非常舒服。龙虾全身是坚硬的外壳,却能行走自如,是层叠的外骨骼给了虾很大的灵活性。利用仿生学原理仿生出套接式的关节结构,既保证了强度又保证了出舱要求。

节肢动物表皮的重要结构是角质层,具有非常优异的机械性能,其目的主要是为生物提供支持和保护,能够承受冲击、压碎、磨损和刺穿型负载。角质层是由多糖 α-几丁质和相关蛋白组成的复合材料,它们表现出螺旋形或扭曲的胶合板结构,称为布利冈结构。受该螺旋扭曲组装结构启发所制备的仿生材料与仿贻贝壳类材料一样具备优异的机械性能。通过一种单步、直接、分层的自组装方法将纤维素晶板和具有强大氢键基团的高聚物复合在一起得到了类甲壳类的螺旋扭曲结构和高的机械性能,如图 2-4 所示。将 EGUPyX 聚合物和纤维素晶板的前驱体溶液混合后浇筑到模具,旋转蒸发使其自组装得到螺旋扭曲的结构。

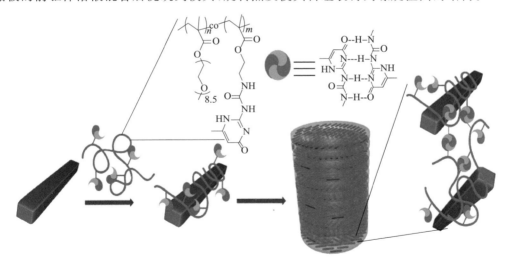

图 2-4　制备螺旋扭曲致密结构示意图

2.11 仿生纤维材料

蜘蛛经过 4 亿年的进化使其吐出的丝实现了结构与功能的统一。蜘蛛丝作为优异的功能性结构材料,其独特的纤维成型方法与优良的结构和性能早已引起了国内外科学家的关注。蜘蛛丝在强度和弹性上都大大超过人类制成的钢和凯芙拉纤维,即使是拉伸 10 倍以上也不会断裂。此外,蜘蛛丝还具有良好的吸收振动性能和耐低温性能,无论是在干燥状态或是潮湿状态下均具有良好的性能。一般来说,蜘蛛丝的直径约为几微米(人发约为 100 μm),并且具有典型的多级结构,它是由一些被称为原纤的纤维束组成,原纤是几个厚度为纳米级的微原纤的集合体,微原纤则是由蜘蛛丝蛋白构成的高分子化合物。天然蜘蛛丝由于具有轻质、高强度、高韧性等优异的力学性能和生物相容性等特性,在国防、军事、建筑、医学等领域具有广阔的应用前景。目前美国、德国、英国、日本等国家已投入大量的人力和物力对蜘蛛丝进行研究,并已取得了一系列令人瞩目的研究成果。关于蜘蛛丝的研究,已成为当今纤维材料领域的热门课题。

随着蜘蛛丝微观结构与性能关系的进一步揭示,利用不同的合成技术,国内外许多课题组已成功制备了多种仿蜘蛛丝超强韧纤维材料。以下是仿生超强韧纤维材料领域的几个典型事例。碳纳米管作为一维纳米材料,质量轻,具有良好的力学、电学和化学性能,这为仿生合成具有类似蜘蛛丝性能的功能材料提供了可能并已经得到了验证。Baughman 课题组通过纺丝技术成功将单壁碳纳米管(直径约 1 nm)编织成超强碳纳米管复合纤维(含 60% 的碳纳米管),首先将经表面活性剂分散的单壁碳纳米管与聚乙烯醇均匀混合在一起形成凝胶状纤维,然后将其放入盛有聚乙烯醇溶液的容器中,利用纺丝技术可以得到长度达 100 m 的单壁碳纳米管/聚乙烯醇复合纤维(直径约为 50 μm)。这种碳纳米管复合纤维具有良好的强度和韧性,其拉伸强度与蜘蛛丝相同,但其韧性高于目前所有的天然纤维和人工合成纤维材料,是天然蜘蛛丝的 4 倍,是凯芙拉纤维的 18 倍。蜘蛛具有良好的力学性能,主要是因为它含有许多纳米尺寸的结晶体,这些微小的晶体呈定向排列,分散在蜘蛛丝蛋白质基质中起到了很好的增强作用。Mckinley 课题组通过模仿蜘蛛丝的特殊结构,将层状堆叠的纳米级黏土薄片嵌入到聚氨酯弹性体,制备了一种同时具有良好弹性和韧性的纳米复合材料。首先将黏土薄片溶解在水中,利用能溶解聚氨酯的二甲基乙酰胺溶剂通过溶剂置换方法与水交换,然后通过控制溶剂蒸发,即可得到厚度在 80~120 μm 的黏土薄片—聚氨酯弹性体纳米复合体薄膜。坚硬的黏土薄片无序地分布在复合体薄膜中,使材料在各个方向均得到强化。研究发现,自然界某些生物体中(如昆虫角质层、下颌骨、螯针、钳螯、产卵器等)含有极为少量的金属元素(如 Zn、Mn、Ca、Cu 等),以增强这些部位的刚度、硬度等力学性能。例如,一些昆虫身上最坚硬的角质层部位(如切叶蚁、蝗虫和沙蚕的颚等)Zn 的含量特别高。受此启发,Knez 课题组采用改进的原子层沉积处理技术,不仅在蜘蛛牵引丝表面沉积上一层 Zn、Ti 或 Al 的氧化物涂层,而且一些金属离子会透过纤维并与蜘蛛牵引丝蛋白进行反应。少量金属元素的加入极大地提高了天然蜘蛛牵引丝的抗断裂或变形能力,增强了蜘蛛丝的韧性。

该研究对制造超强韧纤维材料及高科技医疗材料,包括人工骨骼、人工肌腱、外科手术线等具有重要的指导意义。

2.12　叶　　脉

植物叶脉的主要作用有输送水分和养料、支撑叶子、承受一定的外力以及增加光合作用的面积等。叶脉分布的主要方式包括有倾斜、分叉、交错,其截面形状为椭圆形空心管,尺寸沿轴线方向逐渐减小。叶脉沿中肋交错分布,可以适应不同部位应力的分布。并且相邻叶脉间距的合理分布,有利于保持叶片表面形状。陈五一等模仿叶脉交错地分布设计出机翼翼肋。利用有限元法在加载相同边界条件和荷载下,分别对原型机翼与仿生型机翼进行有限元分析计算。由计算结果可知,与原型机翼相比,仿生型机翼不但比强度有所增强,而且应力、变形、质量也明显减小,表明通过模仿叶脉的分布特征,并将其分布特征应用到机翼翼肋的分布上,可以有效提高结构的承载能力,提高机翼结构的比刚度和比强度。

2.13　仿贝壳珍珠层与层状陶瓷复合材料

自然界在长期的进化演变过程中,形成了结构组织完美和性能优异的生物矿化材料,如贝壳、珍珠、蛋壳、硅藻、牙齿、骨骼等。生物矿化是一个十分复杂的过程,其重要特征之一是无机矿物在超分子模板的调控下成核和生长,最终形成具有特殊组装方式和多级结构特点的生物矿化材料。在生物矿化过程中,生物矿物的形貌、尺寸、取向以及结构等受生物大分子在内的有机组分的精巧调控。利用生物矿化原理可指导人们仿生合成从介观尺度到宏观尺度的多种仿生材料。利用双亲水嵌段共聚物、树枝状高分子、聚电解质等有机物已成功构筑了仿鲍鱼壳结构的多孔层状方解石晶体、高度单分散的球文石微球、球文石碳酸钙微米环、螺旋结构的 $BaCO_3$ 纳米纤维等一系列具有不同结构和形貌的无机材料。在众多的天然生物矿化材料中,贝壳的珍珠层由于具有独特的结构、极高的强度和良好的韧性而备受关注。贝壳珍珠层是一种天然的无机—有机层状生物复合材料,它是由碳酸钙(约占 95%)和少量有机基质(约占 5%)组成。虽然碳酸钙本身并不具有良好的强度、韧性、硬度等力学性能,但整个贝壳体系却有着异乎寻常的力学性能,其抗张强度是普通碳酸钙的 3 000 多倍。这种良好的力学性能归因于珍珠层独特的微观结构,即以碳酸钙薄片为"砖",以有机介质为"泥",形成多尺度、多级次组装结构。一方面,有机基质犹如水泥一样,将碳酸钙薄片牢牢地黏结在一起;另一方面,这样的特殊结构可以有效地分散施加于贝壳上的压力,从而使贝壳显示良好的力学性能。

受贝壳珍珠层启发,国内外许多课题组已利用不同的方法合成了一系列仿生高强超韧层状复合材料,以下是通过多级组装制备仿珍珠层有机/无机复合材料的几个典型实例。2003 年,Kotov 研究小组首次利用纳米薄膜组装技术将蒙脱土(纳米"砖")和聚阳离子电解质聚二烯丙基二甲基氯化铵("泥")复合,制备了仿珍珠层有机/无机杂化材料——聚二烯丙基二甲基氯化铵/蒙脱土层状复合结构材料，其极限拉伸强度和杨氏模量分别接近天然珍珠层和动物层板骨的力学性能，是同类复合物机械强度的 10 倍。2007 年，Kotov 课题组利用层层组装（layer-by-layer，LBL）技术，通过聚乙烯醇和蒙脱土之间的氢键以及空间位置缠绕作用，将蒙脱土有效吸附在聚乙烯醇聚合物上，经过多次"堆砌"及戊二醛交联，得到了聚乙烯醇/蒙脱土透明层状复合材料。该材料具有良好的力学性能，其极限拉伸强度和杨氏模量分别达到 400 MPa 和 106 GPa，相比于原始的聚乙烯醇材料分别提高了近 10 倍和 100 倍。2008 年，Studart 课题组利用自下而上的胶体组装技术，将高强度的陶瓷板与柔性生物高聚物壳聚糖通过逐层组装得到具有仿贝壳结构的陶瓷板-壳聚糖层状复合材料，这种新型的层状陶瓷板-壳聚糖材料显示了良好的韧性、弹性和强度，其强度是天然珠母贝的 2 倍。与相同强度的钢相比，陶瓷板-壳聚糖复合材料的质量仅是钢的 1/4～1/2。仿贝壳特性的陶瓷板-壳聚糖复合材料在碎裂前具有 25% 耐变形性，而天然珠母贝在碎裂前仅具有 1%～2% 的变形性。由于这种复合材料还不能达到像珠母贝那样的完美结构，所以其硬度仅为天然珠母贝的 1/7～1/5。通过优化合成参数、界面结合强度等办法，可以进一步提高材料的透明性和力学性能。

通过层状自组装-矿化过程实现了仿贻贝壳材料的大规模制备，并赋予其媲美生物材料的力学性能，如图 2-5 所示。科研工作者将冷冻浇铸的层压壳聚糖片浸泡于壳聚糖/乙酸溶液，乙酰化后壳聚糖转化为 β-甲壳质。然后引入 Ca^{2+}、Mg^{2+}、HCO_3^- 和 PAA 用于矿化，并去除过量的 CO_2，使得碳酸钙沉淀到片层上，实现基质的矿化。最后在丝素蛋白渗透下进行热压得到人工合成的贻贝壳。这种材料能够通过片层错位过程消耗大量能量，而且不利于裂纹的进一步扩散，具有优异的机械韧性。

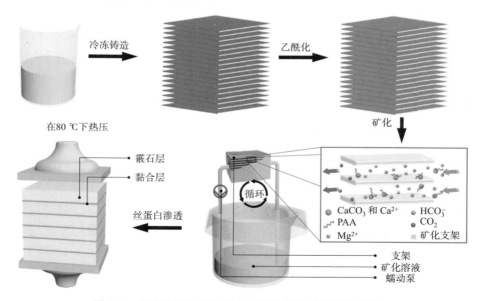

图 2-5　通过层状自组装-矿化制备仿贻贝壳材料示意图

　　通过热喷涂法实现仿贴贝壳材料的大规模制备。首先将材料棒状或线状粉末制成前驱体溶液,后经高温、高速气体射流,将微米级的液滴喷向要涂覆的固体表面,导致其撞击扩散成圆盘状的片(0.5～2 μm 厚),然后迅速冷却并固化,形成细小颗粒单元。使用连续冲击数千个这样的液滴会导致形成层状结构,如图 2-6 所示。薄片厚度为几微米,长度为数十微米,且垂直于喷涂方向。该工作还是仿生与贴贝壳"砖-泥"结构,但该试验中并没有构筑有机基质层来交联上下片层,但仿生壳仍具有优异的力学性能。贴贝壳具有出色的机械性能,其相关机制的解释已经比较完善,目前的研究重点在于仿生材料的大规模制备。

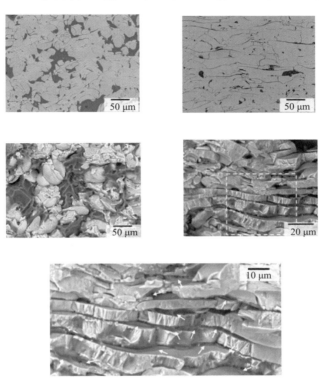

图 2-6　喷射材料的层状结构图

2.14　竹纤维结构及其仿生复合材料

　　竹子的结构具有一定的规律性,它的整体构造是一个空心的由基部向上逐渐变细的结构,并且每隔一段距离会出现一个竹节,竹节将这根竹子隔成多个空腔,而构成竹杆的主要增强材料是长纤维,长纤维在其中的分布并不均匀,它由外层向内层逐渐变得疏松,到最内层时又转化为另一种的细密结构。这种独特的构造不仅对中空细长的竹子的刚度和稳定性起着非常重要的作用,而且使其能够以最少的材料发挥最大的效能。对竹子的力学性能研究发现,竹杆的密度曲线、拉伸压缩及弯曲强度等的变化趋势与竹杆长纤维的分布趋势非常相似,这些性能都是在竹竿的最外层呈现最高值,然后沿着厚度方向逐渐降低。而竹子的竹节也对力学性能起了一定的影响,研究表明,带节的竹竿与不带节的竹筒相比,其抗劈开强度和横纹抗拉强度分别提高了128.3%和49.1%,并且由于竹节处的组织膨大,使得抗拉强度也得到了一定的保证。竹材这种具有空心柱、竹纤维层状排列、不同层面的界面内竹纤维升角逐渐变化的结构对复合材料的设计具有积极的指导作用。因此,根据竹子的这些结构特点,在仿生设计上主要表现为对空心柱、纤维螺旋分布、多层结构的设计。孙守金等用连续电镀法分别制备了镀 Cu-Fe 和 Cu-Ni 的双镀层碳纤维,且进一步制备了 CF/Cu-Fe,CF/Cu-Ni 仿竹结构复合材料,这种改进后的复合材料大幅度提升了材料的弯曲强度和导电性能。清华大学的王立铎等也通过研究竹材中这种由微纤维形成的层次结构,从而提出了仿生纤维双螺旋模型,经过力学性能测试得出其压缩变形能力是普通纤维的 3 倍以上。

2.15　木纤维结构特征及其仿生设计

树木是世界上最古老却用得最广泛的一种结构材料。木材在家装、工业和建筑等领域的使用至少有 5 000 年的历史;木材不仅是一种性能良好的结构材料,也是自然界中最典型的生物复合材料,在人类利用材料的历史中占有重要的地位,并且也为现代材料科学和仿生材料学提供了很好的借鉴。木材的基本结构由外向内依次是周皮,韧皮部和形成层,木质部和髓部(髓心);通常树干是由基部向上逐渐变细的。树木在生长增粗的过程中按一定的季节性长出一层年轮,树木的年轮是以圆锥套状一层层地向内累加的(以髓为中心),其中组成木材年轮结构的主要物质是木材细胞壁,这样的结构使得木材具有一定的质量和强度。今日淳一等对木材细观结构进行研究,研究发现木材以髓心为中心,年轮生长到一定程度后宽度不再变化,而从髓心到树皮木材的密度逐渐增加,纤维细胞壁中的纤维分子作为木材年轮结构的基础聚合成束状形成微纤丝,在微纤丝之间是半纤维素和木素;正是由于木材纤维细胞壁的这种精细结构和整体的年轮状结构,才使得木材具有如此优异的力学性能。在仿木材年轮复合材料的研究中,浙江大学胡巧玲等利用原位沉析法制备了具有仿年轮结构的壳聚糖棒材,研究表明这种仿年轮结构具有较高的力学强度,可为骨折内固定材料提供参考和借鉴。Gordon 等在木细胞中发现了螺旋结构,并模仿这种结构利用复合材料柱、板和夹芯材料制备出了仿木结构玻璃纤维/环氧树脂复合材料,经过试验测试,其断裂韧性得到大幅度的提高。除了以树木的年轮作为仿生对象外,树木的根部也因其具有在土壤中牢固不易拔出的特点而被人们广泛研究。学者们根据植物根部结构特点,提出了分形树纤维模型。如今仿树木根部网络结构已广泛应用于各大工程领域,并显示了优越的仿甲虫鞘翅的层状纤维缠绕结构设计及其力、热性能,同时该结构模型也为复合材料的仿生设计提供了极其可贵的指导思想。

2.16　仿生多孔材料

已有研究表明,硅藻是进行光合作用的自养型微生物,是自然界中大约 25%以上的初级生产力来源,且广泛分布于全球海洋环境和淡水环境。据统计,目前世界上现存 200 多个属、超过 105 个硅藻物种。硅藻最引人注目的特点在于其因种而异、形状奇特、由无定形氧化硅组成的坚硬细胞壁,即硅壳。这种独特的细胞壁形态经过数千万年的自然进化,很有可能反映了最优的设计和最佳的性能。随着纳米材料研究的不断深入,超精密仪器的出现实现了硅壳结构在纳米与微米尺度量级上的研究。人们发现,硅壳的三维结构呈现出精致的形态和结构,表现出高度的规律性,不仅带给我们视觉上的震撼,还因其构造绝妙而具有非常好的性质。例如 Losic 等研究的典型硅藻圆筛藻,即具有特殊的多级孔层结构,这些孔从外到内依次为筛器、筛板和孔层,直径从外到内依次增大,且孔形状多为六边形、正方形或圆形,孔直径从外到内依次为 40 nm、120 nm 及 1 100 nm,各层孔的弹性模量分别高达约 3.4 GPa、1.7 GPa 及 15.61 GPa。Subhash 等采用纳米压痕仪测试了圆筛藻硅壳的硬度,发现其硬度高达 0.12 GPa。Hamm 等研究了硅藻硅壳的机械应力,发现硅壳的多级孔结构使其可承受应力达到了 150～680 N/mm^2。

正是由于硅藻这种复杂精密的多级孔结构,使其具有很高的回弹性和抗拉压性能,进而在大自然的进化中得以生存。但是到目前为止,仅有极少数研究者通过试验研究了硅藻的摩擦学性能。如 De Stefan 等发现硅藻形状的不同导致摩擦性能的差异。Gebeshuber 等发现硅藻可通过自润滑来克服壳壁各组件间的摩擦和磨损;拉链藻和念珠藻的环带起着球轴承或固态润滑剂的作用。硅壳所表现出来的结构优势和性能优势,为仿生应用研究提供了新的思路,而目前国内外对硅藻多级孔结构的摩擦学性能几乎没有研究。为了弄清硅藻多级孔的摩擦学机理,有必要从数值模拟的角度进行硅藻多级孔结构的仿真研究,从而使研究结果更具推广性。

受到自然界特殊结构和功能的启发,如企鹅、北极熊毛发,天然蚕茧等,具有保温隔热功能的天然材料成为开发隔热材料的灵感源泉。

多孔材料由于具有内部孔道,在毛细力的作用下能够定向传输液体,从而可以用作液体传输材料。天然植物的杆茎内部木质部具有多孔结构,从而能够实现水分自下而上的定向传输。水从土壤中被植物的根吸收,经过植物的杆茎,再经过叶片的挥发进入到空气中。Wheeler 等在多孔水凝胶中制造出了一个微流系统,这个人造树具有植物蒸腾作用的主要特性,把不饱和蒸汽转变成了在负压下可以定向传输的液态水,伴随着负压下液态水的蒸发,可以实现液体自下而上的连续定向传输。

自然界天然多孔材料为仿生多孔材料的设计提供了很多灵感。在三维多孔体系中,各种不同结构的仿生多孔材料被设计出来用作液体传输材料。Bai 等用新型冷冻法制备了具有多孔梯度通道的羟基磷灰石(HA)陶瓷支架,这种多孔梯度结构模仿天然骨组织的多孔结构。由于多孔梯度通道结构的毛细管效应,当支架与细胞溶液接触时,细胞溶液能够通过毛细管作用力自发地向通道内流动,从而不断输送水和养分,实现液体持续定向传运。这种新型冷冻技术提供了新的思路来制备复杂多孔结构的支架,比如通过控制冷冻速率也可以改变孔的大小,从而制备出梯度多孔结构。

2.17 其他仿生结构材料

2.17.1 天然丝瓜络材料的研究进展

丝瓜络又称丝瓜海绵,是丝瓜果实成熟后经老化干燥脱水等工序,去除表皮和种子所得到的维管束,这些纤维之间相互交织连接,构成一种特殊的立体网状结构,其孔隙率为79%~93%,具有体轻、质韧、耐磨、富有弹性等特点。其外形通常为圆柱状或者长梭状,外观呈现出白色或者黄白色,主要化学组成为纤维素、半纤维素和木质素。国内外已有的研究表明丝瓜络具有良好的刚度、强度以及能量吸收能力,甚至部分力学性能与类似密度范围中的一些金属多孔材料相当,预示着丝瓜络是一种极具发展潜力的环境友好型轻质多孔工程材料。

Laidani 等对丝瓜纤维热物理性质进行测定,通过对比发现其对各种吸附水的脱附行为与木质纤维类似,且热容相当。丝瓜络具有高度发达的孔隙结构,其比表面积平均值达123 m^2/g,因此在工业上常被用作有机染料分子或离子型污染物的天然吸附剂。由于丝瓜纤维中的纤维素含量较高,使得利用丝瓜络制备高附加值的纳米纤维素晶体及其衍生产品成为研究热点,如 Siqueira 等利用高压均质物理法、硫酸水解法两种方法,分别制备了高结晶度的丝瓜络微纤化纤维素和纳米纤维素;同时,由于丝瓜络纤维本身的理化特性和力学性能优异,使其在复合材料改性方面具有巨大的应用潜力,Kaewtatip 等利用丝瓜络纤维对热塑性淀粉进行改性,得到的复合材料热稳定性、拉伸强度及疏水性均有所改善。此外,由于丝瓜络具备质轻、孔隙结构发达、理化性质稳定、生物相容性以及力学性能优异等特点,研究人员用其作为某些材料制备过程中的结构载体。随着研究的深入,近年来基于丝瓜络纤维的细胞固定化技术的研究发展迅速,徐雪芹等利用丝瓜络作为载体通过固定简青霉菌用于吸附铅离子和铜离子,具有极强的吸附性能且可循环使用。

对于丝瓜络材料的结构和力学性能方面的研究,黎炎等参照织物力学性能的测试方法,对丝瓜络纤维的断裂强力、断裂伸长率、撕裂强力等力学性能进行了测试,表明丝瓜络能承受较大的外力,具有较好的坚牢度和耐久性。Kocak 等通过一系列的试验,测量给出了丝瓜纤维的密度约为 353 kg/m^3,杨氏模量为 1 332 MPa,拉伸强度为 11.1 MPa。Fan H 等受到丝瓜络柱体中心部分的空腔结构的启发,通过将碳纤维复合材料薄壁管插入泡沫铝中对泡沫铝材料进行了改进,试验结果显示改进后的材料有更强的能量吸收性能。Shen 等对丝瓜络样品的力学性能进行了测试,结果显示丝瓜络材料展现出显著的刚性、强度和能量吸收性能,这些性能可以与某些密度范围的泡沫金属材料相媲美,通过比较发现丝瓜络材料比各种传统的工程材料更好。Chen 等则进一步探究了丝瓜络部分结构以及单根丝瓜纤维的力学性能,结果显示丝瓜络单根纤维的杨氏模量和断裂强度与木质纤维相当,且发现丝瓜络外圆周壁部位的平均力学性能约是其芯部的 1.6 倍。

随着各种新技术新材料的发展与研发,丝瓜络独特的立体网状结构逐渐引起研究人员的兴趣,这种独特的结构为研发和设计具有特定形貌和性能的新型材料提供了生物模板。Zampieri 等根据丝瓜络的结构仿生合成了类似天然丝瓜络材料结构形态特征的自支撑型沸石块材料,该材料有望用于催化、吸附、分离等领域。Mazali 等以丝瓜络结构作为生物模板,初步实现了丝瓜络仿生结构碳酸钙和羟基磷灰石材料的形貌可控制备。El-Roz 等则通过溶胶—凝胶法制备出了纳米 TiO_2/丝瓜络复合材料,该材料具有良好的稳定性和光催化性能。丝瓜络一系列优异的力学性能与其空隙发达形态特殊的立体结构是密不可分的,研究这种天然空间结构的形态和性能,将为更多新型结构仿生材料的设计提供新的灵感与设计思路。

2.17.2　仿鲫鱼吸盘结构——水环境中高吸附能力

鲫鱼类具有附着于各种生物和非生物表面搭便车能力,他们可以很好地吸附在各种物体表面。比如吸附在鲨鱼上可以大大减少运动耗能,这种特殊的行为源于其颅骨上的粘盘,粘盘上有很多柔软的片层结构,这些片层结构上还有许多刚毛。Wang 等通过激光加工制成碳纤维锥针,装载到 3D 打印的吸盘片层上,由此仿生出具有高黏附性能的结构材料。这种结构能给吸盘提供很大的摩擦力,使其在运动方向牢牢抓住被吸附表面。该仿生提供了可靠的水下高黏附思路。

2.17.3　仿人眼结构——高像素光学成像功能

人眼半球形凹面视网膜和光感神经组件具备广视场角(FOV)为 $150°\sim160°$,高分辨率,对光学环境具有出色的适应性等特性。通过对人眼结构的仿生,可以制备出优异成像能力的光学器件。在人体视觉系统有两个眼球用于光学传感,数百万条神经纤维用于数据传输和大脑进行数据处理。大约一百万个神经电信号通过神经纤维同时处理光学信号,从而实现高速图像处理和识别。眼睛内部结构具有一个晶状体,一个球形腔和一个半球形视网膜,这是转换光学图像所需的核心组件,如图 2-7 所示。在视网膜上大约有一亿个棒状和锥状细胞以密集和准六边形的方式垂直组装,用来感光,密度约为 1 000 万个/cm²。试验制备了间距为 1.6 mm 的 $10×10$ 个光电探测器阵列,类似于人体视网膜的工作原理。纳米线的节距为 500 nm,对应的密度为 $4.6×10^8$ cm⁻²,比人类视网膜中感光体的密度高得多,实现高成像的能力,从而实现高分辨率。

2.17.4　仿水蜘蛛刚毛结构——储气功能用于加强电化学过程

水蜘蛛腹部存在大量刚毛,有助于水下气体的保留,这是水蜘蛛在水下生存的重要原因。Wakerley 等通过模仿该结构并将其仿生到电极上,来促进 CO_2 电化学还原。相较于普通电极,通过刚毛结构困在电极表面的气态层增加了局部的 CO_2 浓度,使得 CO_2 能够全方位地参与反应,大大提高了还原 CO_2 产物的含量。

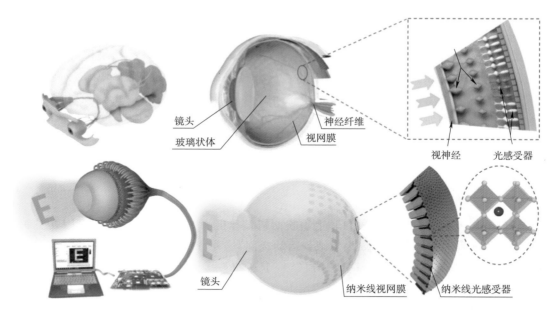

图 2-7　人类视觉系统示意图

2.17.5　仿向日葵向光性——提高光能利用效率

植物可以自动对准垂直面向光源的方向,称为向光性,用于太阳能的高效收集。有机体不仅可以感知并响应刺激位置,还可以自发不断调整其运动以紧紧跟随信号方向。通过自带的固有反馈控制,可提供智能的自我调节。他们的身体与刺激之间的动态相互作用能够实现高效的太阳能收集。

该工作利用可逆光热响应软材料进行仿生设计,在受照明时材料会收缩,会因照明的高温区域和阴影的低温区域之间的温差而发生不对称变形。该工作用到 4 种可逆光响应材料:(1)热响应水凝胶聚(N-异丙基丙烯酰胺,PNIPAAm)负载金纳米颗粒(AuNPs)或还原的氧化石墨烯(rGO)作纳米光吸收剂;(2)聚丙烯酰胺与聚吡咯的共聚物;(3)聚(2-二甲基氨基)甲基丙烯酸乙酯(PDMAEMA)水凝胶与聚苯胺(PANI);(4)液晶弹性体 RM257 和靛蓝光吸收剂。这种仿生的向光性达到了很高的跟踪精度和高响应速度,在 0.03 s/(°)时,太阳能量收集提高 400%。这对于全球太阳能的高效获取有重大意义。

2.17.6　模拟生物材料感知和损伤自报告的纤维增强复合材料

在纤维增强聚合物复合材料的许多应用中,对损伤、变形和机械力的传感至关重要,因为它可以监测复合材料部件的结构健康和完整性,并在导致灾难性材料破坏之前检测到微损伤。综述了自感应和自报告材料的仿生和仿生方法,复合材料还可以通过嵌入式光电传感器,如光纤布拉格光栅传感器,或通过分散的碳纤维和碳纳米管的电阻测量来感受应变、应力和损伤。仿生复合材料具有自显示损坏的能力,从检测几乎看不见的冲击损害的安全功能,到承载部件变形的实时监测,为仿生复合材料在航空航天、汽车、土木工程和风力涡轮机领域的应用带来了许多机会。

　　动态或静态过载、疲劳和冲击是聚合物材料损伤的常见原因。在纤维增强复合材料的背景下,冲击损伤的影响十分严重。它是由低速冲击引起的,例如,当技术人员在组装、维修和维护复合材料结构时工具冲击。冲击对象可能不会在材料表面造成小的压痕,但可能导致纤维层之间的脱层、铺层内的基体开裂、纤维断裂和后面的拉伸裂纹。研究便于检测BVID的方法对于质量控制非常重要,特别是在大面积表面上,以便能够识别出那些需要进一步检查、更换或修理的部位。

　　自我报告(也称自我感知或自我监测)材料从生物界中获得灵感,转移或模仿自然界用来感知破坏的概念,应用到材料科学领域。纤维增强聚合物复合材料特别有利于实施自感应机制。高性能材料经常用于需要轻质且坚固材料的地方,与其他聚合物应用相比,高性能材料应用的成本较低,如果能够减少燃料消耗、增加使用间隔或增加安全边际,使用智能材料是一种可行的经济选择。制备感觉疼痛的材料比诱发颜色变化要困难得多,但将电子或光学传感元件制成复合材料是结构健康监测的一种流行方法,特别是在材料工程中,用于电阻测量装置、应变计、压电传感器、光纤传感器和其他类型的形变传感器可以安装在复合材料部件的表面,传感器也可以在制造过程中嵌入到复合材料中。这些传感器连接到数据采集单元,材料特性被监测,使其在更长的时间内服役。

　　图 2-8 是纤维增强复合材料的自报告方法。聚合物材料的损伤和变形可以通过颜色、荧光或发光的产生来显示,类似于瘀伤或出血伤口的警告信号。为了获得这样的光信号,可以将填充染料的胶囊、中空纤维或微通道嵌入到指示损伤的涂层中,或者嵌入到复合材料、聚合物树脂、纤维与聚合物树脂之间的界面中;当储层破裂时,其含量渗入裂缝和空洞中,暴露出它们的位置。

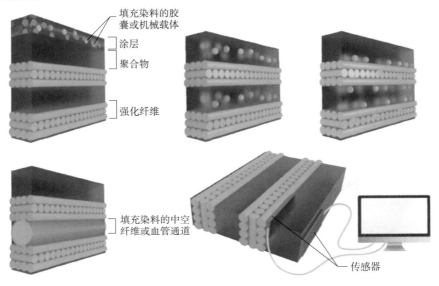

图 2-8　纤维增强复合材料的自报告方法

Sottos 等(图 2-9)通过将 $2',7'$-二氯荧光素在乙基苯基乙酸乙酯中包覆到双壁聚氨酯/聚脲-甲醛(脲-甲醛)微胶囊中,在环氧树脂中通过未反应的固化剂胺基团提供了一个基本的环境。当染料释放到微裂缝中时,染料和环氧树脂的氨基之间的质子交换使染料从浅黄色的酸性状态转变为鲜红色的碱性状态。在正常光线下,涂层上的切口可以清楚地被识别出来。有趣的是,染料的荧光在这项工作中并没有被明确利用。$2',7'$-二氯荧光素的一个非常重要的特点是受损区域的颜色非常稳定。它的强度在储存的 8 个月内并没有减少,涂层也在损坏发生后很长时间持续作用,这是安全特征中必不可少的。

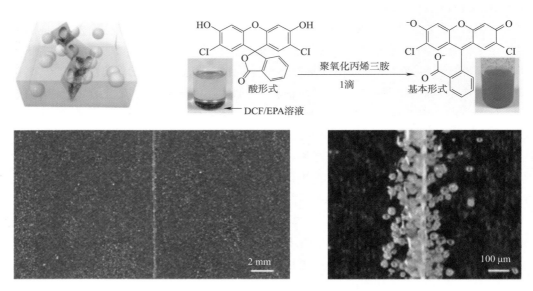

图 2-9　基于染料填充的微胶囊的自报告涂层,在受损和未损坏区域之间具有高对比度

其他自我报告的染料填充胶囊系统包括基于 $1,3,5,7$-环辛四烯的开环易位聚合形成一种有色的共轭聚合物或螺吡咯,在紫外光照射下转化为有色的单氰基形式。一种非荧光四苯基乙烯溶液也实现了自我报告,一旦从裂缝中蒸发出溶剂,该溶液就开始通过聚集诱导发射出荧光。荧光液体被包裹在微胶囊中,微胶囊能屏蔽紫外线,从而减少完整胶囊的荧光发射。将六甲基苯和四氯苯尼尔包裹在两套微胶囊中,形成了一个自我报告系统,当这两种化合物在变形的聚合物基体中相遇时,形成红色的电荷转移复合物。

能够自动感知并报告微损伤、应力或应变的材料可以提高复合材料部件的使用寿命,有可能提高这些材料的安全性,还可以用来调查在制造过程中的应力积累,或监测负载下损伤的扩展。渲染任何材料自我报告的最简单的方法是涂上一层表示损坏的涂层。这种擦伤涂层的优点是它们通常不改变复合材料的机械性能。可以通过变色涂层检测到的损伤类型包括撞击、压痕、划痕或割伤。

目前,变色复合材料在工业实施中面临着一些挑战,需要在今后的研究中加以解决。例如,阈值应力对于大多数机械变色材料是未知的,但需要评估材料的能力,可靠地报告损伤相关的应力水平。

2.18 仿生结构材料展望

仿生结构材料的基本原则是构建一个有序的层次化微/纳米结构，设计丰富有效的界面交互作用。一个有序的层次化微/纳米结构可能产生一个独特的机制来承受负载。设计合适的界面相互作用可以提高损伤容限（强度和韧性），从而获得综合韧性和抗拉强度。所有这些效果赋予生物仿生纳米复合材料优越的性能远远超过混合物法则的预测。仿生策略还通过设计层次结构和界面交互来实现多功能。该多功能材料主要由导电石墨烯或阻燃蒙脱土纳米片等功能构件构成。响应结构和界面相互作用也赋予了纳米复合材料智能功能。基于这些原则，生物激发的制造策略将逐渐取代传统的复合材料制造方法，并推动下一代智能设备的发展，包括可穿戴电子设备或微型传感器/执行器。

尽管人们正在制备具有优良多功能性能的高性能生物结构纳米复合材料，但是天然材料的优越性仍然难以超越，尤其是具有自愈合、循环利用、外部适应等功能。此外，由于缺乏大规模的制造方法和精心设计的方法来同时模拟不同层次的体系结构，进展受到阻碍。生物激发的纳米结构复合材料的研究迫切需要大规模开发新的制造和非破坏性的角色塑造方法，以推进模仿天然材料的合成材料的发展。

未来在模拟天然材料方面的努力应该以新型加工技术的发展和建模，以及性能与材料所包含的结构和界面性质之间关系的第一性原理和微尺度力学模型为指导。但目前还不能根据第一原理可靠地预测复杂结构的强度或韧性。需要着重强调对新加工技术的需求，重点在于生成高断裂韧性材料，但又不损害强度。这是一个挑战，只能通过更好地理解自然材料的层次设计和这些材料的功能。

参考文献

［1］ MATTHECK C，BURKHARDT S. A new method of structural shape optimization based on biological growth[J]. International Journal of Fatigue，1990，12(3)：185-190.

［2］ MATTHECK C. Teacher tree：the evolution of notch shape optimization from complex to simple[J]. Engineering Fracture Mechanics，2006，73(12)：1732-1742.

［3］ LI D，XIA Y. Direct fabrication of composite and ceramic hollow nanofibers by electrospinning[J]. Nano Letters，2004，4(5)：933-938.

［4］ ZHAO Y，CAO X，JIANG L. Bio-mimic multichannel microtubes by a facile method[J]. Journal of the American Chemical Society，2007，129(4)：764-765.

［5］ LAZARIS A，ARCIDIACONO S，HUANG Y，et al. Spider silk fibers spun from soluble recombinant silk produced in mammalian cells[J]. Science，2002，295(5554)：472-476.

［6］ DALTON A B，COLLINS S，MUNOZ E，et al. Super-tough carbon-nanotube fibres[J]. Nature，2003，423(6941)：703.

［7］ LIFF S M，KUMAR N，MCKINLEY G H. High-performance elastomeric nanocomposites via solvent-exchange processing[J]. Nature Materials，2007，6(1)：76-83.

［8］ 健明,欧阳. 生物矿化的基质调控及其仿生应用［M］. 北京:化学工业出版社,2006.

［9］ CHEN S F,YU S H,WANG T X,et al. Polymer-directed formation of unusual $CaCO_3$ pancakes with controlled surface structures［J］. Advanced Materials,2005,17(12):1461-1465.

［10］ GAO Y X,YU S H,CONG H,et al. Block-copolymer-controlled growth of $CaCO_3$ microrings［J］. The Journal of Physical Chemistry B,2006,110(13):6432-6436.

［11］ ZHU J H,YU S H,XU A W,et al. The biomimetic mineralization of double-stranded and cylindrical helical $BaCO_3$ nanofibres［J］. Chemical Communications,2009 (9):1106-1108.

［12］ GUO X H,YU S H,CAI G B. Crystallization in a mixture of solvents by using a crystal modifier: Morphology control in the synthesis of highly monodisperse $CaCO_3$ microspheres［J］. Angewandte Chemie International Edition,2006,45(24):3977-3981.

［13］ FALINI G,ALBECK S,WEINER S,et al. Control of aragonite or calcite polymorphism by mollusk shell macromolecules［J］. Science,1996,271(5245):67-69.

［14］ KAMAT S,SU X,BALLARINI R,et al. Structural basis for the fracture toughness of the shell of the conch Strombus gigas［J］. Nature,2000,405(6790):1036-1040.

［15］ TANG Z,KOTOV N A,MAGONOV S,et al. Nanostructured artificial nacre［J］. Nature Materials,2003,2(6):413-418.

［16］ RUBNER M. Synthetic sea shell［J］. Nature,2003,423(6943):925-926.

［17］ PODSIADLO P,KAUSHIK A K,ARRUDA E M,et al. Ultrastrong and stiff layered polymer nanocomposites［J］. Science,2007,318(5847):80-83.

［18］ BONDERER L J,STUDART A R,GAUCKLER L J. Bioinspired design and assembly of platelet reinforced polymer films［J］. Science,2008,319(5866):1069-1073.

［19］ DEVILLE S,SAIZ E,NALLA R K,et al. Freezing as a path to build complex composites［J］. Science,2006,311(5760):515-518.

［20］ HALLORAN J. Making better ceramic composites with ice［J］. Science,2006,311(5760):479-480.

［21］ GAO H,WANG X,YAO H,et al. Mechanics of hierarchical adhesion structures of geckos［J］. Mechanics of Materials,2005,37(2-3):275-285.

［22］ RIZZO N W,GARDNER K H,WALLS D J,et al. Characterization of the structure and composition of gecko adhesive setae［J］. Journal of the Royal Society Interface,2006,3(8):441-451.

［23］ GE L,SETHI S,CI L,et al. Carbon nanotube-based synthetic gecko tapes［J］. Proceedings of the National Academy of Sciences,2007,104(26):10792-10795.

［24］ QU L,DAI L,STONE M,et al. Carbon nanotube arrays with strong shear binding-on and easy normal lifting-off［J］. Science,2008,322(5899):238-242.

［25］ LIU Q,MENG F,WANG X,et al. Tree frog-inspired micropillar arrays with nanopits on the surface for enhanced adhesion under wet conditions［J］. ACS Applied Materials & Interfaces,2020,12(16): 19116-19122.

［26］ SCHUMACHER J F,CARMAN M L,ESTES T G,et al. Engineered antifouling microtopographies-effect of feature size,geometry,and roughness on settlement of zoospores of the green alga Ulva［J］. Biofouling,2007,23(1):55-62.

［27］ 虞兆年. 防腐蚀涂料和涂装［M］. 2 版. 北京:化学工业出版社,2002.

［28］ MARMUR A. Super-hydrophobicity fundamentals:implications to biofouling prevention［J］. Biofouling,

2006,22(2):107-115.

[29] KOOTEN T G V,RECUM A F V. Cell adhesion to textured silicone surfaces:the influence of time of adhesion and texture on focal contact and fibronectin fibril formation[J]. Tissue Engineering, 1999,5(3):223-240.

[30] BERS A V,WAHL M. The influence of natural surface microtopographies on fouling[J]. Biofouling,2004, 20(1):43-51.

[31] BERNTSSON K M,ANDREASSON H,JONSSON P R,et al. Reduction of barnacle recruitment on micro-textured surfaces:analysis of effective topographic characteristics and evaluation of skin friction [J]. Biofouling,2000,16(2-4):245-261.

[32] SUN Y,GUO S,WALKER G C,et al. Surface elastic modulus of barnacle adhesive and release characteristics from silicone surfaces[J]. Biofouling,2004,20(6):279-289.

[33] HE B,PATANKAR N A,LEE J. Multiple equilibrium droplet shapes and design criterion for rough hydrophobic surfaces[J]. Langmuir,2003,19(12):4999-5003.

[34] 周明,郑傲然,杨加宏. 复制模塑法制备超疏水表面及其应用[J]. 物理化学学报,2007(8): 1296-1300.

[35] GENZER J,EFIMENKO K. Tailoring the grafting density of organic modifiers at solid/liquid interfaces:U. S. Patent 6423372[P]. 2002-7-23.

[36] 郑傲然,周明,杨加宏. 仿生超疏水表面的制备及润湿性研究[J]. 功能材料,2007(11):1874-1876,1883.

[37] 孙祖信,叶章基,吴净,等. 导电涂膜表面微米尺度内痕量 ClO⁻ 浓度测定方法的研究[J]. 上海涂料,2001(2):3-7,33.

[38] 宇佐美,王教源. 用导电涂膜防止海洋生物附着的技术[J]. 涂料技术,1994(1):5.

[39] SHEN X,HU Y,XU G,et al. Regulation of the biological functions of osteoblasts and bone formation by Zn-incorporated coating on microrough titanium [J]. ACS Applied Materials & Interfaces,2014,6(18):16426-16440.

[40] HENCH L L. Bioceramics:from concept to clinic[J]. Journal of the American Ceramic Society, 1991,74(7):1487-1510.

[41] 郑岳华,侯小妹,杨兆雄. 多孔羟基磷灰石生物陶瓷的进展[J]. 硅酸盐通报,1995(3):20-24.

[42] KOMLEV V S,BARINOV S M,BOZO I I,et al. Bioceramics composed of octacalcium phosphate demonstrate enhanced biological behavior[J]. ACS Applied Materials & Interfaces,2014,6(19): 16610-16620.

[43] LI Y,YANG W,LI X,et al. Improving osteointegration and osteogenesis of three-dimensional porous Ti₆Al₄V scaffolds by polydopamine-assisted biomimetic hydroxyapatite coating[J]. ACS Applied Materials & Interfaces,2015,7(10):5715-5724.

[44] WEINER S,PRICE P A. Disaggregation of bone into crystals[J]. Calcified Tissue International, 1986,39(6):365-375.

[45] MITTAL R,SHARMA S,CHHIBBER S,et al. A time course study of production of virulence factors by biofilms of Pseudomonas aeruginosa[J]. Am. J. Biomed. Sci,2009,1(3):178-187.

[46] GALLER K M,D'SOUZA R N,HARTGERINK J D. Biomaterials and their potential applications for dental tissue engineering[J]. Journal of Materials Chemistry,2010,20(40):8730-8746.

［47］ CERRAI P, GUERRA G D, TRICOLI M, et al. Periodontal membranes from composites of hydroxyapatite and bioresorbable block copolymers［J］. Journal of Materials Science：Materials in Medicine,1999,10(10):677-682.

［48］ ALVES N M,LEONOR I B,AZEVEDO H S,et al. Designing biomaterials based on biomineralization of bone［J］. Journal of Materials Chemistry,2010,20(15):2911-2921.

［49］ 苏佳灿,李明,禹宝庆,等. 纳米羟基磷灰石/聚己内酯复合生物活性多孔支架研究［J］. 无机材料学报,2009,24(3):485-490.

［50］ CHEN X,SUN X,YANG X,et al. Biomimetic preparation of trace element-codoped calcium phosphate for promoting osteoporotic bone defect repair［J］. Journal of Materials Chemistry B,2013,1(9):1316-1325.

［51］ FURUZONO T,WALSH D,SATO K,et al. Effect of reaction temperature on the morphology and size of hydroxyapatite nanoparticles in an emulsion system［J］. Journal of Materials Science Letters,2001,20(2):111-114.

［52］ XIA L,LIN K,JIANG X,et al. Enhanced osteogenesis through nano-structured surface design of macroporous hydroxyapatite bioceramic scaffolds via activation of ERK and p38 MAPK signaling pathways［J］. Journal of Materials Chemistry B,2013,1(40):5403-5416.

［53］ HYAKUNA K, YAMAMURO T, KOTOURA Y, et al. Surface reactions of calcium phosphate ceramics to various solutions［J］. Journal of Biomedical Materials Research,1990,24(4):471-488.

［54］ SEPULVEDA P, ORTEGA F S, INNOCENTINI M D M, et al. Properties of highly porous hydroxyapatite obtained by the gelcasting of foams［J］. Journal of the American Ceramic Society,2000,83(12):3021-3024.

［55］ MADKOUR A E, KOCH A H R, LIENKAMP K, et al. End-functionalized ROMP polymers for biomedical applications［J］. Macromolecules,2010,43(10):4557-4561.

［56］ KHAN F,TANAKA M,AHMAD S R. Fabrication of polymeric biomaterials：a strategy for tissue engineering and medical devices［J］. Journal of Materials Chemistry B,2015,3(42):8224-8249.

［57］ LI D,XIA Y. Direct fabrication of composite and ceramic hollow nanofibers by electrospinning［J］. Nano Letters,2004,4(5):933-938.

［58］ SUN T,QING G,SU B,et al. Functional biointerface materials inspired from nature［J］. Chemical Society Reviews,2011,40(5):2909-2921.

［59］ WARD I M,BONFIELD W,LADIZESKY N H. The development of load-bearing bone substitute materials［J］. Polymer International,1997,43(4):333-337.

［60］ DUCHEYNE P,QIU Q. Bioactive ceramics：the effect of surface reactivity on bone formation and bone cell function［J］. Biomaterials,1999,20(23-24):2287-2303.

［61］ NAVEENA N, VENUGOPAL J, RAJESWARI R, et al. Biomimetic composites and stem cells interaction for bone and cartilage tissue regeneration［J］. Journal of Materials Chemistry,2012,22(12):5239-5253.

［62］ ZHAO X,WU Y,DU Y,et al. A highly bioactive and biodegradable poly (glycerol sebacate)-silica glass hybrid elastomer with tailored mechanical properties for bone tissue regeneration［J］. Journal of Materials Chemistry B,2015,3(16):3222-3233.

［63］ CHEN Q,GARCIA R P,MUNOZ J,et al. Cellulose nanocrystals bioactive glass hybrid coating as bone substitutes by electrophoretic co-deposition：in situ control of mineralization of bioactive glass and enhancement of osteoblastic performance[J]. ACS Applied Materials & Interfaces,2015,7(44): 24715-24725.

[64] WANG J,CHENG Q,TANG Z. Layered nanocomposites inspired by the structure and mechanical properties of nacre[J]. Chemical Society Reviews,2012,41(3):1111-1129.

[65] JOHN S. Strong localization of photons in certain disordered dielectric superlattices[J]. Physical Review Letters,1987,58(23):2486.

[66] YABLONOVITCH E. Inhibited spontaneous emission in solid-state physics and electronics[J]. Physical Review Letters,1987,58(20):2059.

[67] MCPHEDRAN R C,NICOROVICI N A,MCKENZIE D R,et al. Structural colours through photonic crystals[J]. Physica B:Condensed Matter,2003,338(1-4):182-185.

[68] ZHAO Q,FAN T,DING J,et al. Super black and ultrathin amorphous carbon film inspired by anti-reflection architecture in butterfly wing[J]. Carbon,2011,49(3):877-883.

[69] ZHAO Q,GUO X,FAN T,et al. Art of blackness in butterfly wings as natural solar collector[J]. Soft Matter,2011,7(24):11433-11439.

[70] YIP C T,HUANG H,ZHOU L,et al. Direct and seamless coupling of TiO$_2$ nanotube photonic crystal to dye-sensitized solar cell:a single-step approach[J]. Advanced Materials,2011,23(47): 5624-5628.

[71] POTYRAILO R A,GHIRADELLA H,VERTIATCHIKH A,et al. Morpho butterfly wing scales demonstrate highly selective vapour response[J]. Nature Photonics,2007,1(2):123-128.

[72] JAMBOR A,BEYER M. New cars:new materials[J]. Materials & design,1997,18(4-6):203-209.

[73] 敖炳秋. 轻量化汽车材料技术的最新动态[J]. 汽车工艺与材料,2002(Z1):1-21,105.

[74] 曹令俊. 复合材料在汽车工业中的应用及发展趋势[J]. 汽车工艺与材料,2000(12):31-33.

[75] 易维坤. 惯性仪表生产过程的检测[J]. 航天工艺,1995(4):46-56.

[76] JACOB G C,FELLERS J F,SIMUNOVIC S,et al. Energy absorption in polymer composites for automotive crashworthiness[J]. Journal of Composite Materials,2002,36(7):813-850.

[77] 易维坤. 航天制造技术[M]. 北京:中国宇航出版社,2003.

[78] JACOB G C,FELLERS J F,SIMUNOVIC S,et al. Energy absorption in polymer composites for automotive crashworthiness[J]. Journal of Composite Materials,2002,36(7):813-850.

[79] 田晓滨,赵晓鹏. 短纤维增强复合材料的仿生模型:Ⅰ哑铃状短纤维增强复合材料的应力分析[J]. 金属学报,1994,30(4):B180-B186.

[80] 陈斌. 生物复合材料的细观结构和仿生复合材料的研究[J]. 材料导报,1998(5):70.

[81] 李世红,周本濂,郑宗光,等. 一种在细观尺度上仿生的复合材料模型[J]. 材料科学进展,1991(6): 543-547.

[82] 宋宏伟,万志敏,杜星文. 玻璃/环氧圆柱管能量吸收细观机理[J]. 复合材料学报,2002,19(2): 75-79.

[83] 蔡长庚,许家瑞. 异形有机短纤维增强环氧树脂复合材料拉伸性能的研究[J]. 纤维复合材料,2002 (4):10-13.

[84] FU S Y,ZHOU B L,CHEN X,et al. Some further considerations of the theory of fibre debonding and pull-out from an elastic matrix. part 1:constant interfacial frictional shear stress[J]. Composites,1993, 24(1):5-11.

[85]　童华,姚松年. 蟹、虾壳微观形貌与结构研究[J]. 分析科学报,1997,13(3):206-209.

[86]　CHEN P Y, LIN A Y M, MCKITTRICK J, et al. Structure and mechanical properties of crab exoskeletons[J]. Acta Biomaterialia,2008,4(3):587-596.

[87]　ROMANO P,FABRITIUS H,RAABE D. The exoskeleton of the lobster Homarus americanus as an example of a smart anisotropic biological material[J]. Acta Biomaterialia,2007,3(3):301-309.

[88]　RAABE D,SACHS C,ROMANO P. The crustacean exoskeleton as an example of a structurally and mechanically graded biological nanocomposite material[J]. Acta Materialia,2005,53(15):4281-4292.

[89]　TAYLOR J R A, HEBRANK J, KIER W M. Mechanical properties of the rigid and hydrostatic skeletons of molting blue crabs,Callinectes sapidus Rathbun[J]. Journal of Experimental Biology, 2007,210(24):4272-4278.

[90]　ZHU B, MERINDOL R, BENITEZ A J, et al. Supramolecular engineering of hierarchically self-assembled,bioinspired,cholesteric nanocomposites formed by cellulose nanocrystals and polymers[J]. ACS Applied Materials & Interfaces,2016,8(17):11031-11040.

[91]　LEWIS R V. Spider silk:the unraveling of a mystery[J]. Accounts of Chemical Research,1992,25 (9):392-398.

[92]　LAZARIS A,ARCIDIACONO S,HUANG Y,et al. Spider silk fibers spun from soluble recombinant silk produced in mammalian cells[J]. Science,2002,295(5554):472-476.

[93]　ROUSSEAU M E,HERNÁNDEZ CRUZ D,WEST M M,et al. Nephila clavipes spider dragline silk microstructure studied by scanning transmission X-ray microscopy[J]. Journal of the American Chemical Society,2007,129(13):3897-3905.

[94]　HERMANSON K D, HUEMMERICH D,SCHEIBEL T,et al. Engineered microcapsules fabricated from reconstituted spider silk[J]. Advanced Materials,2007,19(14):1810-1815.

[95]　BELL F I,MCEWEN I J,VINEY C. Supercontraction stress in wet spider dragline[J]. Nature, 2002,416(6876):37.

[96]　EMILE O,LE FLOCH A,VOLLRATH F. Shape memory in spider draglines[J]. Nature,2006,440 (7084):621.

[97]　LIU Y,SHAO Z,VOLLRATH F. Relationships between supercontraction and mechanical properties of spider silk[J]. Nature Materials,2005,4(12):901-905.

[98]　GATESY J,HAYASHI C,MOTRIUK D,et al. Extreme diversity,conservation,and convergence of spider silk fibroin sequences[J]. Science,2001,291(5513):2603-2605.

[99]　HAYASHI C Y,LEWIS R V. Molecular architecture and evolution of a modular spider silk protein gene[J]. Science,2000,287(5457):1477-1479.

[100]　DALTON A B,COLLINS S,MUNOZ E,et al. Super-tough carbon-nanotube fibres[J]. Nature, 2003,423(6941):703.

[101]　LIFF S M,KUMAR N,MCKINLEY G H. High-performance elastomeric nanocomposites via solvent-exchange processing[J]. Nature Materials,2007,6(1):76-83.

[102]　LEE S M,PIPPEL E,GÖSELE U,et al. Greatly increased toughness of infiltrated spider silk[J]. Science,2009,324(5926):488-492.

[103]　CEN H,CHEN W,YU M,et al. Structural bionics for reinforcing frame of fuselage and wing joint [J]. Journal of Bjing University of Aeronautics & Astronautics,2005,31(1):13-16.

[104] 岑海堂,陈五一. 小型翼结构仿生设计与试验分析[J]. 机械工程学报,2009,45(3):286-290.

[105] 岑海堂,陈五一. 相似分析在结构仿生设计中的应用研究[J]. 机械设计与研究,2007(5):12-15.

[106] 欧阳健明. 生物矿化的基质调控及其仿生应用[M]. 北京:化学工业出版社,2006.

[107] 崔福斋. 生物矿化 第1版[M]. 北京:清华大学出版社,2007.

[108] CHEN S F,YU S H,WANG T X,et al. Polymer-directed formation of unusual CaCO₃ pancakes with controlled surface structures[J]. Advanced Materials,2005,17(12):1461-1465.

[109] GUO X H,YU S H,CAI G B. Crystallization in a mixture of solvents by using a crystal modifier: Morphology control in the synthesis of highly monodisperse CaCO₃ microspheres[J]. Angewandte Chemie International Edition,2006,45(24):3977-3981.

[110] YU S H,CöLFEN H. Bio-inspired crystal morphogenesis by hydrophilic polymers[J]. Journal of Materials Chemistry,2004,14(14):2124-2147.

[111] TANG Z,KOTOV N A,MAGONOV S,et al. Nanostructured artificial nacre[J]. Nature Materials,2003,2(6):413-418.

[112] PODSIADLO P,KAUSHIK A K,ARRUDA E M,et al. Ultrastrong and stiff layered polymer nanocomposites[J]. Science,2007,318(5847):80-83.

[113] BONDERER L J,STUDART A R,GAUCKLER L J. Bioinspired design and assembly of platelet reinforced polymer films[J]. Science,2008,319(5866):1069-1073.

[114] MAO L B,GAO H L,YAO H B,et al. Synthetic nacre by predesigned matrix-directed mineralization[J]. Science,2016,354(6308):107-110.

[115] DWIVEDI G,FLYNN K,RESNICK M,et al. Bioinspired hybrid materials from spray-formed ceramic templates[J]. Advanced Materials,2015,27(19):3073-3078.

[116] 胡巧玲. 仿生层状结构壳聚糖医用材料的研究[D]. 杭州:浙江大学,2004.

[117] 肖罡,张靓,彭欣健. 仿生材料的应用研究与发展前景[J]. 科技创业月刊,2010,23(4):273-274.

[118] 孙守金,王作明,张名大. 含Fe、Ni的CF/Cu复合材料[J]. 复合材料学报,1990,7(1):6.

[119] 王立铎,孙文珍,梁彤翔,等. 基于重叠分片法的仿人研抛螺旋线轨迹规划[J]. 材料工程,1996 (2):3-5.

[120] GORDON J E,JERONIMIDIS G. Composites with high work of fracture[J]. Philosophical Transactions of the Royal Society of London. Series A,Mathematical and Physical Sciences,1980, 294(1411):545-550.

[121] 肖罡,张靓,彭欣健. 仿生材料的应用研究与发展前景[J]. 科技创业月刊,2010,23(4):273-274.

[122] LOSIC D,MITCHELL J G,VOELCKER N H. Diatomaceous lessons in nanotechnology and advanced materials[J]. Advanced Materials,2009,21(29):2947-2958.

[123] LOSIC D,SHORT K,MITCHELL J G,et al. AFM nanoindentations of diatom biosilica surfaces[J]. Langmuir,2007,23(9):5014-5021.

[124] SUBHASH G,YAO S,BELLINGER B,et al. Investigation of mechanical properties of diatom frustules using nanoindentation[J]. Journal of Nanoscience and Nanotechnology,2005,5(1):50-56.

[125] HAMM C E,MERKEL R,SPRINGER O,et al. Architecture and material properties of diatom shells provide effective mechanical protection[J]. Nature,2003,421(6925):841-843.

[126] DE STEFANO M,DE STEFANO L. Nanostructures in diatom frustules:functional morphology of valvocopulae in Cocconeidacean monoraphid taxa[J]. Journal of Nanoscience and Nanotechnology,

2005,5(1):15-24.

[127] LU J,SUN C,WANG Q J. Mechanical simulation of a diatom frustule structure[J]. Journal of Bionic Engineering,2015,12(1):98-108.

[128] GEBESHUBER I C,KINDT J H,THOMPSON J B,et al. Atomic force microscopy study of living diatoms in ambient conditions[J]. Journal of Microscopy,2003,212(3):292-299.

[129] HSU P C,LIU X,LIU C,et al. Personal thermal management by metallic nanowire-coated textile [J]. Nano Letters,2015,15(1):365-371.

[130] EADIE L,GHOSH T K. Biomimicry in textiles:past,present and potential. An overview[J]. Journal of the Royal Society Interface,2011,8(59):761-775.

[131] WHEELER T D,STROOCK A D. The transpiration of water at negative pressures in a synthetic tree[J]. Nature,2008,455(7210):208-212.

[132] DEMIR H,TOP A,BALKöSE D,et al. Dye adsorption behavior of Luffa cylindrica fibers[J]. Journal of Hazardous Materials,2008,153(1-2):389-394.

[133] SIQUEIRA G,BRAS J,DUFRESNE A. Luffa cylindrica as a lignocellulosic source of fiber, microfibrillated cellulose and cellulose nanocrystals[J]. BioResources,2010,5(2):727-740.

[134] 徐雪芹,李小明,杨麒,等. 丝瓜瓤固定简青霉吸附废水中 Pb^{2+} 和 Cu^{2+} 的机理[J]. 环境科学学报, 2008,28(1):95-100.

[135] 黎炎. 丝瓜络理化性能及其多糖分离纯化和活性研究[D]. 南宁:广西大学,2010.

[136] CHEN Q,SHI Q,GORB S N,et al. A multiscale study on the structural and mechanical properties of the luffa sponge from Luffa cylindrica plant[J]. Journal of Biomechanics, 2014, 47 (6): 1332-1339.

[137] ZAMPIERI A,MABANDE G T P,SELVAM T,et al. Biotemplating of Luffa cylindrica sponges to self-supporting hierarchical zeolite macrostructures for bio-inspired structured catalytic reactors[J]. Materials Science and Engineering:C,2006,26(1):130-135.

[138] MAZALI I O,ALVES O L. Morphosynthesis:high fidelity inorganic replica of the fibrous network of loofa sponge(Luffa cylindrica)[J]. Anais da Academia Brasileira de Ciências, 2005, 77(1): 25-31.

[139] WANG Y,YANG X,CHEN Y,et al. A biorobotic adhesive disc for underwater hitchhiking inspired by the remora suckerfish[J]. Science Robotics,2017,2(10):8072.

[140] GU L,PODDAR S,LIN Y,et al. A biomimetic eye with a hemispherical perovskite nanowire array retina[J]. Nature,2020,581(7808):278-282.

[141] WAKERLEY D,LAMAISON S,OZANAM F,et al. Bio-inspired hydrophobicity promotes CO_2 reduction on a Cu surface[J]. Nature Materials,2019,18(11):1222-1227.

[142] QIAN X,ZHAO Y,ALSAID Y,et al. Artificial phototropism for omnidirectional tracking and harvesting of light[J]. Nature nanotechnology,2019,14(11):1048-1055.

[143] WHITE S R,SOTTOS N R,Geubelle P H,et al. Autonomic healing of polymer composites[J]. Nature,2001,409(6822):794-797.

[144] LI W,MATTHEWS C C,YANG K,et al. Autonomous indication of mechanical damage in polymeric coatings[J]. Advanced Materials,2016,28(11):2189-2194.

第3章 仿生界面材料

3.1 仿生各向异性界面

在自然界中,具有各向异性的条纹微纳米复合结构在动植物的生存中扮演着不可或缺的重要作用。各向异性表面可以使水滴沿着蝴蝶的翅膀定向地向外滚离,可以帮助水黾在水面上自如行走,还可以帮助植物捕捉昆虫和吸收花粉等。在蜥蜴和壁虎的脚掌上面的定向纹理结构可以帮助它们在粗糙和光滑的垂直表面自由爬行,这种各向异性的微纳复合结构的纹理可以帮助它们很好地控制与垂直墙壁的黏附与分离。小肠和肺部都有绒毛结构进行定向导流。这些天然表面的各向异性功能都得益于它们表面不对称的微纳复合结构,比如棘齿结构、多绒毛结构等。在宏观尺度上,方向性表现为各向异性或单向的材料或工艺。与此相反,在分子尺度上,表现为热布朗运动和分子极性燃料空间或动力学对称破缺。呈现出这种方向性的系统通常被称为分子棘轮。

受这些自然现象的启发,科学家们通过精确调整理化性质、控制液体的扩展、提供方向性的附着力,开发出无数的具有多种功能的合成表面。由于这种材料具有很广阔的应用范围,人们对这种人工合成的各向异性材料的兴趣日益增加。Malvadkar 等制备了基于光诱导聚合的聚二甲苯类倾斜纳米阵列表面,在此材料的表面上液滴可以定向地滚落,如图 3-1 所示。同时,当外加振动时,液滴可以在表面上沿阵列倾斜的方向定向进行传递。Chu 等利用精细加工技术制备了定向弯曲的硅基纳米线,液滴在表面上表现出了定向的铺展,液体可以沿硅纳米线倾斜的方向自发地定向铺展,而在相反的方向上保持截然不同的不浸润状态。Cai 等发现了马面鱼皮的表面存在着油滴单方向滑动的性质,通过硅橡胶二次复型技术,制备了仿马面鱼皮各向异性浸润性功能表面。

图 3-1　具有定向浸润性的各向异性人造表面

3.2　仿生防覆冰材料

覆冰问题对公路、飞机、雷达等其他室外设施设备的正常运行造成严重的影响和干扰，而传统的除冰手段需要花费大量的人力物力。生产生活中解决覆冰的方法主要分为两类：防冰和除冰。防冰是指采取有效的办法延缓固体表面结冰；而除冰是指在结冰发生后，到达一定界限时采取主动或被动手段除去固体表面覆冰。基于仿生超浸润材料的防结冰策略主要分为两种：（1）延缓和防止覆冰形成的超疏水防结冰材料；（2）能够使覆冰轻易滑走的超亲水除冰材料。

Tourkine 等揭示了超疏水多尺度表面可以有效地延缓结冰过程。超疏水防结冰材料基于超疏水材料可以减少水滴与表面的接触面积，从而延缓结冰速率，同时可以减少水滴在材料表面的附着，使水滴不易积累或在结冰之前滚落表面。超疏水表面的气层可以作为隔绝传热的壁垒，在这个过程中起到了关键作用。当过冷度不大时，过冷水结冰需要克服的能垒较大，所以表面上的过冷水需要等一段时间后才能变冰。因而，Zhang 等提出并构建了能使过冷水在结冰前自动移离的防冰表面材料。受孢子与冷凝水合并时将表面能转化为动能后使孢子得以传播这个现象的启发，构筑了能使冷凝水合并后自动快速弹离的表面材料。通过制备对冷凝微米水滴具有系列黏附功的表面，研究了冷凝水滴合并跳离与黏附功的相互关系，提出了过冷水快速移离材料表面的阻力主要来源于固体表面对水的黏附力的结论。针对冷凝水滴与材料表面的黏附功随着温度降低、过饱和度增加而变大，出现冷凝水滴跳离表面效率降低甚至无法跳离的情况,利用气—液—固三相线钉扎效应,在具有纳米结构的材料表面上引入与冷凝水滴尺寸相当的微米结构,使冷凝水滴在长大过程中由于在微米结构边界的钉扎效应而偏离球形,从而增大了水滴的表面能。同时利用三相线在微米结构边缘的钉扎效应,减小了冷凝水滴与材料表面的接触面积,使冷凝水滴与材料表面的黏附功变小,实现了在 0 ℃ 以下、高过饱和度条件下,研究冷凝水滴能够高效率跳离的表面材料。将这种材料应用于防冰试验,发现表面上冰霜的生成得以大大延缓。冷凝水的有效跳离不但对防覆冰具有重要意义,在雾水收集、冷凝换热及热二极管中都有重要的应用。当过冷度较大时,如 −40 ℃ 或更低的温度,冷表面上结冰不可避免。针对这种情况,Chen 等通过研究具有不同结构和化学组成的系列材料表面与冰的黏附功,提出了决定冰黏附力的主导因素是机械锁交力,从而得出有微纳结构的超疏水表面不能有效降低冰黏附力的结论。为了有效降低冰与材料表面的黏附力,实现材料表面上的冰能在自然风力或自身重力的作用下自行脱落,受滑冰运动启发,进一步构建了亲水高分子和无机材料的复合涂层。其中亲水高分子能降低水活性,使液态水的冰点和冰的融点得以降低,这样冰与基材之间能够形成一层液态水润滑层,使基材表面的冰能在风力或重力的作用下自动脱离基材表面,达到防冰的效果。而无机材料的引入大大提高了涂层表面的机械强度和耐磨性,能够延长涂层的使用寿命,使这种复合涂层具有重要的实际应用意义。

最近十几年来,通过使用防冰/疏冰的表面来减少在一些装置表面覆冰的方法日益引起人们的兴趣。疏冰表面是指在自然状态下,由于表面的物理化学属性,可以减少冰、雪和冻雨在表面的堆积。另一方面,这种方法的效率依靠于这种表面的超疏水性,这种超疏水性可以使水在表面的积累最小化。防冰表面与超疏水表面的区别在于,防冰表面的特性是通过它对表面已形成的冰、积雪或者冻雨的低黏附性来表征的。在自然条件下,由于冰雪受自身的重力或者外界的风力影响,疏冰表面的积雪或者积冰会自发地从表面脱落。制造疏冰表面最有效的方法是在需要保护的装置表面发明一些超疏水涂层,或者制备一些超疏水表面。

在超疏水基底上,减缓超冷液体的结晶时间和延迟表面结霜的问题已经被人们研究了许久。这种现象与过冷水有十分密切的关系。我们都知道,水的熔点是 0 ℃。但是,有些水可以很容易达到 −42 ～ −41 ℃,这个温度与水均相成核的限制温度是一致的。这种过冷水的机制与成核的能量壁垒是密切相关的,能量壁垒是由在不改变过冷水热力学状态的情况下结晶成核所需的最大能量决定的。冰的异相成核过程是固态的晶核在过冷水与表面接触的界面上形成,接触的表面可以是固体也可以是气相。研究结果表明,异相成核的能量壁垒远小于同相成核的能量壁垒,这样就降低了水在基底上形成过冷水的可能性。在水温达到异相成核的温度时,过冷水就会优先发生结晶现象。众多的研究者们在不同类型的基底上研究冰结晶现象,他们发现过冷水在超疏水界面上的结晶延迟时间大大地超过过冷水在亲水基底和普通疏水基底上。这些试验都是在湿度较低、条件较温和情况下进行的。然而大量的试验研究结果发现,液滴在超疏水和超亲水界面的结晶延迟时间是由不同界面所存在的液滴的形态所决定的。冷表面液滴温度下降的速度是由液滴的形状和周围环境的湿度共同决定的。

把从超疏水表面移除固液共存液滴假想为将已经凝固的晶体从超疏水表面移除。如果因为某些原因，一层冰或者霜已经在符合异相润湿机制的情况下在固体表面形成，那么我们从表面清除这一层晶体并不需要太多的能量，有时候由于重力或者风力就可以将这层晶体移除。这种液固共存相低黏附力的原因有两个方面，其中一个方面是由于水的固液气三相点在冰-气和冰-固界面朝着低的方向变化，这样就导致在固液气之间形成一层水膜，这种现象在学术上叫作"冰预融"，该现象在很早以前已经被法拉第发现，人们针对这种现象做了大量的研究。需要指出的是，尽管在众多文献上在不同的低温条件下，水膜的厚度不一致，但是大家都认为几个分子层厚度的水膜最合适，这个厚度在 $-1\ ℃$ 的时候约 $10\ nm$，在 $-20\ ℃$ 时约为几纳米。据有关资料记载，这层水膜在温度降到 $-28\ ℃$ 时就会消失。相关研究中，对三相点的转变和水预融现象进行详细的理论研究。我们发现，在接触界面附近有力的作用时，表面的形貌结构会发生变化。反过来，改变表面相的密度和压力张量的组成就会使界面中间层的三相点发生改变。通过改变以上的参数，可以使三相点朝着低温方向转变，在低温的时候就会形成预融化现象；也可以使三相点朝着高温方向转变，在高温时形成预凝固现象。

一些研究发现，冰在超疏水界面上的黏附力远远小于在普通疏水界面上的黏附力。然而，接触角的上升与黏附力的下降的关系只在超疏水、低黏附的表面才能被证明。为了解释这种现象，我们需要指出的是，如果表面润湿现象发生在一个多相组成的界面上时，水冰是部分接触的，还有一部分气体被困在表面的凹槽中。在这种情况下，我们要用实际的黏附力来表征黏附现象，这个黏附力大小是分离实际接触面积的黏附所需要的力，这个力的大小是由粗糙表面的润湿区域决定。超疏水表面经常通过润湿区域分数比 f 和表面粗糙度 r 来表征。因此，由于超疏水表面上水与表面的实际接触面积比疏水界面要小很多，所以冰在超疏水表面上的黏附力要远小于疏水表面。

另外，Dou 等利用风洞试验证实所制备的具有水润滑层的高分子涂层上的冰能在强劲风的作用下自动脱落。超疏水表面的防覆冰作用主要在于通过使过冷液滴在结冰前滚落表面而延缓结冰，适用于对覆冰更加敏感的设备，其缺点是在湿度较大或温度极低的情况下效果不好。而超亲水表面的防覆冰作用则在于在表面结冰后，固体表面与覆冰之间形成由水构成的超润滑表面，使得覆冰在风等外力作用下脱落表面，适用于极低的温度条件以及可以耐受一定结冰而不影响正常工作的设备，其缺点是覆冰受风力等造成的不均匀或不同期滑落可能会导致安全事故。相对于传统的热力融冰法以及机械除冰法（振动、刮铲、电磁），两种仿生超浸润防覆冰表面都体现出了新型智能材料低能源浪费、低环境污染以及低人力浪费的优势。

3.3 抗生物污损

生物污损通常与海洋环境相关，是生物物质在固体表面上的积累。除了生物物质之外，无机物质，例如腐蚀残留物、冰、油和悬浮颗粒的沉积物也可能积聚。其导致的海洋污染是一个长期存在的问题,会造成巨大的经济和环境损失。超疏水表面会减少水和固体表面之间的接触面积,从而限制生物物质到达固体表面,因此可用于生物防污。Banerjee 等采用聚乙二醇或低聚乙二醇基制备的超疏水表面,通常用以抵抗蛋白质或微生物的黏附性。但是,其性能持久性不高且具有较高的成本,还需要更多的研究以投放到实际应用中。为了研究超滑表面是否可用于抗生物污垢表面,学者们测试注入润滑剂的多孔聚合物表面与海洋污损生物之间的相互作用。研究者测试海洋大藻缘管浒苔的游动孢子和纵条纹藤壶幼虫的沉降,发现超滑表面可显著降低游动孢子和幼虫的黏附性。另外其他研究还证实超滑表面对微藻物种如莱茵衣藻、杜氏盐藻等具有良好抗性;Wang 等在铝上设计超滑表面,并且在模拟的海洋环境中证明了其抑制硫酸盐还原菌(SRB)诱导腐蚀的巨大潜力。这些结果均表明超滑表面在海洋环境中的防污应用的潜力。

3.4　仿生防雾材料

成雾现象的本质是空气中的一些悬浮粒子引起的,大部分的成雾现象发生在环境中水蒸气过饱和的时候,大量分散的微小液滴聚集,当它的体积大到会散射可见光时,就会影响光的传播,这时候就形成了我们常见的雾。雾的形成会引起光的散射,影响光的传播,当成雾现象发生在一些透明材料表面时,这些材料的透光性就会大大降低,而有时透光性恰恰是这些透明材料的主要性能。一般当周围环境的温度、湿度和空气对流发生改变时,成雾现象就会发生在一些物体的表面。当表面温度达到露点温度时,如果温度继续下降或者湿度继续增加,在该表面就会有小液滴冷凝。杨氏方程所描述的物体表面的静态接触角是物体表面成雾现象的主要因素。如果表面的冷凝液滴的接触角非常小,这时液体在表面是完全铺展的,液滴冷凝后就会在表面形成一层水膜,对光的分散作用相对来说就会降低。反过来,如果冷凝液体在表面上的接触角非常大,表面是超疏水的,这时冷凝液体就会形成一个个分散的小液滴,每一个小液滴都是一个光的散射点,表面的透光性也不会受到非常大的影响。通过改变表面的润湿特性,而不是依赖于改变周围环境的方法来对表面进行防雾是进一步发展防雾涂层最有效途径。目前,已经有一部分商家生产出具有防雾功能的护目镜,并且具有很好的透光性。但是,这些防雾涂层在一些极端条件下还是不能有效地阻止雾的形成。

传统的一些防雾材料一般都是一些超亲水的涂层,这些材料一般具有非常高的表面能。因此,这些材料表面很容易受到污染,并且受到污染之后表面的污垢由于材料的高表面能会很难移除,除去这些污垢的过程中会对材料表面造成一定程度的损害。科学家积极地探索具有防雾功能的材料,他们有的是通过各种各样的氧化物薄膜来制备这些材料,这些氧化物经过紫外线照射之后,会从不润湿状态转变成为亲水状态。比如,钛的氧化物薄膜,经过紫外线照射后,接触角的范围为 $54°\sim72°$;在没有被紫外线照射之前,它的水的接触角小于 $5°$,完全没有防雾性能。常见的超亲水防雾材料有二氧化钛超亲水薄膜、超亲水聚合物薄膜以及超亲水粗糙结构多孔材料薄膜。Li 等通过精确地控制微纳米结构以及化学成分,制备了蛾眼型仿生防反射、防雾超亲水聚合物薄膜,该薄膜在先进光学设备上有着广阔的应用前景。Park 等通过一步二氧化硅纳米粒子涂层法制备了具有防雾、防反射性能的超亲水涂层,这种涂层可以有效提高固态燃料敏化太阳能电池的效率。

根据这方面的需要,一些专家学者做出了一系列先进的改进方案,比如制造一些低表面能的自清洁防雾材料。他们通过表面活性剂修饰这些材料,修饰过后的材料同时具有超疏水性和疏油性质。良好的超疏水性可以使这种材料获得非常好的防雾特性,同时良好的疏油特性又可以增加这种材料抵抗污染的能力。这是因为大气和环境中的雾不仅仅是由纯净的水组成的,它还包含大气中的许多有机物。当这些有机物混合在雾滴中冷凝在一些材料表面上时,这些有机物就会吸附在材料表面,材料的表面能越高,吸附作用越明显。因此,一些防雾表面很容易就会受到污染。表面具有良好的疏油性,就会有效地减少对有机物的吸附作用。但是仅仅通过表面活性剂的修饰还达不到最理想的自清洁效果,后来通过将材料表面结构和化学修饰改性相结合的方法逐渐引起了人们的兴趣,特别是一些超疏水和超亲水这些具备极端润湿特性的材料,已经引起了人们的广泛关注。除此之外,一些多功能材料和响应材料的涂层也在解决一些技术性问题上做出了很大贡献。对于下一代防雾材料,人们已经将它的防油性能和自清洁性能列入主要的研究项目。

3.5　仿生自清洁材料

自清洁材料是材料智能化的典型代表,在生活生产领域具有极大的应用价值。自清洁材料有效地解决了清洁高处玻璃、水下船舶等成本高昂以及人力浪费的难题。自清洁涂层在玻璃以及纺织品等材料上的商业化应用已经带来了显著的经济效益和环境效益。自清洁材料大致分为以下四类:(1)基于二氧化钛光催化分解有机物的超亲水材料;(2)基于荷叶效应的超疏水材料;(3)基于壁虎脚刚毛效应的干态自清洁材料;(4)基于鲫鱼皮效应的水下超疏油材料。

二氧化钛具有光降解和超亲水性,这两种作用协同作用于自清洁材料表面的二氧化钛薄膜,二氧化钛薄膜在光照下产生羟基自由基,凭借极强的氧化性可以将绝大多数有机污染物氧化降解,同时薄膜在光照下表现出超亲水性质,形成水膜,使薄膜表面具有自清洁、防雾等性质。目前,基于二氧化钛薄膜的自清洁材料已经广泛应用于生活中,例如国家大剧院所使用的自清洁玻璃。

荷叶上的液滴具有极大的接触角以及极小的滚动角,这使得水滴可以轻松从荷叶表面滚落并带走灰尘。而荷叶表面所具有的微纳米多尺度粗糙结构以及低表面能的蜡物质则是荷叶自清洁性能的关键。受荷叶的启发,Jiang 等研发出自清洁双疏纳米领带,可以保证领带不被水和油污污染。

壁虎脚最为人知的就是其多尺度刚毛阵列结构的高黏附作用,这使得壁虎能够飞檐走壁。而壁虎长期在布满灰尘的墙壁爬行,其黏附作用却能够得到有效保持,这归功于壁虎脚脱尘的神奇能力。与荷叶不同,不需要水的参与,壁虎脚的脱尘作用在奔跑中就能实现,所以这种能力被称为干型自清洁。Yang 等受到壁虎脚启发,提出了功能表面自清洁的机理,制备出可以主观调控的功能表面,实现了对固体颗粒的自由操控。

鲫鱼鱼鳞拥有超亲水和水下超疏油的特性,在油滴与鱼鳞之间形成一层水膜,从而保证鱼鳞不被油滴污染。诸多水下生物都具有超疏油的特性,Liu 等发现,文蛤壳的内表面的外套膜覆盖区凭借高能无机组分碳酸钙及该区域的表面微纳复合结构表现出了水下对油的超低黏附。受此启发,通过简单的氨水腐蚀法制备了水下对油超低黏附的高能无机氧化碳表面,通过调节腐蚀时间可以调控氧化铜表面微纳结构的粗糙度,进而调节表面对油的黏附力。这一功能表面在水相设备抗油污等领域有着潜在的应用价值。Xu 等通过层层自组装方法,利用柠檬酸包裹的金纳米粒子和聚二烯丙基二甲基氯化铵制备超疏油、低黏附有机/无机杂化薄膜,并在仿造海水中表现出很好的稳定性。这一研究,在防生物黏附、微流控、工业金属清洁和海洋防污涂层等领域有潜在的应用前景。Xu 等受贻贝高机械强度"砖—混凝土"层状结构启发,使用层层自组装的方法,制备出高机械强度、水下超疏油的仿海水环境中稳定性极高的微纳米涂层,纳米压痕和磨损试验证实涂层的超疏油性质没有受到影响,这种新型涂层在海洋防污及微流控等领域有着极高的应用价值。

建筑物的外墙或高层玻璃会黏附灰尘和泥土等污渍。超疏水表面的荷叶效应使其在建筑物外墙或高层玻璃的自清洁中具有广泛的应用前景。超疏水材料上黏附的灰尘可以利用雨水将其带走从而达到自清洁的目的,降低了建筑物的维护费用。Yamashita 等采用离子辅助沉积法将 TiO_2 纳米颗粒作为表面修饰剂沉积在疏水性的多孔聚四氟乙烯模板上,当该表面受到有机物污染时,利用 TiO_2 的光催化降解性能,该表面经紫外线照射能够分解有机污染物,从而达到自清洁的目的。研究表明该表面具有较强的耐候性,可作为填料添加到建筑外墙涂料中。Yoon 等采用静电喷涂法,在铟锡氧化物半导体透明导电膜玻璃表面喷涂改性氧化铝和聚甲基丙烯酸甲酯(PMMA)的复合溶液,制备了透明的超疏水涂层,如图 3-2 所示。研究表明,改性氧化铝的加入能显著提高涂层的疏水性;该超疏水涂层具有较好的稳定性,在经过 30 min 的水柱冲击后仍能保持良好的超疏水性,同时该涂层具有优异的自清洁效应,黏附在表面的污染物可用水轻易去除。

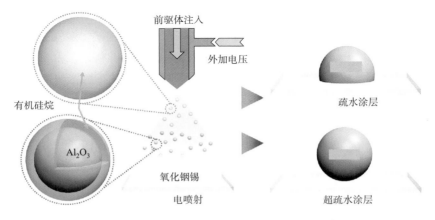

图 3-2 静电喷涂法制备疏水和超疏水涂层示意

3.6　仿生防腐蚀材料

腐蚀给人们带来了巨大的经济损失,是生产生活中面临的重大问题。目前为止,防腐蚀所采用的方法大多数是在表面覆盖一层含铬的重金属涂层,由此带来的成本消耗以及健康损害不容忽视。而超疏水涂层则是解决这一问题的有效方案。无论是化学腐蚀还是电化学腐蚀,溶液与材料表面的接触是必不可少的,超疏水超亲气涂层在水下所产生的连续气膜则有效隔绝了水和材料表面,阻止了腐蚀的产生。Zhang 等在钛箔基底表面制备了二氧化钛转化膜,经过化学修饰表现出超疏水性,经过电化学阻抗测试发现,基底在盐水电解质溶液中浸泡 90 d 仍保持优良的耐腐蚀性。Yuan 等使用含氟的低表面能聚合物修饰铜基底制备了具有优异性能的抗腐蚀表面。Chen 等采用悬浮热喷涂法在 Al 涂层表面喷涂 PU/纳米 Al$_2$O$_3$ 的混合溶液,制备了一种超疏水涂层,该涂层的水接触角可达到 151°,滚动角小于 6.5°。通过对比 Al 涂层和所制备的超疏水涂层的金属腐蚀速率,发现超疏水涂层展示了极好的防腐性能和稳定性。Wang 等采用电化学法制备了花状微纳米结构的铜表面,该表面具有极好的抗腐蚀性,将其置于质量分数 3.5% 的 NaCl 溶液中浸泡 20 d,表面水接触角仍达到 140°。Dey 等通过电化学沉积技术在低碳钢上制备了超疏水 TiO$_2$ 涂层,其水接触角高达 160.7°,分别对裸钢和超疏水钢片进行 Tafel 曲线的测定,结果表明,超疏水钢片的腐蚀速率比裸钢低一个数量级。

3.7　仿生油水分离材料

油水分离一直是困扰世界的难题。随着工业发展,海洋油污染、工业漏油事故频发,如何高效地进行油水分离成为亟待解决的问题。超浸润材料作为新兴智能材料,为解决油水分离问题提供了新思路。基于超浸润材料的油水分离材料主要分为两类:(1)超疏水/超亲油材料;(2)超亲水/超疏油材料。Feng 等制备了有特氟龙涂层的超疏水/超亲油不锈钢网,首次利用超亲油材料进行了油水分离工作。Zhang 和 Seeger 通过化学气相沉积法制备了超疏水/超亲油聚酯织物,该织物具有高分离效率并且可以回收再利用。Zhang 等制备了疏水亲油的碳纳米管海绵,具有互通的三维网络结构,该海绵具有极高的稳定性可以克服反复的压迫,表现出高选择性和可回收能力。Sun 等制备了碳纤维气凝胶,实现了对油和有机溶剂的高效可循环吸附。通过分子设计,以巯基—双键点击反应制备了含有硫醚链段的桥联倍半硅氧烷前驱体,其凝胶可直接在室温下真空干燥得到优异弹性的气凝胶,这种新型干燥技术极大地简化气凝胶的制备,经疏水改性后表现出优异的吸油性能,可在几秒内吸附自重十几倍的甲苯,实现快速油水分离。Zhang 等将荷叶表面微纳米多尺度结构与贻贝强黏附特性结合,制备出利用聚多巴胺修饰的微粒表面,进一步制得磁性超疏水/超亲油颗粒,实现了油水分离并在磁场控制下对油进行定向输运。Xue 等设计了新型的超亲水/超疏油水凝胶网格涂层,实现了选择性地从油水混合物(汽油、柴油、植物油、原油等)中将水排除,该材料具有循环使用、抗油污染的特性,与常用的超疏水/超亲油材料不同,这项工作实现了油水分离功能材料的新尝试。Gao 等选择超亲水/超疏油硝酸纤维素膜(NC),在膜上进行机械打孔,得到了双尺度孔洞 p-NC 膜,这种膜材料实现了高效率的油水分离。Wang 等通过纤维素溶解再生以及成孔剂占位的方法制备了多孔纤维素海绵,该材料无须化学修饰即表现出了空气中亲水亲油、水下超疏油的性质,在各类水性溶液中对各种油滴均表现出超疏油的性质。海绵表层的纳米尺度微孔有效地阻止了微小油滴的渗透,而水则可以快速通过海绵实现油水分离,该材料表现出了极高的分离效率以及良好的抗油污污染的性质。

江雷课题组通过喷雾干燥方法制备了油水分离滤网,其工艺工程为在不锈钢网上喷涂聚四氟乙烯(PTFE)、黏合剂、表面活性剂,然后高温处理形成超疏水超亲油的 PTFE 层,研究了超疏水超亲油滤网的特殊浸润性。结果表明,滤网的水接触角为 $156.2° \pm 2.8°$,滚动角为 $4°$;柴油在涂层网膜上迅速扩散并流过(仅 240 ms 内),如图 3-3 所示。Wand 等先将铜网置于 4 mol/L 硝酸溶液中刻蚀 4 min,然后用 1 mmol/L 的十六烷基硫醇修饰 1 h,制备了一种超疏水超亲油铜网。研究表明,该铜网能有效地分离油水混合物,同时该铜网在经历不同的 pH 溶液和 NaCl 水溶液浸泡后仍能保持超疏水超亲油特性,展示了良好的耐腐蚀性。Jin 等提出了一种能够通过焦耳加热的石墨烯包裹海绵(GWS)对高黏度原油进行高速吸附净化的方法。GWS 可以通过焦耳热降低原油的黏度,进而显著提高原油在 GWS 孔隙中的扩散系数,从而加快了对原油的吸附速度。与未加热的 GWS 相比,其油吸附时间缩短了 94.6%。此外,原油黏度的降低也提高了原油回收速度。这种原位焦耳自加热吸附剂设计将促进疏水并亲油的吸附剂在高黏度原油泄漏清理中的实际应用。

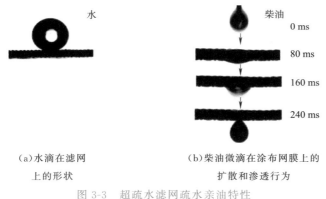

(a)水滴在滤网　　　　　　(b)柴油微滴在涂布网膜上的
　　上的形状　　　　　　　　　扩散和渗透行为

图 3-3　超疏水滤网疏水亲油特性

3.8　智能界面材料

近年来,国内外许多课题组相继构筑了具有光响应、电响应、热响应、pH 响应或溶剂响应等特性的固体表面。在超疏水/超亲水智能响应材料方面,Liu 课题组制备了 ZnO、TiO_2、SnO_2 等无机半导体光响应超疏水/超亲水可逆"开关"材料;通过表面原子转移自由基聚合方法,在 SiO₂ 表面制备了具有热响应超疏水/超亲水可逆"开关"材料;采用电化学沉积的方法制备了纳米结构的氧化钨薄膜,将其交替暴露在紫外光和黑暗中可实现光致变色和光诱导浸润/去浸润两种开关性质,该研究结果为开发新型的多功能响应界面材料提供了新思路。

传统印刷技术存在环境污染、资源浪费等问题,而浸润性在印刷技术中扮演了重要的角色,对于发展传统印刷技术的大量研究都聚焦于精准操控油墨在表面的图案化排列上。平版印刷技术基于阳极氧化铝平版,平版上的疏水性和亲水性区域选择性地被油性墨水和水浸润。在彩色印刷中,平版的浪费是影响印刷效率的关键性因素。Tian 等发布了通过各向异性浸润性和各向异性实现的用于印刷技术的液体图案化浸润性转换。在印刷过程中,由超疏水氧化锌纳米棒阵列排列的表面图案的浸润性可以从 Cassie 态转换为 Wenzel 态。为了提高图案表面的机械强度和浸润性的可控性,制备出了整齐排列的用于可再生印刷的纳米孔阵列,这是一种新型的液体印刷技术。江等将聚 N-异丙基丙烯酰胺(PNIPAAm)接枝在粗糙的硅基底上,当表面温度从低温到高温变化时,其接触角从 0°变到 149.3°,实现了从超亲水到超疏水的转变,如图 3-4 所示。这种变化具有很好的可逆性,同时,样品的这种浸润性变化特性也具有很好的稳定性。

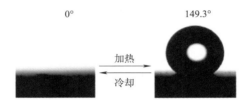

图 3-4　PNIPAAm 改性表面的热响应润湿性变化

基于对传统印刷技术的探索与改进,Tian 等提出了一种非感光、无污染、低成本的直接打印制版技术,将特制转印材料精确打印在超亲水版材上,通过转印材料与版材纳米尺度界面性质的调控,在打印的印版上形成具有相反浸润性(超亲油/超亲水)的纳米微区,实现直接制版印刷。与现有印刷制版技术相比,该技术摒弃了感光成像的思路,有效缩短了制版流程,大大降低了制版成本;制备过程无须避光操作,并彻底克服了感光冲洗过程中的化学污染问题;此外,用过的印版可以回收,是一种绿色的高质量快速制版技术,具有多方面的综合优势。

随着浸润性研究的深入开展,发现单一刺激的浸润性响应往往存在响应速度慢、控制灵活性差等缺点。为了实现更为有效的固体表面浸润性控制,不同刺激协同作用下的固体表面浸润性响应研究已成为目前研究的趋势。江课题组将具有热敏性及 pH 值响应性的高分子同时接枝在基底表面,制备了温度、pH 值双响应可控超疏水与超亲水可逆转换薄膜,在低温、高 pH 值的情况下,高分子与水分子之间形成的分子间氢键是主要驱动力,此时薄膜为超亲水状态;在高温、低 pH 值的情况下,高分子内部的氢键是主要驱动力,此时薄膜为超疏水状态。通过共聚合反应分别将温度响应高分子和 pH 值响应高分子结合,构筑了对温度、

pH 值和葡萄糖浓度多响应浸润性表面。利用 DNA 纳米马达制备了焓驱动的三态浸润性智能开关表面,首先对 DNA 纳米马达进行功能化的修饰,在其两端修饰疏水的功能团和表面固定基团(—SH,巯基),然后通过单层自组装将 DNA 纳米马达固定在阵列微结构的金基底上。通过酸碱刺激,在该表面上可以实现超亲水、亚稳的超疏水和稳定的超疏水三种状态之间的转换。这三种状态分别对应 DNA 的三种构型:折叠的四链结构、伸展的单链结构与刚性的双链结构。这些结果有助于了解生物识别行为过程,也有助于新型智能表面的设计和发展。

研究表明,基于光和电的协同作用可以实现更为有效的固体表面浸润性控制。江课题组提出了一种基于垂直基底生长的超疏水氧化锌纳米棒阵列表面构筑光电协同液体图案化浸润的方法,在低于电浸润阈值电压的条件下,通过图案化的光照来实现液体图案化浸润。首先通过水热反应方法制备了具有晶相取向生长的一维氧化锌纳米棒阵列薄膜,然后利用真空蒸镀的方法在所制得的氧化锌纳米棒表面蒸镀酞菁氧钛,得到了氧化锌复合纳米棒阵列,再进行氟硅烷表面修饰,得到超疏水氧化锌复合纳米棒阵列表面。通过详细研究电压和光强对光电协同浸润的影响,得到光电协同浸润的工作区域并选择合适的工作电压和光强,进行液体图案化浸润。该方法可以实现通过光的图案化来精确控制液体图案化,在液体复印、微流体器件等方面具有重要的价值。仿生智能超疏水/超亲水响应"开关"由于在基因传输、无损失液体输送、微流体、生物芯片等领域具有极为广阔的应用前景而备受关注。上述这些"开关"材料体系的研制,实现了从学习自然、模仿自然到超越自然,是利用"二元协同概念"制备智能化材料的具体实例。江课题组将 N-异丙基丙烯酰胺(NIPAAm)和苯硼酸(PBA)进行共聚合,制得了浸润性多响应体系:(1)在固定体系 pH 值以及葡萄糖浓度的情况下,随着外界温度的改变,共聚物中主要是 NIPAAm 的分子内以及分子间氢键的变化引起了浸润性的改变;(2)在固定体系温度以及葡萄糖浓度的情况下,随着外界 pH 值的改变,共聚物中主要是 PBA 分子变化引起了浸润性的改变;(3)在固定体系温度以及 pH 值的情况下,随着外界葡萄糖浓度的改变,共聚物中主要是离子状态的 PBA 分子与葡萄糖形成较稳定的复合体,从而引起了浸润性的改变。将上述共聚物接枝在粗糙表面,即得到了浸润性多响应的开关表面(超亲水/疏水可逆转变)。以上是一种多响应浸润性表面,其浸润性不仅可以随着温度和 pH 值的不同而发生改变,同时也可以对葡萄糖的浓度进行智能响应。这样的多响应材料在药物输运以及微流体等方面有着良好的应用前景。

产于澳大利亚的宝石蛋白石是由亚微米尺度的二氧化硅粒子沉积而成的矿物。其色彩缤纷的颜色与色素没有关系,主要缘于其组装结构的周期性对可见光的反射作用,从而呈现多彩的颜色。如果以 SiO_2 等蛋白石为模板,在其粒子间的孔隙中填充高折射率的材料,通过煅烧和化学腐蚀等方法除去初始的 SiO_2 或其他模板,就可以得到规则排列的空气孔,即反蛋白石结构。蛋白石和反蛋白石结构都称为光子晶体。光子晶体不仅在自然界中大量存在,而且可以进行人工设计和制造,并实现其表面性能(尤其是浸润性)的有效调控。所制备的功能材料在生物传感、功能涂层等方面具有广泛的应用前景。

受荷叶和猪笼草口缘部表面等生物界面材料的启发,研究人员开发了一系列能够实现具有可控浸润性和透明度的表面。特别是通过引入液体层形成注入液体的表面,在获得低黏附力和高透过率方面取得了很大的成功。此外,能够根据外部刺激改变表面特性的智能表面近几年引起了人们广泛的兴趣。如图 3-5 所示,Yao 等通过溶胀法将具有不同碳链长度的石蜡融入 PDMS 的交联网络中,制备了新型油凝胶材料,25 ℃时有机凝胶呈乳白色,75 ℃时为完全透明。通过对油凝胶材料的浸润性表征发现该材料在所用石蜡的熔点前后对于水滴呈现高黏附和低黏附两种状态,且这两种黏附状态能够实现空气中的可逆转化。通过可视化试验装置和紫外可见光谱,展示了油凝胶材料的温控可逆光学透过性。该方面研究将对防污领域和新型具有可调光学透明度的医用材料,智能视窗等领域具有重要价值。

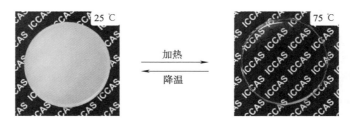

图 3-5　仿生响应性材料的温控透明度变化

3.9　仿生减阻技术

自然界中的生物为了最大限度地适应生活环境,经过长期的进化,有些结构及功能已经堪称完美。自然界也创造了降低流体阻力的生物特性,如鲨鱼、海豚可在海洋中快速游动,荷叶表面的水珠可迅速滑移,这些生物表面具有天然的减阻性能。仿生减阻法主要包括沟槽法、柔性壁法和超疏水表面减阻法。

受鲨鱼皮肤的启发,人们发明了沟槽法减阻,这种减阻方法是通过制备具有顺向沟槽的类鲨鱼皮结构,这种特殊结构可以改变湍流边界层的流动行为与速度分布,降低水流的黏性阻力,从而具有减阻效果。众多研究表明,沟槽减阻在流体减阻中可实现 6%～10% 的减阻率。影响沟槽减阻率的自身结构因素主要有沟槽的形状和尺寸。最常见的沟槽形状主要有 V 形、U 形及 L 形。Bechert 研究了在石油管道内表面 V 形、U 形及 L 形沟槽表面的减阻效果,得到减阻效果最好的形状为 V 形沟槽,最大减阻率为 8.7%。Pulles 在水洞中进行了 V 形沟槽表面减阻试验,得到湍流中最大减阻率为 10.6%。另外,也有学者研究简单三维形状的减阻性能,如偏移的 V 形沟槽形状,这种三维形沟槽显示出与标准 V 形具有相当的减阻效果,但其分层的复杂结构及三维形状未能达到改善效益,还有待研究。Chen 使用真实鲨鱼皮,将 PDMS 浇注到鲨鱼皮表面,复刻鲨鱼皮表面的微结构,脱模后形成 PDMS 软凹模,再将所用涂料浇注到软凹模里,紫外条件下进行固化,得到复制鲨鱼皮表面。虽然这种方法制备的减阻表面精度高,但因其有限的生物资源以及高昂的成本,仅能实现小面积鲨鱼皮表面的制备。人工制造法不需要模具,直接在材料表面进行光刻或激光刻蚀,构建沟槽等微结构。近年来,3D 打印也被引入仿鲨鱼皮的制备,这种方法为沟槽形表面的制备提供了新的路径。目前,沟槽减阻可被应用于管道输送中,事实证明,具有类鲨鱼皮表面的微结构的沟槽形内表面比光滑的管道内表面减阻效果增大 6%~7%。20 世纪 80 年代中期,已有沟槽形胶膜用于船体表面以及赛艇比赛中,另外,Speedo 开发的模拟鲨鱼皮表面泳衣,具有 4%的减阻效果。沟槽形减阻的应用因其大面积制备受限以及制备技术和成本高而受到限制,仍需进一步研究探索。

根据海豚皮肤减阻的特点,科学家发明了柔性壁减阻法,并发现柔性壁减阻法的机理是通过延迟层流过渡到湍流的转变点,使边界层速度梯度减小,从而降低皮肤与水流间的黏性阻力。早在 20 世纪 60 年代,Kramer 首次发现海豚能够高速游动得益于海豚的柔性皮肤,此后开展对柔性表面降低阻力的研究,研究发现通过模拟海豚皮肤制备的柔性涂层可实现 60%的减阻率。虽然此后也有大量研究,但所实现的减阻效果都未超过 Kramer。Choi 等研究证明了在湍流层中,柔性壁面的确可以减少湍流边界层的摩擦,表面摩擦力及壁面压力分别减少了 7%和 19%。Endo 和 Himeno 进行了管道内柔性壁表面湍流流动的数值模拟试验,得到了平均减阻率为 3%以及最大减阻率为 7%的结果。Kulick 研究了柔性壁面在减小流动噪声及表面摩擦力上也具有一定影响。Cooper 致力于优化柔性涂层,以获得更优异的减阻效果,如使用各向异性涂层降低表面摩擦力等。李万平在水池中对柔性表面的平板模型进行测试,柔性壁面由硅橡胶和硅油复合的黏弹性层、极薄的聚乙烯醇薄膜层、聚氨酯泡沫板三层复合而成,表明柔性壁减阻主要来源于湍流边界层的减阻,测得其最佳减阻率为 15.7%。黄微波制备一种弹性聚脲复合涂层,最大减阻率可达到 15%。柔性壁减阻法在船舶航行鱼雷等水下航行器减阻,石油管道运输,游泳泳衣的制作方面,都有重要的应用。但此种方法仍具有一定的局限性,它适用于高流速及湍流状态下减阻;在低流速下,柔性壁法虽然能够实现船体减重,增大浸水深度,但其减阻效果并不理想。

自然界中的许多叶片都具有自润滑性能,受荷叶表面启发,科学家们致力于研究超疏水表面。经研究,超疏水表面能够降低表面摩擦力的原因有两个,一是具有微纳米复合结构,这种结构可以固定空气,以气液接触面代替固液接触面,降低表面摩擦力;二是具有低表面固体物,以此降低液体在表面的摩擦阻力。因此,超疏水表面减阻的机理即水流在超疏水表面产生滑移,减小边界层的速度梯度和剪切应力,延缓层流附近流动状态的转变,使黏性阻力减小。Tuo 提出了一种新的一步水热法在铝箔上制备超疏水表面,研究表明此种方法反应时间仅需 1 h,所得表面接触角为 158°±2°,水流速度为 5 m/s 时,减阻率可达到 20%~30%。Norouzi 通过填充干燥固化的简单方式原位合成氧化锌纳米颗粒,并设计了一种基于拉力测试仪研究流体阻力变化的方法。研究表明,预处理条件为 130 ℃,质量分数为 10%的 $Zn(NO_3)_2$ 溶液和 5% NaOH 处理织物 1 h,其得到的纳米减阻织物可达到 80%的减阻效率。Hwang 通过自组装的方法制备一种超疏水涂层,并使用涂覆这种超疏水涂层的小型船体进行航行减阻试验,结果表明,涂层大大降低了水与船体表面的黏附力,明显降低运动阻力。Zhang 采用化学刻蚀和水热合成法成功地在钢基体上制备了氧化锌纳米线,经氟化硅烷改性后,形成一种稳定的二元微纳米超疏水结构,测试结果表明超疏水表面接触角为 164.9°,滑动接触角为 2.3°;自建一种测量表面摩擦力的测试装置进行减阻试验,试验表明低流速下,其减阻效果可达到 40%～50%。Weng 用高温氧化法在刚基材表面制备一种 3D 花瓣状超疏水微纳米结构,试验结果表明,表面水接触角为 158°,滑动接触角小于 3°。通过自制表面摩擦测试装置进行减阻测试,结果表明,与未经过处理的表面相比,超疏水表面具有低的表面摩擦力。在流速为 0.8 m/s 的低流速下,减阻率可达到 33.3%;当流体流速为 4.5 m/s 时,超疏水表面减阻率为 28.5%。即超疏水表面的减阻率在低速时,固液表面摩擦力可大大降低,减阻率达到 20%～30%。超疏水减阻在管道输送中已有应用,在管道内表面修饰低表面能的疏水性物质,有效降低了管道内流体阻力;在体育运动中,超疏水表面泳衣可降低运动摩擦阻力,增大游动速度,其减阻效果大大优于沟槽减阻型泳衣。

3.10 仿生微结构防污涂层

附着基的粗糙度也影响污损生物的附着,一般来说,由于污损生物和光滑基底之间的作用力较弱,光滑表面污损生物附着量相对较小,粗糙的非光滑基底表面附着量相对较大。但现有研究表明,基底表面一定形状和结构尺寸的微观纹理也具有防污效果。针对这一特点,Scardino 提出了附着点理论,该理论认为,影响微生物附着有两个主要因素,一是微生物自身的固有尺寸,二是附着基的微结构大小,当附着基微结构尺寸小于微生物的尺寸时,微生物在附着基表面的附着点会变少,附着点少污损生物的附着量就会变少。

为了验证附着点理论,Vucko 等通过观察能代表一个污损群落的尺寸大小范围的污损生物在有微结构和没有微结构 PDMS 试验板的表面附着情况,测试了不同尺寸的形貌试验板的防污效果。结果表明,对于新月菱形和双眉形硅藻,纹理间距和形貌均可被遏制。石莼的孢子更倾向于附着在纹理尺寸大于孢子的 PDMS 试板上。网状纹藤壶在所有 PDMS 试验板上大体上呈现低附着状态,但纹理尺寸对其附着情况有影响。根据这些海洋生物的表面结构,广大研究学者做了广泛的研究,研究最多的是鲨鱼、海豚和贝壳等。鲨鱼生活在海洋中,无污损生物附着在表面,说明其表皮有一定的防污性能。在显微镜下观察,鲨鱼表皮存在着微米级别的形貌,鲨鱼表皮存在排列紧密的鳞片状结构。德国学者 Ball 研究表明鲨鱼鳞片上 V 形和 U 形沟槽交叉组合分布,使得其表面具有一定的自清洁作用。Schumacher 等参照短鳍真鲨皮肤设计了 Sharklet TM 仿生表面,发现增大仿生表面微结构的高宽比能显著降低藤壶幼虫和绿藻孢子的附着量。Brennan 在聚二甲基硅氧烷弹性体表面加工出仿生鲨鱼形貌表面,通过防污试验验证其防污性,试验结果显示,仿鲨鱼形貌结构能有效降低石莼孢子的附着,防污率达到了 86%。瑞典工程师在环氧树脂层上植入带有静电的密集纤维,可以使载体层表面具有一种排列紧密的细小静电纤维,防污试验测试,涂层表面几乎没有污损生物,防污性能优异。哈尔滨工程大学魏欢以环氧树脂为基体,用不同颗粒直径的吸水粉共混合聚乙烯醇(PVA)纤维和 SiO_2 改性 PVA 纤维的植入来制备仿海豚表面防污涂层,实验室静态附着试验和浅海挂试验结果表明,该涂层具有良好的防污效果。Bers 认为紫贻贝能够防止海洋生物的附着,是其表面微结构和分泌的化学物质共同作用的结果。每种不同的贝壳都有着不同的表面微结构,沟槽的排列方式各不相同。武汉理工大学谢国涛等为了探究贝壳表面微结构与防污性能之间的联系,将贝壳表面形貌复刻到样本上进行试验,以检验此类具有贝壳表面微结构样本的防污效果。其结果表明在所有复刻样本中,复刻日本镜蛤的 E44 环氧树脂样本具有最好的防污效果。中船重工第七二五所郑纪勇用显微镜对紫贻贝表面进行形貌的观测和提取,发现贝壳表面有环形波纹结构,而且存在着区域性差异。实验室静态防污试验结果表明,紫贻贝存在的微米级波纹状结构起到了良好的防污效果。海星一般都是静止不动的,即使移动也较为缓慢,海星表面没有污损生物附着与其表面结构有着密切的关系。在光学显微镜下观察,海星表面存在着微米级别的突起,尺寸为 $100 \sim 250 \ \mu m$,如图 3-6(a)所示,这种突起上又存在着更细微的结构,在扫描电镜下观察,如图 3-6(b)所示。受此启发,中船重工第七二五所郑继勇等在 PDMS 上加工出仿海星表面微结构。每个正六边形包含 19 个小圆柱,圆柱的直径为 $2.5 \ \mu m$,圆柱与圆柱之间的间距 $6 \ \mu m$。通过实验室动态防污装置验证防污性能,结果表明,相比于光滑的 PDMS 表面,具有仿海星微结构的 PDMS 表面具有较好的防污性能。目前美国、德国、英国、澳大利亚等一些研究机构和大学正在开展表面微结构防污减阻方面的研究工作。虽然不是所有的微结构尺度都能防止污损生物的附着,而且有些粗糙表面与光滑表面相比,能够显著增加表面污损生物的附着,使阻力增大,但普遍的研究认为,材料表面高度规则且尺寸合适的微观结构会大大减少污损生物附着。

 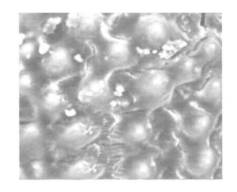

(a)光学显微镜下海星表面形貌   (b)扫描电镜下海星表面

图 3-6 显微镜下海星表面微结构

3.11 仿生界面材料在光学的应用

经过数百万年的进化,地球上所有生物产生了独特的结构和特殊的功能来应对环境。在各种自然物种中观察到的迷人的界面现象,如鲜艳的色彩、独特的光响应行为、超润湿性能等,为开发具有类似功能的人工纳米材料提供了极好的机会。通过基于自然的灵感来操纵界面结构和化学反应,将科学和自然结合在一起,学习自然物种的最佳特性,可以创造出大量具有非凡特性的新材料。结合二维纳米材料的特殊性质,生物激发的二维纳米材料和技术已经取得了重大成就。迄今为止,许多受生物启发的结构或界面已经被构建成具有某些独特的性质或功能,而这些性质或功能在其组成材料中是无法观察到的。例如,在骨骼、珍珠层、壁虎脚、蜘蛛丝、鱼鳞、蝴蝶翅膀等中观察到异常的机械性能、表面性能和光学性能,已经吸引了越来越多的研究。最新进展包括珍珠层诱发的抗损伤材料,鱼鳞和犰狳外壳诱发的人造盔甲,荷叶和蝉翼诱发的自清洁表面,虫眼诱发防雾涂料,受壁虎脚和贻贝灵感的超黏性材料,受沙漠甲虫和仙人掌灵感的水收集,受猫眼石、蝴蝶翅膀和变色龙灵感的光子材料,受昆虫捕捉植物(例如猪笼草和瓶子草)灵感的超快水上运输,受鱼鳃和仙人掌灵感的油水分离等。毫无疑问,向大自然学习为材料和可持续技术的创新打开了新的大门。由于自然界的巨大多样性和复杂性,与特定功能相对应的演化良好的自然结构可能从一维纳米纤维或纳米针到二维纳米片或纳米片,甚至是三维多尺度有序结构。事实上,二维纳米结构在自然界中也广泛存在,并产生了一些令人惊叹的功能,这为进一步扩展二维纳米结构材料、器件和技术的设计和制造提供了巨大的机遇。通过将二维纳米材料与仿生的策略相结合,已经提出并实现了创新的材料和技术。

为了在野外生存,自然物种进化出各种具有光学功能的独特结构,如用于吸引猎物或配偶的眩目结构色、用于逃避捕食者的可调伪装色、用于弱光视觉的复眼抗反射功能等。这些被称为光子晶体结构的结构启发了新型光子微/纳米结构和一些智能光学器件的设计。在众多的自然光子结构中,有一类是由周期性堆叠的二维多层膜组成的,也被称为布拉格叠层,这种多层膜存在于许多自然生物体中,如植物、昆虫和海洋底栖生物。由于这种有趣的光学特性,表面布拉格堆栈的生物呈现出各种各样的绚丽色彩,创造了一个生动的世界。与颜料色相比,结构色可以提供超高的饱和度、亮度和生动的彩虹色,或者随着光线的波动角度而改变颜色。一个著名的例子是在一些甲虫的鞘翅中发现了明亮的彩虹色,吉丁虫的翅膀上有美丽的绿色彩虹,这种彩虹来源于多层周期性排列的几丁质蛋白对。甲虫的几丁质蛋白对由几层薄薄的几丁质组成,这些几丁质在一个具有不同折射率的蛋白基质中。当甲壳素层的光深度基因生长到接近可见光波长的四分之一时,一种或多种颜色将由相长干涉产生。受甲虫鞘翅吸引人的结构颜色的启发,利用准有序散射的氧化锌(ZnO)花状结构实现了纳米颗粒的颜色随环境变化。类似地,光学二极管的设计灵感来自长翅虫,它们的鞘翅有一种独特的螺旋结构,可以进行传统的选择性反射。Tzeng 等通过模仿金龟甲虫的颜色外观,制造了一个具有生物启发色彩的合成模拟物。由胶体二氧化硅/纤维素纳米晶体和聚电解质/黏土薄层通过逐层沉积方法组装而成的具有高低交替折射率的光学反射对人工 Bragg 堆栈,其生物激发的薄膜与甲虫翅膀的彩虹色相似。

通过学习布拉格光谱和生物物种的彩虹色的发光原因,制备了厚度和折射率控制良好的其他人工材料,如自旋包覆的介孔二氧化钛/二氧化硅多层膜、层层组装的纳米粒子,并对其结构进行了表征。热蒸发的氟化钙和硫化锌薄膜、聚合物等,用于传感器、智能窗户和软机器人设备。除了反射和干扰产生的直接彩虹色外,增强型荧光发射特性还受到蓝色霍普利亚甲虫的启发。蓝色霍普利亚甲虫的鳞片中含有荧光分子,这些荧光分子根深蒂固于由空气/甲壳素混合层分隔的二维平板甲壳素层中。在一些水生生物中观察到基于鸟嘌呤晶体的二维光子结构。霓虹四鱼可调多层光子结构通过调节鸟嘌呤晶体与 2D 鸟嘌呤-细胞质对的细胞质层之间的倾斜角度,可随着光环境的变化产生由蓝色到靛蓝色的彩虹色。基于这一认识,制作了一种由磁性纳米管驱动的动态彩虹色显示器,当外加磁场的角度发生变化时,这种结构可以使基片倾斜,从而可以在环境光下实现可编程彩虹色显示。这种以鸟嘌呤为基础的光子晶体也在不同类型的鱼类中被发现,例如日本锦鲤和沙丁鱼。这些鱼被大面积的鸟嘌呤/光子晶体所覆盖,并有许多反射单元。当入射角接近布鲁斯特角时,这些堆叠在整个可见光光谱上产生一个宽带的、与波长无关的反射镜。与宽带反射镜相比,蓝宝石桡足类通过控制鸟嘌呤-光子晶体细胞质层的厚度,对发光环境产生与波长无关的反射镜。制备这类生物光子结构的主要挑战是寻找合适的二维纳米结构和材料来取代鸟嘌呤晶体和细胞质层,并实现二维晶体和二维层精确可控地逐层组装。虽然已经对鸟嘌呤基生物激发材料进行一些开创性的研究,例如,通过肽或 DNA 的自组装实现独特的光子性能,但是在开发这种类型的生物激发材料方面还有很长的路要走。最近,Sun 等利用一种简便的真空滤波技术,以层层叠加的方式组装石墨烯和原子薄的二维 TiO_2 纳米片,模拟天然海壳的彩虹、排列良好的分层砖和砂浆微结构。这种由 16 个交替的薄层和厚的二维 TiO_2 薄层组成的生物光子结构,在色散主导和反射主导的条件下,呈现出明显而美丽的绿红条状颜色,这是由于它设计良好和排列良好的二维厚度界面。当这种独特的生物激发纳米结构应用于光电器件时,由于二维异质结构与生物激发光电极的同质结构之间形成了明显增强的层间电荷转移,从而大大提高了光电流、响应率和灵敏度。利用二氧化钛/氧化铝薄膜制备了由 2.5 mm 厚的凹形金层和 20 nm 厚的碳膜组成的凹形二维光子结构,模拟了凤蝶翅膀上多层变形叠层所产生的色彩混合效应。此外,在光子结构中引入刺激响应材料,可以根据环境的变化实现颜色转换。例如,Wang 等制造了由交替的 TiO_2 薄膜和有机聚合物层组成的生物激发的混合光子晶体,如图 3-7 所示,这种光子晶体在整个可见光中具有可逆的变色能力,以应对由于聚合物层膨胀而产生的不同水蒸气浓度。因此,基于对自然物种结构—光学性质关系的理解,人们已经开发和制备了大量的二维生物光子结构。这些受生物启发的 2D 纳米结构模仿了自然物种表现出的非凡色彩,在光学显示、传感器、反假药技术、太阳能能量收集元件和转换设备等方面有着非常广阔的应用前景。

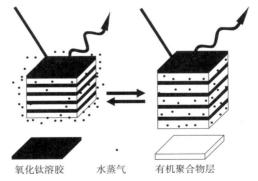

图 3-7　交替的 TiO_2 薄膜和有机聚合物层组成的
生物激发的混合光子晶体

3.12　仿生界面材料在能源方面应用

由于对绿色和可持续能源供应的迫切需求,高效节能能量转换和储能设备的开发引起了人们极大的研究兴趣。为了满足人们对高性能能源装置材料日益增长的需求,研究者从自然物种那里获得灵感,创造了具有精确定制结构和界面的纳米材料。受生物激发的纳米材料已经表现出一些非凡的特性,这些特性有望提高能量转换或存储装置的整体性能。蜂窝或蜂巢结构,由六角形通道和薄壁组成,以其优异的机械性能、高度有序的细胞结构和相互连通的孔道/通道结构所产生的优异的通风能力而闻名。在这项工作中,由于从自然蜂窝衍生出的结构优势,由相互连通的孔道和超薄的二维壁组成的生物衍生的纳米结构与化学成分相似的电极材料相比,表现出更好的结构循环稳定性和优越的锂储存能力,但是没有细胞纳米结构。这项工作证实了生物灵感为设计高效能源装置的新型电极材料提供了新思路。

电鳗是一种神奇的水生动物,它可以通过成千上万个密集排列的离子通道膜产生高电压和电流,这些离子通道平行地分隔着细长的电活性细胞。受这种发电概念的启发,设计了一种柔软、灵活、透明的电源,该电源由聚丙烯酰胺水凝胶和重复序列离子选择性水凝胶膜组成,类似于电鳗的重复二维隔间。在机械接触激活序列堆叠的凝胶隔间产生一个 110 V 的开路电压,每个细胞的功率密度为 27 MW/m^2。这种生物启发的电力系统确实打开了一个新的窗口,设计可持续的发电机。除了受电鳗启发的离子梯度发电机,基于 2D 材料的新型摩擦发电机也受到人体皮肤、蜂鸟翅膀等自然结构的启发。生物激发的太阳能能量收集元件和转换技术,如生物激发的太阳能电池和生物激发的碳循环过程,也取得了重大进展。通过学习白玉兰叶脉系统的二维网络和蜘蛛网络,金属网络具有优越的电流传输性,以及突出的强度和灵活性,已被设计用于电光器件,如太阳能电池、光源、触摸屏、柔性显示器等。与纯 $Zn_{0.5}Cd_{0.5}S$ 纳米颗粒相比,由于分级孔道具有扁平、柔韧的叶状结构,光催化产氢活性得到提高,光催化产氢的电化学循环性能和结构稳定性得到改善。同样受到叶子的启发,2D AgS_2 具有针状二级结构的叶状形态的纳米薄片在太阳能电池的应用中显示出前景。针对太阳能电池这个特殊的组成部分,Shams 等通过从真正的蟹壳中去除无机碳酸钙颗粒、蛋白质、脂类和色素,然后将一个单体浸渍到这个薄片上,接着进行聚合反应,得到了一个透明的蟹壳式甲壳素纳米纤维片。这种材料具有良好的透明性和非常低的热膨胀系数,是一种用于柔性显示器和太阳能电池的透明基板材料。

3.13　仿生超润湿材料

在过去的几十年中,人们通过研究自然界中的超润湿现象,对具有超润湿性的生物激发表面进行了深入的探索,这促进了超润湿性在防液体纺织品、油水分离、超/抗黏附表面等方面的应用。例如水鸟、淡水鸟、咸水鸟、鸭、鹅、海鸥、鹈鹕等拥有超疏水性的羽毛,以防止它们在湖泊、河流、海滩等觅食时被水弄湿。有些鸟类,比如鸬鹚,甚至可以潜入数十米深的水中捕食鱼类,同时通过在羽毛表面保持一层薄薄的空气而保持湿润。这种超疏水特性是由于"准分层"微结构的二维配置和鸟类自身分泌的特定油腻表面涂层或整理油所致。鱼鳞在水下也表现出自清洁和防污性能。鱼鳞是保护鱼类免受水环境污染的重要器官。通过模仿亚洲龙鱼鱼鳞的天然 2D 鳞片状结构,Sun 等开发了具有可调湿性的生物激发纳米结构涂层,以应对表面修饰和鳞片状结构取向的变化,具有高度倾斜尺度结构的薄膜具有可调节以表现超亲水或超疏水的能力。这一有趣的特性使得生物激发材料具有许多应用潜力,如海洋防污、自清洁材料、微流体调节、生物黏附等。

另一个自然超润湿性的例子是苍蝇的复眼。独特的表面结构使复眼具有超疏水防雾特性,这使得它们即使在极端环境下也能保持良好的功能性。通过学习蝇眼的生物结构和防雾性能,Sun 等设计了一种对水滴具有低黏附力的超疏水性 ZnO 纳米材料,它能有效地防止水滴在倾斜或弯曲的表面上的黏附,如图 3-8 所示。无论是采用刷涂法还是旋涂法制备具有仿蝇眼结构的纳米材料,都可以很容易地制备出具有仿蝇眼结构的 ZnO 薄膜。生物激发涂层上的雾滴由于高接触角而呈完美的球形,由于低黏附力而完全滑离倾斜的基体。这种受生物启发的防雾涂层材料由低成本材料制成,易于进行大规模生产和大规模涂装,因此在某些极端环境下具有防雾或防冰应用的巨大潜力。油水分离是生物激发超润湿纳米材料的又一重要应用。试验结果表明,利用具有超亲油性和超疏水性的功能表面是分离油水混合物的有效方法。Dou 等根据鱼鳃的错流过滤行为,提出了一种梯度多孔分离网格,用于一步溢油收集和分离,如图 3-9 所示。这项技术的关键创新是在金属网格上生长 2D 超薄钴氧化物(Co_3O_4)纳米片,使网格实现油水分离。利用新型鱼鳃分离膜,在膜上形成交叉流动,油/水平行于生物膜表面流动,水逐渐通过膜过滤,油被排斥并输送到膜表面的收集箱。通过这种独特的分离机制,鱼鳃启发的技术可高效率和连续地溢油收集和分离。因此,这种以鱼鳃为灵感的技术在清理大规模溢油方面是非常有前途的。这些仿生材料由于可逆的表面润湿性而具有可控的光滑特性,可用于多种应用,包括液体收集装置、微流体通道、医疗器械、液体处理机器人系统等。

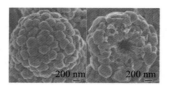

图 3-8　受苍蝇眼启发的超疏水防雾无机纳米结构

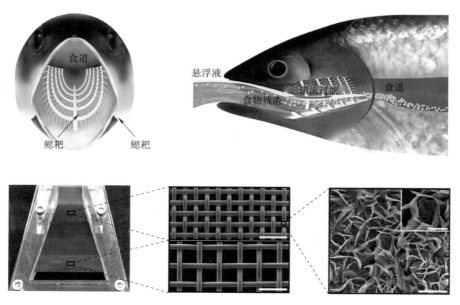

图 3-9　鱼鳃的错流过滤行为

目前仍有许多重大挑战需要解决,这些挑战限制了生物激发纳米材料或技术的发展,且不仅限于 2D 生物激发材料。第一,需要进一步努力发现自然物种中存在的现象和功能,并更好地理解它们的结构—功能关系,这是基本且具有挑战性的步骤。第二,为了模拟复杂的自然结构或功能,迫切需要复杂的合成方法或高精度的制造技术,以实现纳米级的多尺度有序结构。事实上,在自然界中发现的一些迷人的结构和性质在我们的实验室中是无法被完全模仿的。由于缺乏合适的材料和制作方法,这种新颖的结构和性能尚未被成功模拟。第三,鉴于一些生物系统本身具有有趣的特性,在功能设备中直接使用这种生物材料将是开发生物激发技术的一种生态友好和有效的方式。研究人员发现,直接从自然物种中提取的生物材料在光催化、电催化和生物质转化等各种能源应用中表现出突出的性能。第四,整合多种材料以实现理想的功能,如设计良好的异质结构、有机—无机杂化材料等。除了这些挑战,在开发二维生物激发纳米材料方面的进展证实,生物激发是充分利用材料潜力设计多功能智能设备的有效方法。这一充满希望的领域的发展为实现绿色和可持续社会开辟了一条新的道路。

3.14 仿生超润湿微结构

仿生的微图案在控制和形成微滴方面表现出突出的能力,这为新兴的生物和生物医学应用提供了新的功能和可能性。利用微滴锚定能力、富集能力以及这些生物激发微图案的可获得性等优点,将其与多种信号输出方法(荧光、比色、电化学等)相结合,着重研究与超可湿性表面相关的重要方面及其新兴的传感应用。在将(超级)可湿性微模式商业化向生物传感方面仍然存在挑战。

动物和植物已经作出了物理适应,以提高它们在特定环境中的生存机会,从而在生命进化过程中产生了多种自然的极端湿润表面。沙漠中的动物表现出在相对干旱的环境中获得和保持水分的特殊特征。例如斯蒂诺卡拉甲虫用它们凹凸不平的背进化出从雾中收集和凝结水的能力。这种水的收集依赖于它们背面的亲水—疏水模式。受到这种具有极端润湿性的自然界例子的启发,人们投入了巨大的努力,通过模仿这些神奇的自然系统的功能,制造具有极端润湿性能的材料,以实现不同受生物启发的微图案的应用,通常是指(超)可湿性微图案或(超)亲水性(超)疏水性图案,这些图案结合了疏水性和亲水性两种极端状态,精确排列成二维微图案。这些微图案已经显示出它们在控制和图案化微滴方面的卓越能力,并且正在成为广泛的生物和生物医学应用中的一个有用的平台。近年来,通过结合不同的信号输出方法对超亲水微孔进行生物传感修饰已成为研究热点。

超湿性微芯片具有以下几个优点:(1)良好的微液滴锚定能力。疏水表面可以阻止液体扩散,亲水微孔可以强力锚定微滴,这是由于毛细管力的作用。因此,微滴可以被限制在指定的位置,这对于进行检测过程非常有帮助。(2)敏感性侦测。亲水区三维结构的可及性为探针的结合提供了更多的位点,减少了特定结合的空间位阻,对敏感检测有很大的好处。超疏水边缘的非湿润行为可以限制液滴的扩散,而普通疏水边缘不能。(3)少量使用飞沫。一般来说,在使用这种超可湿性微芯片的检测过程中,只需要 $0.5\sim10~\mu L$ 分析物溶液,最低使用量(50 nL)的试验也有论述。(4)开放式系统。基于超湿式微芯片的开放系统提供了方便的访问性,并允许与各种信号输出方法的多功能组合。(5)高通量检测。通过简单的紫外或等离子体刻蚀,可以很容易地制备出大规模的亲水疏水微图形,用于高通量检测。

基于生物激发的超可湿性微模式的荧光检测荧光技术是分析化学中常用的检测技术。一般来说,荧光是分子在光吸收过程中经过初始电子激发后的发射现象。荧光强度可以在给定的激发和发射波长下测量。在低浓度下,荧光强度一般与荧光团的浓度成正比。含有分析物的微液滴被限制在超亲水微孔中,而超疏水基质作为一个壁来限制微液滴的扩散。得益于生物激发微图案的锚定能力,Huang 等提出了通过结合荧光技术实现高性能的金属离子检测,如图 3-10 所示。将亲水性光子晶体胶粒组装在亲水—疏水图案化的基片上,制作出了微流控芯片。所设计的微芯片可以选择性地增强不同通道的荧光传感,并能进行高效率的多分析鉴别检测(12 个金属离子)。这种性能优良的图案化微芯片展示了生物激发微芯片在传感领域的新应用,对先进的鉴别分析和复杂荧光器件的发展具有重要意义。

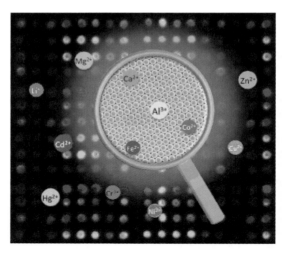

图 3-10　结合荧光技术实现高性能的金属离子检测

可湿性的微流体器件由于表面具有张力约束效应,含水液体流过超亲水通道。受益于胶体光子晶体的巨大的折射率对比度,强烈的光子带隙效应导致了荧光强度增加了 150 倍。通过 DNA 探针对亲水通道进行修饰,实现了超湿式微流控装置的目标 DNA 检测,检测限为 600 pm。与图案化微芯片相比,超可湿性微流控装置的荧光强度提高了 2 个数量级以上,亮度和对比度也显著提高。随着微滴的蒸发,分析液在亲水区的浓度不断增加,有利于丰富超痕量分析物的检测。利用超可湿性微芯片的富集能力对 DNA 进行超快速荧光检测。这种超可湿性微芯片是通过对十八烷基三氯硅烷(OTS)修饰的超疏水性纳米树脂二氧化硅涂层进行烛灰沉积和紫外蚀刻而制成的。通过溶液的连续蒸发,从高度稀释的溶液中富集分析物,最终放大荧光信号,实现对 DNA 的灵敏检测,检测限为 10^{-16} m。对于商用亲水玻璃载片,检测限可达 10^{-6} m。将聚集诱导发射(AIE)分子引入超可湿性微芯片中,可同时实现聚集诱导荧光增强和蒸发诱导增强。超可湿性微晶片的最大荧光强度仅为亲水性或疏水性玻璃基片的两倍。然而,由于咖啡环的存在,信号在亲水或疏水表面的分布不均匀,导致重复性降低。超亲水微孔中的高质量斑点是敏感和准确检测生物标志物的前提。对于超可湿性微芯片来说,咖啡环效应可以被抑制,超亲水性点的均匀性可以被改善。这种现象得益于超亲水性点的马伦哥尼效应增强和由于三维二氧化硅纳米晶结构的高水动力流动阻力所导致的外向流动被抑制。采用水热法在氟掺杂氧化锡(FTO)涂层玻璃基片上合成了纳米晶 TiO_2 纳米结构,然后用 OTS 对其进行改性,并用光掩膜对其进行紫外辐照。用捕获探针对超亲水点进行功能化处理后,通过碱基配对将荧光分子捕获到微孔上,形成与目标相连的三明治结构,产生荧光信号。这种生物芯片的线性微小核糖核酸(miRNA)检测范围从 0.1 nm 到 50 nm,检测限为 88 pm;同时也显示了生物芯片表面有机物光降解后的可再生性,为生物芯片的设计提供了一种经济的策略。超可湿性荧光检测利用其锚定和富集能力提供了一种灵敏的方法,在生物标志物的筛选、诊断和疾病监测等方面具有广阔的应用前景。

3.15　仿生界面材料在电子/离子感觉系统中应用

所有的生物系统,包括动物和植物,用离子和小分子的语言进行交流,而现代信息基础设施和技术依赖于电子语言。虽然电子学和生物电子学在过去的几十年中取得了很大的进展,但是它们在与生物学通信时仍然面临着信号转换的问题。为了缩小生物系统和人工智能系统之间的差距,应当开发基于生物激发的离子传输的感觉系统,作为电子学的继承者,它们可以更直接地模拟生物功能,并与生物学无缝交流。离子传感器、离子处理器和离子界面等模拟的生物离子传输的能力,基于离子传输的感觉系统是对生物感觉系统的模拟。

生物体系中含有大量纳米级离子元素,它们以离子通道和离子泵的形式存在于细胞膜中。他们一起工作来控制细胞膜上的离子浓度梯度,通过动作电位使信息编码/解码成为可能。这是生物体内部的生物交流模式,也是从环境中检测和解释信息的方式。人们开发了各种电子/离子耦合器(离子电子学),由移动离子和移动电子组成混合电路,用于支持包括智能人机界面和能量存储设备在内的广泛应用。此外,由于它们的工作方式相同,这种仿生系统能够促进生物系统与人造设备之间的无缝通信。

在生物系统中,信息的启动、处理和传递的成功与细胞膜上准确的离子传递密切相关。细胞内精确的离子选择性(如 Na^+/K^+ 选择性)、方向性(如外向 K^+ 流动和内向 Na^+ 流动)、离子转运及浓度梯度(如质子/离子泵)是所有电活动的分子基础。在固体系统中,这些精确的离子输运性质,离子选择性、整流和对浓度梯度的"泵",也为其广泛的应用奠定了基础。

生物学中的离子选择性是指只有特定种类的离子可以通过某种类型的蛋白质孔转运,而离子选择性的定义是只有一种离子组分(阳离子或阴离子)可以通过离子导体转运。离子选择性不仅可以在固体电解质、离子液体或离子凝胶中实现,也可以通过离子选择性通道或膜在含水盐溶液中实现。当具有表面电荷的离子导体的尺寸(纳米通道直径或聚合物网络尺寸)与德拜屏蔽长度相匹配或小于德拜屏蔽长度时,产生离子选择性。在这种情况下,双电层重叠,通道或离子导体充满了反离子的单极溶液。除了离子传输介质的尺寸之外,由于德拜屏蔽长度与离子强度之间的反相关性,离子选择性也可以由电解质盐度控制。

离子整流是一种基于离子选择性的具有不对称离子输运性质的现象。它表明离子(或带电分子)具有类似二极管的输运特性,离子流有优先方向。离子整流只有在输运介质(纳米通道或离子聚合物)的结构和表面电荷不对称时才能观察到,因为两者都在离子导体中产生电场梯度。基于这一原理,构造了离子二极管及其在感官系统和可控释放领域的应用。例如,Simon 和他的同事们通过构建小型化的离子极化二极管实现了神经递质以突触速度释放;Sun 通过开结离子二极管实现了离子信号的放大。

"离子泵"是一个消耗能量来减少熵的过程,在这个过程中离子被积极地从低浓度输送到高浓度。在生物学中,离子泵利用三磷酸腺苷(ATP)的能量来驱动离子运输,而驱动人造离子泵的能量是多样化的,如光、pH梯度和电。人工离子泵的发展还处于初级阶段,离生物离子泵的性能还有很大差距,生物离子泵不仅能够泵出一种特定的离子种类,而且能够同时向相反方向运动两种离子。

利用离子选择性、离子纠正和离子泵,可以实现精确的离子传输感觉系统。最重要的是,信号在外部环境和生物环境之间的传输可靠地实现了这样一个转换过程:外部刺激→离子信号→生物信号。外部刺激,热、压力、光信号可以转换成离子传感器的形式,如特定的离子浓度离子信号。这些信号可以被离子处理器处理,用于信号放大的离子二极管和用于信号存储的离子记忆电阻。经过处理的信号可以用于离子界面与生物系统进行通信。目前,在一些简单的情况下,外界刺激与生物活性之间的信号转换已经通过"所有离子信号"实现,我们期望通过精确的离子(或神经递质)转运来实现更为复杂的生物活动。

离子传感器是一种基于离子传输的感觉系统,在植物和动物中都很常见。例如,哺乳动物对外界机械刺激具有高度的感知能力,表现为触觉、平衡感、听觉和动态平衡感,这些感觉都来源于构成各种生理过程的离子力学转导现象。受这些生物离子过程的启发,人工离子传感器的目标是实现具有超高灵敏度和操作稳定性的类似功能,例如受力学转导现象启发的离子型人工皮肤。

哺乳动物的机械感受器传感器对于保护哺乳动物免受外部损伤至关重要。压电材料可以很容易地用于构建基于电子传输的人工机械感受器。随后,离子人工机械受体传感器可以通过结合人工离子通道系统的压电薄膜。简单地说,压电薄膜产生的快速自适应信号(电信号)和离子通道产生的慢速自适应信号(离子信号)在传感器按压和释放时被检测出来。通过采集压电薄膜和离子通道产生的综合信号,最终的设备能够识别和检测信号,包括表面粗糙度、机械应力以及各种生命体征,如心率和脉搏心动图。

哺乳动物皮肤的另一个功能是对外界热刺激保持警觉,这是哺乳动物的自我保护功能之一。外界热刺激的检测来源于皮肤热感受器细胞中的温度敏感瞬时受体电位通道,它将热信号转化为离子信号,进而转化为动作电位,进行信息传递。受到这种生物热感应过程的启发,Xie等提出了一种离子选择性膜的离子热电转换行为,通过这种膜,外部温度刺激可以转换成离子信号。该体系的关键是纳米通道的离子选择性(以阴离子为主要载流子)。纳米通道两端的温度差将驱使阴离子从高温移动到低温,从而产生"离子电流峰"。此外,离子电流信号与温度梯度有精确的相关性,这类似于我们皮肤的温度敏感性,也可以用作离子温度计。

人工视觉系统的工作原理相似。近年来,基于电子输运的半导体光电探测器的发展迅速,这使得它们能够利用超快、超灵敏的光探测优势来模拟视觉系统。然而,由于它们的"不同语言",当它们与生物系统一起使用时,仍然存在缺点。除此之外,这些设备大多依赖于外部电源,这对于各种应用来说是非常有问题的,例如植入结构。最近,肖等提出了一种聚合物碳氮纳米管膜离子传输型光电探测器,它是自供电的,具有高选择性、高灵敏度和高稳定性的优点,如图3-11所示。在工作中,光首先被转换成一个电荷梯度位于由碳氮化物的半导体特性造成的通道,然后引入一个流动的离子流进行电荷补偿,这样就构成了离子型光电探测器。采用这种机制,所有现有的半导体电子传输型光电探测器都可以转换成离子型光电探测器。此外,这些离子光电探测器可以提供一种新的方法——光控神经元刺激。

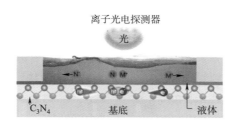

图 3-11　聚合物碳氮纳米管膜离子传输型光电探测器

　　离子传输过程可以应用于信号处理和信息存储。晶体管是微电子学和现代工业的支柱,主要由无机半导体材料制成,如硅。一些电解质门控场效应晶体管(EGOFETs)和有机电化学晶体管(OECTs)已经通过离子积累诱导的双层电容或离子穿透工作,但仍主要基于电子传输。基于全离子传输的晶体管的开发将为实时调节/控制来自生物体的信号提供一个独特的机会。

　　先前的工作已经表明,质子和离子都可以用作电荷载体来制造"离子晶体管"。然而,离子晶体管在大多数情况下很难调制,这是因为在纳米限制中质子和离子的输运要么受到表面电荷产生的局域电场的影响,要么受到外部电势的影响。Cheng 等描述了一种基于层状石墨烯基纳米孔膜的可调谐纳米限制的电调制"离子晶体管"。由于石墨烯优异的导电性,栅极电位可以直接施加到膜上,可以调节石墨烯材料层间的双电层(EDL)厚度,从而控制离子通量,即离子电流。在这项工作中,0.5 V 的低电压可以使离子输运率提高 7 倍。电场调节离子输运在离子药物控制释放方面具有潜在的应用价值。

　　决策是智能生物赖以生存的不可或缺的因素,它使智能生物能够动态地适应环境的变化。现代技术几乎完全使用传统的计算机,包括中央处理器(CPU)、内存和算法(软件程序)来模拟生物决策系统。为了处理快速增加的信息量,Tsuchiya 等开发了一种基于离子运动的离子决策器,它可以克服传统计算机自适应决策的局限性。离子决策器基于电化学过程,包括精确的离子输运和氧化还原反应,具有良好的动态适应能力,可以解决多臂匪徒问题。同样,这个系统可以用来为现代科学和技术开发智能芯片,而固态离子原理仍然可以桥接到生物系统的差距。事实上,一个简单的决策者类似于一个能够对刺激做出反应的执行器,而"更聪明的"决策必须适应环境条件的动态变化。由于生物系统具有良好的环境适应性,生物激发的离子决策者能够满足或超过自然界中观察到的准确离子迁移,将为解决上述问题提供一个独特的途径,并在智能设备中应用。

　　记忆电阻器是一种非易失性的电子元件,它可以通过调节电路中的电流流量和记住之前流过电路的电荷量,在没有电源的情况下保留存储器。简单地说,记忆电阻器是一个连续可调的电阻器,可以模拟生物突触。两个神经元之间的突触质量可以通过流经它们的离子流精确地调节,从而使生物系统能够学习和运作。迄今为止,已经提出了几种记忆电阻模型,包括线性离子漂移模型(Strukov 模型)、非线性离子漂移模型等。记忆阻抗器中金属阳离子的运输或氧离子/空位的迁移与生物突触的突触前和突触后部分 Ca^{2+} 的积累和挤出相似,在引发可塑性变化中起着关键作用。无机扩散记忆电阻器紧密模拟突触 Ca^{2+} 动力学和基于离子/电子集成传输的有机聚合物人工突触是最近发展起来的两个典型例子,它们产生了更符合生物学的记忆电阻器,从而产生了具有非监督式学习的完全记忆性神经网络。Najem 等提出了一种使用离子输运作为开关机制的生物分子记忆电阻,更接近于生物突触,将作为离子传输通路的五甲基氨基甲酸钠插入外电压驱动的绝缘类脂双分子层中,在高于插入阈值的电位处观察到电流—电压滞后现象。

离子界面是一种基于离子输运的连接元件,可以作为电子和生物系统之间的连接装置。在生物学中,细胞和组织利用细胞内和细胞间通信的精细调节离子通量。尽管电子传输电极是用于分析细胞和组织的标准技术,但直到今天,人们仍然不清楚基于电子传输的电极能读出多少信息。因此,“离子界面”应该是从细胞中获取信息(如离子信息)和操纵生理过程的更合适的桥梁。

Song 等描述了通过调节离子浓度来控制和操纵神经系统的间接离子界面。由于离子(包括 K^+、Na^+ 和 Ca^{2+})在动作电位传递中的重要作用,Song 等通过原位调节不同离子选择性膜(ISMs)的离子浓度,改变了刺激甚至阻断神经传导的电阈值,从而改变了神经兴奋性。使用小的离子耗尽电流(为功能性电刺激阈值的 $1/100\sim 1/10$)消耗暂时性离子,然后在关闭耗尽电流时施加电刺激电流。通过比较来自应用离子耗尽电流和不应用离子耗尽电流的刺激所产生的肌肉收缩,发现刺激的电阈值降低了约 40%。

最近,Glowacki 等证明了光诱导离子转运控制单个细胞中的电生理学。与电驱动系统不同的是,Glowacki 等在他们的工作中使用有机电解光电容器,它可以作为离子信号传感器的光信号来建立有机半导体和单细胞之间的离子界面。在光照射下,半导体结的光激发产生电荷,电荷在半导体/电解质界面积累,形成反电荷的电解双层膜。当用于调节单个非洲爪蟾卵母细胞的膜电位时,快速光诱导的瞬时电压扰动超过 100 mV。此外,这个光诱导离子传输系统也可以用来激发电压门控离子通道,因为离子信号可以有效地去除极化细胞膜。

上述定义的离子界面是外部信号(包括光信号、电信号和热信号)与生物信号之间的强大桥接模块。然而,离子界面的未来发展不应仅仅局限于对生物组织的“对话”,还应该着眼于生物语言的“阅读”。一旦达到这种双向沟通,人工智能和生物智能之间的真正沟通应该不远了。除此之外,其他的应用也可以受益于离子界面,如通过整合离子装置和植入平台治疗神经疾病。

人工离子传感系统的概念和布局与电子传感系统相比还处于蹒跚学步的阶段,应该更多地关注以下改进功能和材料的挑战。挑战存在于实现准确和快速的离子输运,例如,特定的离子输运、方向和速度。在生物系统中,Na^+ 或 K^+ 通道可以有效地区分 Na^+ 或 K^+ 与其他碱性阳离子,同时维持高通量的离子传导。然而,由于 Na^+ 和 K^+ 具有相似的物理和化学性质,现有的固态 Na^+ 和 K^+ 感觉系统在实现类似的灵敏度方面仍然面临问题。一个可能的解决方案是将具有特定分子的离子传感器功能化以提高选择性,但离生物学上的选择性还有很长的路要走。此外,源于生物通道的特殊结构、大小和表面电荷分布,基于蛋白质的选择性纳米通道允许生物系统中的超快离子传输(每秒 1×10^7 个离子)。虽然这种非常快速的离子传输的内在机制仍然不清楚,但是人们认为生物通道中的超快离子传输是以有序离子流的量子方式进行的,因为 Na^+/K^+ 离子在细胞膜上扩散所产生的神经信号传输几乎是瞬时的反应。因此,在固态纳米通道中实现这种量子限制离子超流体(QISF)对于提高离子传感器的性能具有重要意义。进一步的挑战是:我们能否在细胞介质这样的混合/复合溶液中实现特定的离子运输;能否实现蛋白质孔中的超快离子转运;能否像自然界那样将离子输送泵入深度浓度梯度;能否放大微弱的离子信号来实现有效的信号处理。

研究的最终目标是建立整体的离子感官系统,能够实现外部刺激、响应性人工机器和生物系统之间的无缝信号转导。李等提出了一种通过实现信号转换的集成系统:外部刺激/电信号/离子信号/机械信号。Kim 等描述了涉及外部刺激/电信号/离子信号的系统。尽管如此,这些系统和它们的生物对应系统之间仍然存在差距,而且在大多数情况下,这些生物启发系统只是捕获和记录信号,而没有对信号进行后续处理以获取有洞察力的信息。为了模拟生物信号和信息在生物体内的实时处理和操作,未来的离子感觉系统应包含所有基本元素:离子传感器、离子中央处理器和离子界面。通过集成这些组件,具有信号转导和信息处理功能的"智能"人工设备将会实现,其操作方式与生命系统无异。

参考文献

[1] MALVADKAR N A, HANCOCK M J, SEKEROGLU K, et al. An engineered anisotropic nanofilm with unidirectional wetting properties[J]. Nature Materials,2010,9(12):1023-1028.

[2] CHU K H, XIAO R, WANG E N. Uni-directional liquid spreading on asymmetric nanostructured surfaces[J]. Nature Materials,2010,9(5):413-417.

[3] CAI Y, LIN L, XUE Z, et al. Filefish-inspired surface design for anisotropic underwater oleophobicity [J]. Advanced Functional Materials,2014,24(6):809-816.

[4] TOURKINE P, LE MERRER M, QUÉRÉ D. Delayed freezing on water repellent materials[J]. Langmuir,2009,25(13):7214-7216.

[5] ZHANG Q, HE M, CHEN J, et al. Anti-icing surfaces based on enhanced self-propelled jumping of condensed water microdroplets[J]. Chemical Communications,2013,49(40):4516-4518.

[6] CHEN J, LIU J, HE M, et al. Superhydrophobic surfaces cannot reduce ice adhesion[J]. Applied Physics Letters,2012,101(11):111603.

[7] CHEN J, DOU R, CUI D, et al. Robust prototypical anti-icing coatings with a self-lubricating liquid water layer between ice and substrate[J]. ACS Applied Materials & Interfaces, 2013, 5 (10): 4026-4030.

[8] BOINOVICH L B, EMELYANENKO A M. Anti-icing potential of superhydrophobic coatings[J]. Mendeleev Communications,2013,1(23):3-10.

[9] ZACHARIASSEN K E, KRISTIANSEN E, PEDERSEN S A, et al. Ice nucleation in solutions and freeze-avoiding insects—homogeneous or heterogeneous? [J]. Cryobiology,2004,48(3):309-321.

[10] CONDE M M, VEGA C, PATRYKIEJEW A. The thickness of a liquid layer on the free surface of ice as obtained from computer simulation[J]. The Journal of Chemical Physics, 2008, 129(1):14702.

[11] SADTCHENKO V, EWING G E, NUTT D R, et al. Instability of ice films[J]. Langmuir, 2002, 18 (12):4632-4636.

[12] PITTENGER B, FAIN JR S C, COCHRAN M J, et al. Premelting at ice-solid interfaces studied via velocity-dependent indentation with force microscope tips [J]. Physical Review B, 2001, 63 (13):134102.

[13] RAUSCHER M, REICHERT H, ENGEMANN S, et al. Local density profiles in thin films and multilayers from diffuse x-ray and neutron scattering[J]. Physical Review B, 2005, 72(20):205401.

[14] DODIUK H, KENIG S, DOTAN A. Do self-cleaning surfaces repel ice? [J]. Journal of Adhesion Science and Technology, 2012, 26(4-5):701-714.

[15] KULINICH S A, FARZANEH M. How wetting hysteresis influences ice adhesion strength on superhydrophobic surfaces[J]. Langmuir, 2009, 25(16):8854-8856.

[16] DOU R, CHEN J, ZHANG Y, et al. Anti-icing coating with an aqueous lubricating layer[J]. ACS Applied Materials & Interfaces, 2014, 6(10):6998-7003.

[17] BANERJEE I, PANGULE R C, KANE R S. Antifouling coatings: recent developments in the design of surfaces that prevent fouling by proteins, bacteria, and marine organisms[J]. Advanced Materials, 2011, 23(6):690-718.

[18] XIAO L, LI J, MIESZKIN S, et al. Slippery liquid-infused porous surfaces showing marine antibiofouling properties[J]. ACS Applied Materials & Interfaces, 2013, 5(20):10074-10080.

[19] WANG P, ZHANG D, LU Z, et al. Fabrication of slippery lubricant-infused porous surface for inhibition of microbially influenced corrosion[J]. ACS Applied Materials & Interfaces, 2016, 8(2): 1120-1127.

[20] ZHAO H, BEYSENS D. From droplet growth to film growth on a heterogeneous surface: condensation associated with a wettability gradient[J]. Langmuir, 1995, 11(2):627-634.

[21] DAIN S J, HOSKIN A K, Winder C, et al. Assessment of fogging resistance of anti-fog personal eye protection[J]. Ophthalmic and Physiological Optics, 1999, 19(4):357-361.

[22] OWEN C G, FITZKE F W, WOODWARD E G. A new computer assisted objective method for quantifying vascular changes of the bulbar conjunctivae[J]. Ophthalmic and Physiological Optics, 1996, 16(5): 430-437.

[23] LI J, ZHU J, GAO X. Bio-inspired high-performance antireflection and antifogging polymer films[J]. Small, 2014, 10(13):2578-2582.

[24] PARK J T, KIM J H, LEE D. Excellent anti-fogging dye-sensitized solar cells based on superhydrophilic nanoparticle coatings[J]. Nanoscale, 2014, 6(13):7362-7368.

[25] HOWARTER J A, YOUNGBLOOD J P. Self-cleaning and next generation anti-fog surfaces and coatings[J]. Macromolecular Rapid Communications, 2008, 29(6):455-466.

[26] CYRANOSKI D. Chinese plan pins big hopes on small science[J]. Nature, 2001, 414(6861):240-241.

[27] XU Q, WAN Y, HU T S, et al. Robust self-cleaning and micromanipulation capabilities of gecko spatulae and their bio-mimics[J]. Nature Communications, 2015, 6(1):1-9.

[28] LIU X, ZHOU J, XUE Z, et al. Clam's shell inspired high-energy inorganic coatings with underwater

low adhesive superoleophobicity[J]. Advanced Materials,2012,24(25):3401-3405.

[29]　XU L P,ZHAO J,SU B,et al. An ion-induced low-oil-adhesion organic/inorganic hybrid film for stable superoleophobicity in seawater[J]. Advanced Materials,2013,25(4):606-611.

[30]　XU L P,PENG J,LIU Y,et al. Nacre-inspired design of mechanical stable coating with underwater superoleophobicity[J]. ACS Nano,2013,7(6):5077-5083.

[31]　YOON H,KIM H,LATTHE S S,et al. A highly transparent self-cleaning superhydrophobic surface by organosilane-coated alumina particles deposited via electrospraying[J]. Journal of Materials Chemistry A,2015,3(21):11403-11410.

[32]　ZHANG F,CHEN S,DONG L,et al. Preparation of superhydrophobic films on titanium as effective corrosion barriers[J]. Applied Surface Science,2011,257(7):2587-2591.

[33]　YUAN S,PEHKONEN S O,LIANG B,et al. Superhydrophobic fluoropolymer-modified copper surface via surface graft polymerisation for corrosion protection[J]. Corrosion Science,2011,53(9):2738-2747.

[34]　WANG P,QIU R,ZHANG D,et al. Fabricated super-hydrophobic film with potentiostatic electrolysis method on copper for corrosion protection[J]. Electrochimica Acta,2010,56(1):517-522.

[35]　FENG L,ZHANG Z,MAI Z,et al. A super-hydrophobic and super-oleophilic coating mesh film for the separation of oil and water[J]. Angewandte Chemie,2004,116(15):2046-2048.

[36]　ZHANG J,SEEGER S. Polyester materials with superwetting silicone nanofilaments for oil/water separation and selective oil absorption[J]. Advanced Functional Materials,2011,21(24):4699-4704.

[37]　ZHANG Y,WEI S,LIU F,et al. Superhydrophobic nanoporous polymers as efficient adsorbents for organic compounds[J]. Nano Today,2009,4(2):135-142.

[38]　SUN H,XU Z,GAO C. Aerogels:multifunctional,ultra-flyweight,synergistically assembled carbon aerogels[J]. Advanced Materials,2013,25(18):2632.

[39]　ZHANG L,WU J,WANG Y,et al. Combination of bioinspiration:a general route to superhydrophobic particles[J]. Journal of the American Chemical Society,2012,134(24):9879-9881.

[40]　XUE Z,WANG S,LIN L,et al. A novel superhydrophilic and underwater superoleophobic hydrogel-coated mesh for oil/water separation[J]. Advanced Materials,2011,23(37):4270-4273.

[41]　GAO X,XU L P,XUE Z,et al. Dual-scaled porous nitrocellulose membranes with underwater superoleophobicity for highly efficient oil/water separation[J]. Advanced Materials,2014,26(11):1771-1775.

[42]　WANG G,HE Y,WANG H,et al. A cellulose sponge with robust superhydrophilicity and under-water superoleophobicity for highly effective oil/water separation[J]. Green Chemistry,2015,17(5):3093-3099.

[43]　FENG L,ZHANG Z,MAI Z,et al. A super-hydrophobic and super-oleophilic coating mesh film for the separation of oil and water[J]. Angewandte Chemie,2004,116(15):2046-2048.

[44]　WANG C,YAO T,WU J,et al. Facile approach in fabricating superhydrophobic and superoleophilic surface for water and oil mixture separation[J]. ACS Applied Materials & Interfaces,2009,1(11):2613-2617.

[45]　FENG X,FENG L,JIN M,et al. Reversible super-hydrophobicity to super-hydrophilicity transition of aligned ZnO nanorod films[J]. Journal of the American Chemical Society,2004,126(1):62-63.

[46]　FENG X,ZHAI J,JIANG L. The fabrication and switchable superhydrophobicity of TiO_2 nanorod

films[J]. Angewandte Chemie,2005,117(32):5245-5248.

[47] SUN T,WANG G,FENG L,et al. Reversible switching between superhydrophilicity and superhydrophobicity [J]. Angewandte Chemie International Edition,2004,43(3):357-360.

[48] WANG S,FENG X,YAO J,et al. Controlling wettability and photochromism in a dual-responsive tungsten oxide film[J]. Angewandte Chemie,2006,118(8):1286-1289.

[49] TIAN D,CHEN Q,NIE F Q,et al. Patterned wettability transition by photoelectric cooperative and anisotropic wetting for liquid reprography[J]. Advanced Materials,2009,21(37):3744-3749.

[50] SUN T,WANG G,FENG L,et al. Reversible switching between superhydrophilicity and superhydrophobicity [J]. Angewandte Chemie International Edition,2004,43(3):357-360.

[51] TIAN D,SONG Y,JIANG L. Patterning of controllable surface wettability for printing techniques[J]. Chemical Society Reviews,2013,42(12):5184-5209.

[52] XIA F,FENG L,WANG S,et al. Dual-responsive surfaces that switch between superhydrophilicity and superhydrophobicity[J]. Advanced Materials,2006,18(4):432-436.

[53] XIA F,GE H,HOU Y,et al. Multiresponsive surfaces change between superhydrophilicity and superhydrophobicity[J]. Advanced Materials,2007,19(18):2520-2524.

[54] WANG S,LIU H,LIU D,et al. Enthalpy-driven three-state switching of a superhydrophilic/ superhydrophobic surface[J]. Angewandte Chemie International Edition,2007,46(21):3915-3917.

[55] TIAN D,CHEN Q,NIE F Q,et al. Patterned wettability transition by photoelectric cooperative and anisotropic wetting for liquid reprography[J]. Advanced Materials,2009,21(37):3744-3749.

[56] XIA F,GE H,HOU Y,et al. Multiresponsive surfaces change between superhydrophilicity and superhydrophobicity[J]. Advanced Materials,2007,19(18):2520-2524.

[57] SANDERS J V. Colour of precious opal[J]. Nature,1964,204(4964):1151-1153.

[58] YABLONOVITCH E,LEUNG K M. Hope for photonic bandgaps[J]. Nature,1991,351(6324):278.

[59] WIJNHOVEN J E G J,VOS W L. Preparation of photonic crystals made of air spheres in titania[J]. Science,1998,281(5378):802-804.

[60] GU Z Z,FUJISHIMA A,SATO O. Fabrication of high-quality opal films with controllable thickness [J]. Chemistry of Materials,2002,14(2):760-765.

[61] KUBO S,GU Z Z,TAKAHASHI K,et al. Control of the optical band structure of liquid crystal infiltrated inverse opal by a photoinduced nematic-isotropic phase transition[J]. Journal of the American Chemical Society,2002,124(37):10950-10951.

[62] SUN Z Q,CHEN X,ZHANG J H,et al. Nonspherical colloidal crystals fabricated by the thermal pressing of colloidal crystal chips[J]. Langmuir,2005,21(20):8987-8991.

[63] JIANG P,BERTONE J F,HWANG K S,et al. Single-crystal colloidal multilayers of controlled thickness[J]. Chemistry of Materials,1999,11(8):2132-2140.

[64] YAO X,JU J,YANG S,et al. Temperature-driven switching of water adhesion on organogel surface [J]. Advanced Materials,2014,26(12):1895-1900.

[65] PULLES C J A,KRISHNA PRASAD K,NIEUWSTADT F T M. Turbulence measurements over longitudinal micro-grooved surfaces[J]. Applied Scientific Research,1989,46(3):197-208.

[66] DEAN B,BHUSHAN B. Shark-skin surfaces for fluid-drag reduction in turbulent flow:a review[J]. Philosophical Transactions of the Royal Society A:Mathematical,Physical and Engineering Sciences,

2010,368(1929):4775-4806.

[67] WEN L,WEAVER J C,LAUDER G V. Biomimetic shark skin:design,fabrication and hydrodynamic function[J]. Journal of Experimental Biology,2014,217(10):1656-1666.

[68] ENYUTIN G V,LASHKOV Y A,SAMOILOVA N V. Drag reduction in riblet-lined pipes[J]. Fluid Dynamics,1995,30(1):45-48.

[69] MATTHEWS J N A. Low-drag suit propels swimmers[J]. Physics Today,2008,61(8):32.

[70] CHOI H J,PAULINO G H. Interfacial cracking in a graded coating/substrate system loaded by a frictional sliding flat punch[J]. Proceedings of the Royal Society A:Mathematical,Physical and Engineering Sciences,2010,466(2115):853-880.

[71] ENDO T,HIMENO R. Direct numerical simulation of turbulent flow over a compliant surface[J]. Journal of Turbulence,2002,3(1):7.

[72] 黄微波. 水下航行器喷涂聚脲柔性涂层的制备及减阻性能的研究[D]. 青岛:中国海洋大学,2007.

[73] 李龙阳. 仿生沟槽及超疏水表面减阻设计研究[D]. 太原:中北大学,2015.

[74] NOROUZI N,GHAREHAGHAJI A A,MONTAZER M. Reducing drag force on polyester fabric through superhydrophobic surface via nano-pretreatment and water repellent finishing[J]. The Journal of the Textile Institute,2018,109(1):92-97.

[75] HWANG G B,PATIR A,PAGE K,et al. Buoyancy increase and drag-reduction through a simple superhydrophobic coating[J]. Nanoscale,2017,9(22):7588-7594.

[76] ZHANG H,TUO Y,WANG Q,et al. Fabrication and drag reduction of superhydrophobic surface on steel substrates[J]. Surface Engineering,2018,34(8):596-602.

[77] WENG R,ZHANG H,YIN L,et al. Fabrication of superhydrophobic surface by oxidation growth of flower-like nanostructure on a steel foil[J]. RSC Advances,2017,7(41):25341-25346.

[78] SCHUMACHER J F,CARMAN M L,ESTES T G,et al. Engineered antifouling microtopographies:effect of feature size,geometry,and roughness on settlement of zoospores of the green alga Ulva[J]. Biofouling,2007,23(1):55-62.

[79] SCARDINO A J,GUENTHER J,DE NYS R. Attachment point theory revisited:the fouling response to a microtextured matrix[J]. Biofouling,2008,24(1):45-53.

[80] 王雄,白秀琴,袁成清. 基于仿生的非光滑表面防污减阻技术发展现状分析[J]. 船舶工程,2015(6):1-5.

[81] 罗爱梅,蔺存国,王利,等. 鲨鱼表皮的微观形貌观察及其防污能力评价[J]. 海洋环境科学,2009,28(6):715-718.

[82] BALL P. Engineering shark skin and other solutions[J]. Nature,1999,400(6744):507-509.

[83] SCHUMACHER J F,ALDRED N,CALLOW M E,et al. Species-specific engineered antifouling topographies:correlations between the settlement of algal zoospores and barnacle cyprids[J]. Biofouling,2007,23(5):307-317.

[84] BRENNAN A B,BANEY R H,CARMAN M L,et al. Surface topography for non-toxic bioadhesion control:U. S. Patent 7143709[P]. 2006-12-5.

[85] BERS A V,D'SOUZA F,KLIJNSTRA J W,et al. Chemical defence in mussels:antifouling effect of crude extracts of the periostracum of the blue mussel Mytilus edulis[J]. Biofouling,2006,22(4):251-259.

［86］ 谢国涛. 基于贝壳表面微结构的仿生表面制备技术研究［D］. 武汉：武汉理工大学，2012.

［87］ TZENG P，HEWSON D J，VUKUSIC P，et al. Bio-inspired iridescent layer-by-layer assembled cellulose nanocrystal Bragg stacks［J］. Journal of Materials Chemistry C，2015，3(17)：4260-4264.

［88］ WANG Z，ZHANG J，XIE J，et al. Bioinspired water-vapor-responsive organic/inorganic hybrid one-dimensional photonic crystals with tunable full-color stop band［J］. Advanced Functional Materials，2010，20(21)：3784-3790.

［89］ SHAMS M I，NOGI M，BERGLUND L A，et al. The transparent crab：preparation and nanostructural implications for bioinspired optically transparent nanocomposites［J］. Soft Matter，2012，8(5)：1369-1373.

［90］ SUN Z，LIAO T，LI W，et al. Fish-scale bio-inspired multifunctional ZnO nanostructures［J］. NPG Asia Materials，2015，7(12)：232.

［91］ SUN Z，LIAO T，LIU K，et al. Fly-eye inspired superhydrophobic anti-fogging inorganic nanostructures［J］. Small，2014，10(15)：3001-3006.

［92］ DOU Y，TIAN D，SUN Z，et al. Fish gill inspired crossflow for efficient and continuous collection of spilled oil［J］. ACS Nano，2017，11(3)：2477-2485.

［93］ XU T，XU L P，ZHANG X，et al. Bioinspired superwettable micropatterns for biosensing［J］. Chemical Society Reviews，2019，48(12)：3153-3165.

［94］ HUANG Y，LI F，QIN M，et al. A multi-stopband photonic-crystal microchip for high-performance metal-ion recognition based on fluorescent detection［J］. Angewandte Chemie International Edition，2013，52(28)：7296-7299.

［95］ LIM S M，YOO H，OH M A，et al. Ion-to-ion amplification through an open-junction ionic diode［J］. Proceedings of the National Academy of Sciences，2019，116(28)：13807-13815.

［96］ XIAO K，TU B，CHEN L，et al. Photo-driven ion transport for a photodetector based on an asymmetric carbon nitride nanotube membrane［J］. Angewandte Chemie International Edition，2019，58(36)：12574-12579.

［97］ CHENG C，JIANG G，SIMON G P，et al. Low-voltage electrostatic modulation of ion diffusion through layered graphene-based nanoporous membranes［J］. Nature Nanotechnology，2018，13(8)：685-690.

［98］ NAJEM J S，TAYLOR G J，WEISS R J，et al. Memristive ion channel-doped biomembranes as synaptic mimics［J］. ACS Nano，2018，12(5)：4702-4711.

［99］ SONG Y A，MELIK R，RABIE A N，et al. Electrochemical activation and inhibition of neuromuscular systems through modulation of ion concentrations with ion-selective membranes［J］. Nature Materials，2011，10(12)：980-986.

［100］ ISAKSSON J，KJäLL P，NILSSON D，et al. Electronic control of Ca^{2+} signalling in neuronal cells using an organic electronic ion pump［J］. Nature Materials，2007，6(9)：673-679.

［101］ KIM Y，CHORTOS A，XU W，et al. A bioinspired flexible organic artificial afferent nerve［J］. Science，2018，360(6392)：998-1003.

第4章 仿生功能材料

4.1 仿生超疏水/疏油材料

超疏水表面由于其特殊的抗润湿性能一直是学者们的研究热点,并且不断探索其在实际工业生产和生活中的应用潜能。目前超疏水表面和超滑面被广泛用于抗结冰、表面自清洁、防腐蚀、油水分离、抗生物污染以及减阻等领域。

仿生超疏水性表面可以通过两种方法实现:一种方法是在粗糙表面上修饰低表面能的物质;另一种方法是利用疏水材料来构建表面粗糙结构。受生物体特殊浸润性表面启发,仿生制备了一系列具有微/纳多级结构的超疏水表面。为提高金属的抗腐蚀性能,江课题组发展了一种在室温下简单有效的形貌生成技术来构筑稳定的仿生超疏水表面,以铜为例,在室温下将铜片浸泡在长链脂肪酸(如豆蔻酸)的乙醇溶液中数天后,经水洗、醇洗、干燥后即可得到超疏水的铜表面。在浸泡过程中,铜表面先形成零星的小纳米片(簇),随着浸泡时间的增长,铜脂肪酸盐纳米片(簇)逐渐长大并形成花状的多级结构,所得表面不仅具有良好的疏水性(接触角为 162°),而且还显示了很小的滞后性(滚动角小于 2°)。为提高合金材料的抗腐蚀性,构筑了具有微/纳米多级结构的超疏水 Mg-Li 合金表面,材料显示了良好的抗腐蚀性能。刘维民课题组利用一步成膜法在铝、铜、钢等金属材料表面构筑了同时具有低表面能疏水基团及多孔网络微/纳米结构的超疏水涂层,该涂层具有优异的超疏水性能、与基材高的结合强度、优异的耐酸碱介质性能、良好的耐高低温及长期稳定性能等特性,为超疏水有机涂层材料的工程应用奠定了基础。

超疏油表面由于在环境、能源、工业、航海等领域具有广阔的应用前景,近年来已成为表面功能材料研究领域的热点,构筑超疏油尤其是疏各种低表面能液体表面仍然是这一领域的瓶颈。江课题组采用相分离法,利用聚合物在溶剂蒸发过程中自聚集、曲面张力和相分离的原理,制备了具有类荷叶微/纳米多级结构的超双疏(同时具有超疏水和超疏油特性)聚合物涂层,水和油的接触角可分别达到 166°和 140°。此外,还首次开展了非晶合金表面的浸润性研究,制备了具有超双疏特性的 Ca-Li 基非晶合金表面,提高了非晶合金的抗腐蚀性能。通过设计固体表面的结构,可以获得浸润性与黏附力可控的液/固界面。受鱼表面启发,课题组选用与鱼皮表面蛋白性质类似的水凝胶材料,通过复型制备出具有鱼皮结构的仿生表面,在水中可以实现超疏油特性且对油滴表现出极低的黏附力。2007 年,Cohen 课题组通过改善化学成分及材料的微观结构制备了超疏油材料,这种新材料甚至能够让原本会吸附在物体表面的油滴弹起来,该项研究工作为开发真正具有自洁功能的手机屏幕提供了可能。

2009 年,周峰课题组首次在工程材料铝及其合金表面上通过简单快速的电化学反应与表面修饰相结合的方法成功制备了超双疏表面,该表面对水、食用油、离子液体、有机溶剂、有机烷烃、聚合物熔体等各类非含氟液体表现出超疏特性(图 4-1),且对航空润滑油类以及原油均显示出极低的黏附性。

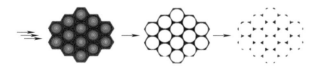

图 4-1　阳极氧化过程中氧化铝表面由纳米孔转变为纳米线示意

诸如电力线、风力涡轮机、飞机、道路标志等表面上的积冰是一个具有挑战性的问题,导致巨大的经济损失。超疏水表面由于难以被水滴润湿,故当温度降到冰点以下时,水蒸气难以成核且发生的是滴状冷凝,水滴不易在表面聚集,可以减缓结冰速度;同时,试验测得冰在超疏水表面的黏附强度在 150～500 kPa 之间,远低于亲水表面,因此超疏水表面从两个方面均可以抗结冰。Boinovich 等通过化学蚀刻在不锈钢上制得具有二氧化硅纳米粒子的超疏水表面,在 100 次结冰、除冰循环后观察到表面仍具有大于 155°的接触角。Cao 等使用聚合在玻璃基板上制得了具有丙烯酸类聚合物和二氧化硅纳米粒子复合物的超疏水表面,在表面上观察到接触角大于 150°并且滑动角小于 2°,表面展现优异的防冰性能。但是深入研究发现,超疏水表面并不总是有效的防冰材料。虽然与亲水表面相比,超疏水表面的积冰可能会延迟,但在结冰或除冰过程中会逐渐损坏表面微观结构,降低了防冰性能。另一方面,由于结冰过程中有冷凝效果(锚固效应),在低温的潮湿环境中表面与水滴之间的黏合强度增加。Farhadi 等研究发现由于水凝结,超疏水表面的防冰效率在潮湿的环境中显著恶化。相比较超疏水表面容易在高温、高压或者潮湿环境中失效,而超滑表面具有良好的高温稳定性和机械稳定性。另外,由于超滑表面上存在一层与水不互溶的润滑剂薄膜,水滴即使发生冷凝也难以渗入基底的孔隙中,由于接触角滞后非常小,水滴凝结后也非常容易从表面滑落。Zhu 等通过将硅油掺入 PDMS 固化混合物中制备超滑表面,发现其上的冰黏附拉伸强度可以降低到 100 kPa 以下,低于超疏水表面的黏附强度,说明超滑表面的抗结冰性能要优于超疏水表面。Varanasi 研究显示表面润滑层的存在是减少超滑表面冰黏附强度的关键因素。Kim 等发现由于超滑表面上的水成核减少且凝结水滴容易滑落(图 4-2),使得即使在 2 ℃/min 的高冷却速率下也未观察到结霜。

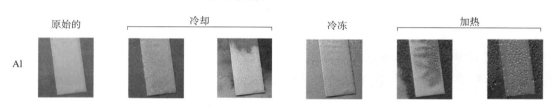

光滑注
液多孔
表面-Al

图 4-2　光滑注液多孔表面-Al 表面水成核减少且凝结水滴容易滑落的照片

4.2　仿生超亲水材料

与超疏水研究相比超亲水表面的研究较少,但是超亲水表面有其独特的优点,如透明性、抗雾性和快速干燥等。另外,超亲水表面在热传递、生物分子固定以及减阻等方面也表现出潜在的应用。Youngblood 等率先使用疏油性聚合物刷制造防雾和自清洁涂层,其中全氟聚乙二醇低聚物共价连接到二氧化硅表面。在采用超亲水方法的情况下,超亲水涂层可以通过水滴在其表面上的快速扩散和流动来显著抑制起雾行为,从而消除了水滴引起的光散射。利用 TiO_2,TiO_2/SiO_2,SiO_2/聚合物,开发了许多合成策略来构建具有防雾和自清洁性能的薄膜涂料。Li 等通过精确地控制微纳米结构以及化学成分,制备了蛾眼型仿生防反射防雾超亲水聚合物薄膜,该薄膜在先进光学设备上有着广阔的应用前景。Park 等通过一步二氧化硅纳米粒子涂层法制备了具有防雾以及防反射性能的超亲水涂层,这种涂层可以有效提高固态燃料敏化太阳能电池的效率。

4.3　仿生低黏滞材料

自然界的生物经过亿万年的选择进化,其外形和体表结构对于减阻研究具有非常重大的参考意义。

4.3.1　顺流向沟槽减阻

在海洋生物中,鲨鱼是一个历经了近五亿年的古老物种。鲨鱼在水中的快速游动不仅源于其身体的高度流线、适合游泳的外形,还得益于其全身覆盖的盾鳞结构,如图 4-3 所示。鲨鱼体表的盾鳞结构除了保护鲨鱼免于受伤或者被寄生,还可以增加其流体动力。20 世纪80 年代,Walsh 教授以鲨鱼表皮微沟槽为生物原型,对顺流向沟槽表面减阻性能进行研究,试验表明:顺流向沟槽无量纲高度 $h \leqslant 25$,无量纲宽度 $s \leqslant 30$ 时具有减阻效果;$h = 15$,$s = 10$ 时减阻效果最佳。而后 Bechert 等,通过对不同形状及尺寸的顺流向沟槽减阻性能对比研究,得到与 Walsh 一样的结论,并表明 V 形沟槽的减阻性能最佳。

国内于同一时期,由吉林大学任露泉院士所带领的课题组对蜣螂、穿山甲、蚯蚓等的体表形貌的减阻性能开始研究,推动了国内该领域的研究发展。西北工业大学工程应用研究中心制备了具有流向沟槽结构的薄膜,并将其覆盖在试验试件上进行了风洞试验,试验验证了 V 形沟槽与平板相比具有明显的减阻效果。刘志华利用数值仿真研究了 V 形沟槽尖峰圆角半径对减阻的影响,表明尖峰无圆角时减阻效果最好。

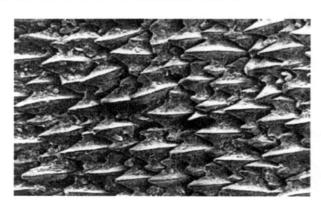

图 4-3　鲨鱼体表盾鳞结构

目前,顺流向沟槽表面减阻技术已经在一些领域得到初步应用。德国飞机制造商将 V 形沟槽布置在机翼表面,节省了 8% 的燃料。KSB 公司将沟槽表面布置于泵的叶片表面,提高输送效率。Speed 公司研制的仿鲨鱼皮泳衣,采用齿状 V 形沟槽结构减小流体阻力。顺流向沟槽表面减阻始终吸引着国内外众多学者的研究热情,在沟槽表面形貌尺寸等方面虽已达成共识,但在实际应用中仍有许多待解决的问题。

4.3.2　随行波表面减阻

受海豚高速游动下体表形成了垂直于流向的真皮嵴沟槽结构与风力吹蚀形成的与海豚表皮微结构类似的形貌特征启发,研究人员开始对随行波沟槽减阻的相关研究。与沟槽表面相比随行波表面减阻技术的研究时间较短,结论也较少。随行波表面减阻不同于以鲨鱼为原型的顺流向减阻,通过在壁面上加工成与流向相垂直的波纹状凹槽,来实现减阻目的。2006 年德国 Scholle 等发表了关于随行波减阻机理分析的研究成果:波纹状随行波表面的波峰两侧在流场中涡的作用下,形成小尺度的二次涡。当这种二次涡稳定存在于波谷处时,自由来流与壁面被二次涡隔开,形成滚动摩擦,从而使得阻力壁面摩擦减小。国内西北工业大学潘光基于对游速越高的鲨鱼种类,沟槽结构间距越小的发现,通过对随行波表面流场的数值计算及仿真,证明了流向涡的存在,对其减阻机理进行了研究。刘占一对具有不同间隔的脊状表面在多个速度下进行数值仿真研究,结果表明间隔大小与脊状结构尺寸相当时,减阻效果最佳。宋保维对不同宽高比的随行波减阻性能进行研究时发现,相同高度条件下,减阻效果会随着随行波宽高比的变大而增强。

4.3.3　凹坑表面减阻

20 世纪 80 年代末,吉林大学任露泉院士课题组开始了以蜣螂等生物为原型的凹坑形表面减阻研究,此外还有仿鱼鳞形凹坑表面减阻。研究主要针对该减阻方式的减阻效果与减阻机理,推动了国内相关领域的发展。Bearman 发现,在回转体表面布置与回转体一定直径比的凹坑,当雷诺数在 $4\times10^4\sim3\times10^5$ 范围内时,试验中获得非常好的减阻效果。北京航空航天大学高歌等对平板上菱形网状布置的凹坑阵列减阻进行研究,并通过水洞试验验证了该减阻效果。凹坑形非光滑表面减阻应用的一个典型例子就是带凹坑表面的高尔夫球。研究人员将高尔夫球表制成密布的凹坑,使得高尔夫球在飞行时,气流在球表面形成薄薄的边界层,在球后方则形成一个湍流尾流区,导致球体后区压力减小。与光滑表面的球相比,凹坑形成的气流边界层紧贴球表,减小了尾流区,增加了球后方的压力,从而使球得以飞得更远。

4.4　仿生高黏滞材料

壁虎是一种攀爬型动物,能攀爬极平滑或垂直的表面,甚至能倒悬挂于天花板或墙壁表面。2000 年,Full 课题组对壁虎脚底的特殊黏附力进行了揭示,研究发现,壁虎的每只脚底大约有 50 万根极细的刚毛,刚毛直径约 5 μm,长度为 30～130 μm,每根刚毛末端有 400～1 000 根更细的分支(绒毛),这些绒毛直径为 0.2～0.5 μm。这种微—纳米多级结构使得刚毛与物体表面分子能够近距离接触,产生"范德瓦耳斯力"。虽然每根刚毛产生的力微不足道,但是 50 万根刚毛积累起来的力足以支持整个身体,使壁虎倒挂天花板,试验表明,100 万根刚毛可以支持 1 225 N 的力。壁虎脚趾的这种黏附结构还具有自洁、附着力大、可反复使用以及对任意形貌的未知材料表面具有良好的适应性等优点。

受壁虎脚趾特殊微观结构及性能的启发,国内外众多课题组相继开展了仿壁虎脚高黏附材料的研究。2005 年,利用模板覆盖法制备了仿壁虎脚高黏附材料——阵列聚苯乙烯(PS)纳米管膜。研究表明,这种粗糙结构的 PS 膜表面具有超疏水性,而平滑 PS 膜只显示了弱疏水性,并且水滴在这种膜表面具有很强的黏附力。随着多壁碳纳米管合成技术的成熟以及碳纳米管兼具强度和韧性,拥有良好的机械、力学性能等特点,使得仿生合成具有仿壁虎脚结构的强黏附性材料成为可能。Dai 课题组利用等离子增强化学气相沉积和快速加热相结合的方法可以得到垂直排列的单壁碳纳米管阵列。这种特殊的干黏胶具有与壁虎脚类似的结构,并且具有 29 N/cm^2 的黏附力,而壁虎脚仅有 10 N/cm^2。同时碳纳米管所特有的电学和热学性能使该干黏胶材料具有良好的导电和导热性能。Dhinojwala 课题组首先利用化学气相沉积法在石英或硅片上制备垂直排列的多壁碳纳米管(MWNTs,直径为 10～20 nm,长约 65 μm),然后用 PMMA 包覆这些垂直排列的多壁碳纳米管,将 PMMA-MWNTs 浸泡在丙酮或甲苯溶液中 50 min 后使顶端露出 25 μm 长的碳纳米管,随着溶剂的挥发、干燥,垂直排列的 MWNTs 会形成直径约 50 nm 的碳纳米管束。这种特殊结构在很大程度上增加了表面的粗糙度,使其具有很高的黏附性。扫描探针显微镜的测试结构表明,在纳米尺度上,这种仿壁虎脚结构 MWNTs 材料的黏附力是壁虎刚毛的 200 倍。Dhinojwala 课题组将具有多尺度结构的多壁碳纳米管阵列覆盖到 100～200 nm 厚的聚甲基丙烯酸甲酯和聚丙烯酸十八酯聚合物的表面得到了仿壁虎柔性贴片。以硅片为基底,通过光刻、催化剂沉积以及化学气相沉积三个过程可以得到多尺度结构的多壁碳纳米管阵列。

这种新型的黏合材料具有与壁虎脚底刚毛类似的结构和功能,对许多物体表面都具有较强的黏附力并且能够反复粘贴、扯下,其黏附强度是壁虎脚的 4 倍。2008 年,王中林课题组利用低压化学气相沉积方法制备了结构可控的直立型多壁碳纳米管阵列,进而研制出具有强吸附和易脱离性能的碳纳米管仿生壁虎脚材料,如图 4-4 所示。每平方厘米的阵列面积上拥有 100 亿个以上的直立碳纳米管,其密度远远高于壁虎脚刚毛末端的纳米分枝密度。这些碳纳米管阵列对接触物表面没有特殊要求,不仅能在玻璃等光滑的物体表面产生强吸附力,而且在其他粗糙或疏水物体的表面也一样适用。这种新型的碳纳米管阵列仿生壁虎脚将在航空、航天、电子封装、高温黏结等领域具有巨大的应用前景。

图 4-4　碳纳米管仿生壁虎脚材料

　　尽管壁虎脚具有很强的黏附能力,但一旦进入水中,壁虎脚底的黏性会骤然下降。水和其他液体一般被看作是黏合剂的"天敌"。而贻贝在水下的吸附能力超乎寻常。贻贝是通过足底分泌出的胶黏蛋白质的化学作用,来保持其独特的吸附能力。因此,壁虎和贻贝实现超强黏附能力的方式是截然不同的。受贻贝和壁虎脚特性的启发,2007 年,Messersmith 课题组研制了一种能在水下发挥作用的"壁虎胶水"。其方法是将壁虎脚一样的特殊微/纳米结构与贻贝所采用的进行水下黏附的化学方法相结合,所获得的杂合型黏合剂(由一系列利用浸渍—提拉方法涂有多巴胺的小柱子组成,这种聚合物类似于贻贝的黏性蛋白)在湿态和干态都表现出惊人的可逆黏附性,黏附周期超过 1 000 次。此外,Messersmith 等还将 Ti 基片、陶瓷粉末、金属、半导体、聚合物等衬底放到稀释的多巴胺溶液中,利用浸渍—提拉方法将一层薄薄的多巴胺高分子胶生长到衬底上,这种胶可以黏合到复杂的和有图案的表面。

4. 5　仿生集水材料

　　水是人类赖以生存的重要自然资源。地球有 70% 的表面是被水覆盖,但其中绝大部分都存在于海洋之中,淡水仅占水资源总量的 2.5%,如图 4-5 所示。在 2.5% 的淡水资源中,大部分以冰川和积雪的形式存在,而可直接利用的淡水资源占 0.3%,并且其在世界范围内的分布十分不均匀。

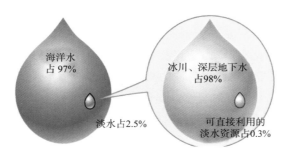

图 4-5　地球各类水资源百分比分布

随着科学技术的发展,人们在生活上获得了极大便利,但是这却是以一系列严峻的环境问题为代价的,尤其是土地荒漠化和水污染,导致了水资源的严重匮乏。预计到 2030 年,全球人口将增加至 82 亿,全球水资源消耗将达到 6 万亿 m³/年。生活在严重缺水地区的人口将从 2005 年的 28 亿增加到 2030 年的 39 亿,占预计人口的 47%。这意味着人类正面临着越来越严峻的水资源短缺问题。水资源短缺不仅会制约着经济的发展,同时还会带来生态系统恶化和生物多样性破坏,将严重威胁人类生存。因此,寻找新的淡水资源获取途径以获取更多的水资源成了一个亟待解决的问题。

目前,传统的淡水收集方法主要有废水回收和海水淡化。然而,这些方法不仅昂贵、复杂,且能耗高。因此,寻找新的淡水来源是一个严峻的考验。根据调查,即使在极度缺水的地区,雾气中也会有大量的水,从雾或过饱和水汽中收集水被认为是一种潜在的重要的淡水来源。如果可以实现雾中水分的收集,则可以在很大程度上缓解水资源短缺的问题。近年来,在水收集材料的设计和制备方面已经进行了许多尝试和探索,包括传统的雨水收集和雾化冷凝。然而,传统的取水方法仍然存在局限性,例如低水收集效率和高能耗。因此,迫切需要替代的新方法和材料来减少能量消耗并提高进水效率。

水是所有生物生存必要的物质。经过 30 亿年的演化,许多生物进化出了高效的水收集能力来保证自己能够获取足够的水分以维持生存,例如在沙漠中生存的仙人掌和沙漠甲虫。这些有趣的生物引起了研究者们的注意,于是仿生集水材料开始进入人们的视野。早期的仿生集水材料研究是基于对某种生物特殊结构的模仿。随着研究的深入,人们开始将两种或者多种生物的特点结合起来,获得性能更加优异的集水材料。

4.5.1　蜘蛛丝仿生集水材料的制备

受天然蜘蛛丝集水现象的启发,在充分了解其集水性能的内在机理之后,人们通过模仿蜘蛛丝这种纺锤结和连接体交替排列的结构,运用不同的方法制备了一系列仿蜘蛛丝一维纤维集水材料。

许多研究者尝试利用瑞利-泰勒不稳定性原理在纤维上引入一系列类纺锤结结构来模仿润湿后蜘蛛丝的微观结构。例如,柏浩等将尼龙纤维浸入 PMMA 溶液中,随后将其从溶液 PMMA 溶液中提拉出来,尼龙纤维上就包裹了一层聚合物液膜。根据瑞利-泰勒不稳定性原理(高曲率纤维表面的液膜无法稳定存在,会自发地破裂成沿纤维长轴方向规则分布的一系列液滴),液膜破裂成沿尼龙纤维轴向规则分布的一系列液滴,经干燥后液滴变成类纺锤结结构。当纺锤结疏水且粗糙时,液滴会向纺锤结运动。接触角滞后效用和表面能梯度产生的驱动力相抵消,最终由拉普拉斯压力梯度决定液滴的运动方向。一维仿生集水纤维同样可以通过共轴静电纺丝法(coaxial electrospinning,简称 co-ESP)制备。共轴静电纺丝法是一种十分有用的方法,在制备各种各样微观核—壳结构和管状纤维中有着重要的应用。在传统的 co-ESP 过程中,外层一般使用黏度较高的溶液,这是因为当溶液黏弹性大到足以克服瑞利-泰勒不稳定性时,外层的溶液就会形成一层液膜而不是破裂成一个个液滴,待到凝固后在外层就形成了一种壳状结构。如果瑞利-泰勒不稳定性不能被溶液的黏弹性克服,那么液膜就会破裂成周期性分布的一个个小液滴,如图 4-6 所示。

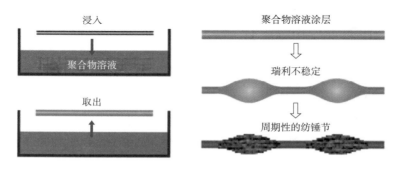

图 4-6　浸入提拉法制备仿蜘蛛丝纤维示意图

　　Bai 等研究了仿蜘蛛丝结构纤维与液滴之间的黏附行为,理论分析了纺锤节结构与普通圆形纤维相比可以挂嵌更大液滴的原因。Xue 等通过控制流体浸涂时拉丝的速度变化,制备了具有梯度大小变化的仿蜘蛛丝周期纺锤节纤维,通过观察发现液滴自发性由小纺锤节向大纺锤节移动,最终实现了可调控的定向雾气收集与输运。Feng 等使用偶氮苯聚合物制备了具有微纳米多尺度结构的仿蜘蛛丝周期性纺锤结纤维,实现了紫外光与可见光下液滴在纺锤结上的聚集和分散,实现了光响应性微小液滴的操控。Du 等通过电纺丝制备了放射形排列的周期纺锤结结构的仿蜘蛛丝纤维阵列,利用纺锤结结构的集水性能以及放射形分布纤维夹脚所产生的拉普拉斯压差协同作用进行高效率的集水。

4.5.2　仿沙漠甲虫集水材料

　　基于对沙漠甲虫背部集水过程的研究,研究人员开始尝试模仿沙漠甲虫背部这种亲疏水相间的特殊浸润性图案来制备新的二维集水材料,比较常见的方法有亲疏水二元表面组合法、喷墨打印法、等离子体沉积法等。通过模仿沙漠甲虫和蜘蛛丝的集水策略,Bai 等提出了一种具有星形浸润图案的新型表面。通过整合表面能梯度和拉普拉斯压力梯度,这种具有星形浸润图案的表面可以快速将微小的水滴驱向至更易浸润的区域,从而增强了对空气中水滴的捕获。结果表明,这种类型的表面在水收集方面比均匀的超亲水、均匀的超疏水,甚至圆形图案的表面具有更高的效率。此外,当减小图案尺寸(1 000 μm → 500 μm → 250 μm)时,对雾气的收集效果增强更明显。该研究为具有复杂润湿性的新型表面的设计提供新的思路,该表面可用于提高水收集或与之相关的其他工程应用的效率。

关于表面集雾,大多数集雾工作研究主要关注集水的能力,而忽略所选材料的环境可靠性。仿照沙漠甲虫分级集雾界面设计了一种基于抗菌针阵列(ABN)和亲疏水的协同结构。将两性离子的羧酸甜菜碱(CB)涂在亲水的针阵列表面使其与水有更强的亲和性且抗菌,针阵列斜着插在疏水片上使水滴迅速脱离,并在疏水片上设计 CB 图案化的路径,使高效集水和抗菌能力结合,可实现干净水的收集,如图 4-7 所示。

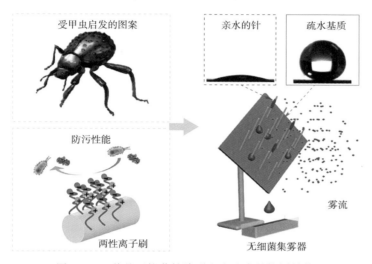

图 4-7　一种基于抗菌针阵列和亲疏水的协同结构

模仿纳米布沙漠甲虫疏水亲水性表面捕雾行为,首次在不经过后期修饰的亲水表面用激光一步处理出了仿生混合润湿表面,利用飞秒激光技术诱导 PTFE 纳米粒子沉积在超疏水铜网再组装在亲水铜片上。该表面表现出良好的捕雾性能和好的耐腐蚀性能,可通过控制网格数和表面倾角来优化表面的集雾性能。

初始的铜网和铜片表面接触角分别为 119°和 76°,在不加 PTEE 粒子条件下用飞秒激光技术制备的铜网具有超亲水性,但在添加 PTEE 粒子后铜网和仿生混合润湿表面的接触角分别达到了 158°和 159°,除此之外,仿生混合润湿表面的黏附力极低。在雾流速度为 10 cm/s 时,该表面的集水效率为 203 mg/(cm² · h)。试验除了考虑铜网网格尺寸和样品摆放角度等常见因素对集水效率的影响外,还研究了不同的飞秒激光烧蚀参数(如扫描速度)对材料表面结构和集水效率的影响。当扫描速度从 3 m/s 降低到 0.1 m/s 时(固定激光功率为 6 W),形成了三种结构,即纳米粒子(NP)、纳米粒子(NRNP)和微粒子(MP)。其中铜网一旦形成 NRNP 和 MP 结构,就可以形成超疏水性铜网,其集水效率就能达到约 200 mg/(cm² · h)。通过观察集水现象发现表面水滴移除主要有两个过程,收集到的小液滴在亲疏水界面接触后会脱离疏水的铜网流向亲水的基地,而大液滴在脱离时主要依靠的是液滴自身的重力脱离铜网。

超疏水表面能极大地降低超亲水材料和超疏水表面之间的黏附力,并且超疏水材料一般具有高粗糙度的表面,液滴在这种高粗糙度表面上的浸润状态一般为 Cassie 状态。因为这两个问题的存在,导致喷墨打印所用墨汁液滴中的亲水物质和超疏水基底之间的相互作用面积有限且相互之间黏附力不强,这就使得直接在超疏水表面引入超亲水图案十分困难。

亲疏水二元组合法完美地解决了上述方法的不足之处,其思路是将两种具有不同表面浸润性的材料通过物理方法组合起来形成一个二元复合表面。通过这种方法制备复合浸润性的表面对原材料有以下几点要求:(1)两种材料必须要有不同的浸润性或者能够被其他物质修饰成具有不同浸润性的表面。(2)一种材料必须是多孔的,具有合适的孔径,另一种材料必须是可塑的,这样两者就可以通过简单的处理组合在一起,形成复合表面。在此基础上,Wang 等选择铜网作为原材料,首先对铜丝网进行煅烧,在纳米尺度上形成具有表面结构的氧化铜层,如图 4-8 所示。然后用 1H,1H,2H,2H-全氟癸基硫醇(PFDT)对铜网进行处理,在铜网上形成超疏水表面。通过实验室热压工艺,将超疏水的改性铜网和亲水的聚苯乙烯(PS)压合在一起,最终获得亲水—疏水二元复合表面。通过改变铜网的规格以及热压的温度,可以轻松控制图案的大小从而很容易对其集水效率进行优化。

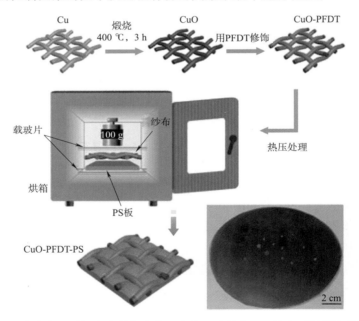

图 4-8　亲疏水二元组合法制备亲水—疏水二元复合浸润性表面材料流程示意

4.5.3　仙人掌仿生集水材料的制备

仙人掌的锥形刺为高效集雾材料的制备提供了新的思路。研究者通过对仙人掌刺的模仿,开发了多种方法制备各种仙人掌仿生集水材料。

受仙人掌刺集水行为的启发,Ju 等开发了一种利用电化学腐蚀制备仿仙人掌刺集水材料的方法。他们以铜丝为原材料,以铜丝作为阳极,铜棒作为阴极进行电化学腐蚀。通过重复升降装有电解质溶液的容器和改变一些其他的参数例如铜丝浸入电解质溶液的深度,得到一系列顶角在 9°～15°之间的锥状铜丝(conical copper wire,CCW)。对铜丝表面进行化学修饰以构建浸润性梯度,首先控制具有疏水甲基基团的烷基硫醇在不同区域不同程度地组装到金纳米颗粒包覆的基底上,然后将另一种具有亲水性羟基基团的烷基硫醇组装到基底的空位上,甲基较多的区域具有较强的疏水性。由于这两种烷基硫醇比例沿着铜丝轴向单向变化,它们所覆盖的基底呈现出润湿性梯度。随后对样品进行表面形貌观察和表面成分分析,确实存在浸润性梯度,证明了这种方法的可行性。

4.5.4 其他仿植物表面特殊表面结构集水

仿照表面疏水的漂浮蕨类植物槐叶蘋表面的冠状头部结构,如图 4-9 所示,通过将自然特征的尺寸缩小约 100 倍来复制,利用三维激光光刻技术获得了与自然模型类似的微米分辨率的微尺度冠状头部结构。自然情况下,槐叶蘋表面在被水淹没时能够保留一层空气层,确保蒸腾作用和保温作用,这个气膜的长期稳定性是由其表面特征疏水性给出的;有微米级或毫米级的毛发;存在额外的精细结构(如脊、毛或蜡);微纳米空腔和结构弹性,其中材料表面的疏水性对气膜的存在起着至关重要的作用。为了利用微观物理来获得在更大尺度上无法实现的行为,比如在亲水材料表面形成类似的气膜,Tricinci 等利用亲水材料(交联环氧基光刻胶)缩放了槐叶蘋的表面结构。激光共聚焦测试结果表明,即使是亲水材料其图案表面在被水淹没时仍表现出疏水性和空气滞留特性。随后 Tricinci 等用环境扫描电子显微镜观察该材料表面的水凝结现象,微液滴在冠状头部结构的顶端凝结出现并逐渐长大,认为这是由于冠状头部结构部分的粗糙度比其他平滑区域高,因此水蒸气会先凝结在这个区域。

采用了软光刻技术制备仿剑兰表面的微纳米表面,实现纳米三维结构的可控制备,该方法在不使用疏水涂层的前提下制备出了疏水表面,得到了较高的集水效率。利用软光刻制造技术对生物标本剑兰的表面结构进行有效复制并研究其集水和凝结机制。天然的剑兰表面是疏水的,并由分层排列的微纳米结构构成,基于软光刻的方法可以实现大规模生产这种具有复杂微纳米结构的高纵横比的聚合物表面。复刻样品的重复性很好,此方法不涉及任何疏水涂层,仅通过表面形貌的复刻制备出了集水效果较好的功能性表面,增强了冷凝和雾收集性能。

模仿猪笼草结构设计一个规则的微针和纳米颗粒的协同结构,能有效改善润滑剂存储性能,明显提高了毛细力,抑制了润滑油在集水过程中的损失,能保持长达 20 h 的稳定高效集水。传统的仿猪笼草结构是将某种光滑的液体注入多孔表面,其中的液体极易流失,因此Feng 等对其进行了优化,通过协同构建规则的微针垫和纳米颗粒的结构设计,开发了一种具有改善润滑剂存储性能的高稳定性表面。Feng 等利用微观结构上纳米结构的存在提高了毛细力,抑制了润滑油在集水过程中的损失。

图 4-9　槐叶蘋叶的上表面、冠状毛的光学图像和激光光刻制成的
人工冠状毛发的光学图像、示意和排列图

　　定向集水研究了干旱环境下的植物东方旱麦草在雾水收集中的非对称各向异性（方向性）行为。东方旱麦草叶子是一个由宏观凹槽、微观倾斜锥（在水流方向上）和纳米尺度薄片组成的分级表面结构。Gursoy 等通过软光刻结合纳米涂层沉积或功能纳米压印来复制这种高效率的定向集水功能。

　　东方旱麦草生长到大约 25 cm 高，叶子长 5～8 cm，宽 1 cm，近轴表面和远轴表面分别是暗绿色和绿色。在有雾的时候，水滴聚在一起，沿着叶子的长度滚向地面。有趣的是，水滴优先沿一个方向（非对称各向异性）滚向叶尖（而不是叶柄）。叶片的两面都表现出疏水性，当沿叶片的长度平行观察时，正面叶尖表现出最高的静态水接触（164°）和最低的接触角滞后值 5°，这表明了叶子的超疏水性。当沿垂直于每片叶子的长度观察时，接触角较高，这与沿叶子向叶尖的各向异性是一致的。对水滴的滚动角测量显示，它们更倾向于沿着叶片向叶尖滚动，而不是垂直于叶片轴。扫描电镜下观察到叶面的分级结构清晰可见，沿着叶的宏观沟槽相距大约 96 μm，沟槽的棱上覆盖着倾斜的锥状结构（直径约 20 μm），从叶柄向叶尖倾斜（即水滴滚动的方向）。这些倾斜锥状结构的密度沿着叶片从叶柄向叶尖方向增加，这表现为疏水性的增加。在纳米尺度上，整个表面覆盖着宽 147 nm、长 890 nm 的植物薄片。

利用软光刻技术完美复制了东方旱麦草叶表面的宏观和微观结构，但是缺少纳米薄片，这与该技术固有的局限性一致，表现为具有较高的接触角滞后值。这些未功能化的复制品显示了水滴沿沟槽的各向异性扩散（即形成不对称形状的水滴），遵循了实际植物叶片表面观察到的行为。利用平坦的乙烯化片和初始化学气相沉积（iCVD）氟烷基链疏水涂层法，显示在集水中方向性没有增强。利用全氟烷基链 iCVD 或功能性纳米压印技术，有助于解决 Cassie-Baxter 状态更低的疏水性。获得的疏水功能化复制表面产生的非对称各向异性浸润增强效果，远远超过未功能化复制表面或东方旱麦草的增强效果。利用软光刻技术结合纳米涂层沉积或者功能化纳米压印复制得到的表面具有高定向集雾效率。

4.5.5 仿生集水材料的发展

在上述所提及的一维纤维和二维表面集水材料都是单一地对某一种生物的特殊结构进行模仿。随着人们对仿生集水材料研究的深入，科研工作者们开始将两种甚至多种生物的特点结合起来，制备出了性能更加优异的集水材料。

表面的毛细黏附力和接触角滞后现象会降低集水过程中液滴运输的效率。有研究表示，在表面自由能梯度和拉普拉斯压力的作用下，液滴能够克服毛细黏附力从而在一定程度上提高液滴运输效率。同时有研究者发现在液滴运输过程中还存在一种液滴合并能。受仙人掌尖刺和蜘蛛丝启发，Xu 等利用可控电化学腐蚀的方法制备出了具有周期性粗糙度梯度的锥状铜线（PCCW），并获得了一个集水阵列。PCCW 可以在圆锥形表面周期排列的点上收集雾气，并在没有外部力的作用下将液滴运输很长一段距离。这是由于液滴合并过程中液滴变形产生了合并能，合并能协同拉普拉斯压力差和表面能梯度一起推动液滴运动。通过这种策略极大地提高了集水过程中液滴运输效率，从而提高整个集雾过程的效率。

Janus 多孔膜（JPMs）是实现液滴的单向运输的一种重要手段。一般来说，由于不对称的化学组成和浸润性，液滴穿过 JMPs 膜的能垒很高，这又导致 JMPs 膜在液滴单向运输领域的应用存在着很大的局限性。为了解决这个问题，Wang 等制备了一种特殊的穿孔纳米线 Janus 多孔膜（PNJPM）。他们先用氢氧化钠和过二硫酸铵氧化铜网得到亲水表面（有圆锥针状纳米凸起），然后在这个表面进行静电纺丝，即在上面覆盖一层特别薄的疏水纤维膜，用氮气垂直冲下，最后就得到了 PNJPM。通过这种特殊手段制备的 PNJPM 具有以下优点：(1) 水输送通道由穿透纤维膜的纳米锥形成。每个纳米锥都有一个结构诱导的拉普拉斯压力，能够迅速驱动水从尖端到达底部。(2) 超薄纳米线层的厚度（几百纳米）可以通过改变产生的纳米线量轻松控制。(3) 运输通道通过改变液滴的运输方式降低了液滴穿过 PNJPM 的能垒。(4) 锥形纳米针穿透纳米线膜提高了纳米线膜支撑层的界面稳定性。更为重要的是，因为有效的通道以及结构诱导的拉普拉斯压力，水通量获得大幅的提升。

Jiang 等用机械穿孔和模板复制技术制备了一种具有六角形排列的 PDMS 锥形阵列。观察到在剥离低密度聚乙烯（LDPE）模板后获得具有六角形排列的锥体排列的 PDMS 表面,它有助于交错锥体周围水滴的填充以及水滴沿着每个锥体的快速定向运动。这项调查为有效收集水资源开辟了一条新途径,然而此种方法所制备的材料通常具有易于破裂的圆锥形状。因此,如何维持机械性能和化学耐久性,实现将收集的水运送到长距离某一区域的系统是研究者目前亟待解决的问题。Hu 等基于仿生液体注入多孔基底的光滑表面开发了一种用于逐滴冷凝和逐滴输送的新型集水平台。该集水平台具有优异的液滴冷凝能力,可在低温环境下直接连续捕获空气中的水分,然后经由拉普拉斯压力驱动的精心设计的楔形平台上实现了液滴的自发定向传输,由于在液滴合并和追逐的重复运动中聚结的液滴引起地从表面能到动能的能量转换,导致传输距离是无限的。该集水平台在先进的运输设备、多功能传感器、执行器的应用中显示出巨大的潜力,并且是解决水资源短缺问题的潜在方案。

4.6 仿生流体传输材料

生物膜对无机离子的跨膜运输有被动运输(顺离子浓度梯度)和主动运输(逆离子浓度梯度)两种方式。被动运输的通路称为离子通道,主动运输的离子载体称为离子泵。离子通道实际上是控制离子进出细胞的蛋白质,广泛存在于各种细胞膜上,具有选择透过性。生物纳米通道在生命的分子细胞形成过程中起着至关重要的作用,如生物能量转换,神经细胞膜电位的调控,细胞间的通信和信号传导等。研究者在前期利用 DNA 纳米技术构筑表面DNA 功能分子器件以及纳米孔道体系内电解质流体输运行为的理论与试验基础上,将DNA 分子与纳米孔道体系相结合,开发出仿生智能响应的人工离子通道体系,通过生物分子的构象变化实现了合成孔道体系的开关功能。首先在经单个高能重离子轰击的高分子材料的基底上,制备出尖端只有几个到几十个纳米的圆锥形单纳米孔道。然后将具有质子响应性的功能 DNA 分子马达接枝在纳米孔道内壁上,通过改变环境溶液的 pH 值,使 DNA 分子马达发生构象变化,完成通道的打开和关闭,如图 4-10 所示。这种新型的仿生离子通道体系弥补了蛋白质离子通道的不足,可以很容易地与其他微纳米器件结合,组成更为复杂和多功能化的复合型纳米器件。这不仅为新一代仿生智能纳米器件的设计和制备提供一种新的方法和思路,同时也为设计用于生物分子筛选和淡水过滤的选择性滤膜提供了重要参考依据。科学家们合作开展了 pH 值调控的核酸纳米舱研究。由于核酸四链结构形成的分子膜比较致密,可以阻止此空间中的小分子扩散到外部的溶液中,所以称此空间为核酸分子纳米舱。当改变溶液的 pH 值使核酸的四链结构破坏时,致密的分子膜不再存在,核酸分子纳米舱中储存的小分子可以被释放到溶液中。由于核酸分子马达的可循环性,核酸纳米舱可以实现多次循环利用。此外,在适当交变电场的作用下,该核酸纳米容器的关闭时间可缩短到几十秒钟。这为深入利用核酸分子的结构可设计性、相互作用可设计性以及协同运动的可设计性提供了富有意义的探索途径。

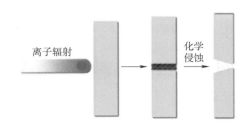 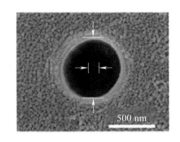

（a）利用离子径迹刻蚀技术构筑纳米　　　　　　　（b）无 DNA 接枝纳米孔道的扫描电子显微镜照片
孔道过程示意

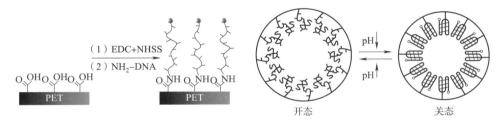

（c）利用化学反应技术将 DNA 马达接枝到纳米孔道内壁　　　（d）具有 pH 响应的分子马达示意

图 4-10　仿生智能响应人工离子通道体系构筑示意

4.7　定向液体输运自润滑表面

受到自然界中生物表面所具有的非浸润结构的灵感,特别是荷叶,促成了基于液体排斥性微纹理表面的发展,其依赖于形成稳定的气—液界面。尽管进行十多年的研究,但这些表面仍然需要面对限制其实际应用的问题:有限的疏油性,高接触角滞后,压力失效和物理损坏,无法自我愈合和生产成本。为了应对这些挑战,哈佛大学 Joanna Aizenberg 课题组提出了一种能够实现自我修复、光滑的液体灌注多孔表面(SLIPS),该表面具有出色的疏水和防冰性能、压力稳定性和光学透明度的增强性能。这一表面的设计灵感来自猪笼草,在概念上与荷叶效应不同,因为这种 SLIPS 材料使用纳米/微结构基材来锁定注入的润滑液。这一材料能够满足润滑剂形成稳定、无缺陷和惰性"滑"界面的要求。这种表面优于其天然材料和最先进的合成输液表面,能够排斥各种简单和复杂的液体(如水、碳氢化合物、原油、血液等),保持低水平的接触角滞后(小于 2.5°),在物理损坏后(0.1~1 s 内)能够迅速恢复液体排斥性,能够抵抗冰黏附,并在高压(最高约 680 个标准大气压)下起到超输液的作用。这一研究还表明这些性质对底层基板的精细的几何形状不敏感,这种不敏感性使得这一方法适用于各种廉价的低表面能结构材料。这些光滑的表面将用于流体处理和运输,光学传感,医学以及在极端环境中操作的自清洁和防污材料。

4.8 仿生热材料

隔热材料是能阻滞热流传递的材料,又称热绝缘材料。隔热功能织物即通过对织物进行隔热,使其对热量具有阻隔作用,从而阻碍织物表面温度上升或者降低以维持内部温度恒定。人们对穿着舒适、可以有效隔绝热量的纺织品的需求日益迫切。隔热材料分为多孔材料、真空材料和热反射材料三类。其中,多孔材料利用材料本身所含的孔隙隔热,孔隙内的空气或惰性气体的导热系数很低,常见的多孔材料有泡沫材料等;真空材料是利用材料的内部真空来阻隔气体对流来进行隔热;热反射材料通常具有很高的热反射系数,从而能将热量反射出去,常见的热反射材料有金、银、镍、铝箔或镀金属的聚酯、聚酰亚胺薄膜等。隔热织物的制备方法多种多样,主要有气相沉积法、溶胶凝胶技术、浸轧法和干法直接涂层法。然而这些方法往往具有耗时、耗能、工艺复杂、环境不友好、尺寸限制等缺点而无法得到广泛的应用。一些主要的例子如企鹅、北极熊毛发,天然蚕茧等,这些天然生物材料具有多孔结构,利用多孔特性,容纳高比例的空气,实现对热的管理,也被称为天然的热管理材料,实现了生命体的保温隔热。

北极熊生活在北极地区气候寒冷的恶劣环境,为适应环境,北极熊需要极强的保温能力来保障自身的生存。其进化成特殊的皮肤,除了厚达 12.7 cm 的脂肪外,起到保温作用的还有其遍布全身的具有极强保温隔热性能的毛发。北极熊毛与其他多孔动物毛发的共同特征是,基本分为上下两层,上层毛发长且稀疏,下层短而密,紧贴皮肤。这样的结构能有效地捕捉空气,降低总体热导率,并减少对流热损失,同时防止水的渗入。北极熊毛具有特殊的核壳结构——核层多孔,壳层质密。这种结构可以有效地将空气锁在毛发的空腔里,从而实现对身体的保温;同时,北极熊对红外实现了“隐身”。这表明北极熊毛发外侧的温度与环境温度相差较小,也说明其毛发优异的保温隔热性能。企鹅生活在地球的南极,能在 −60 ℃ 的严寒中生活、繁殖,其演变成特殊的羽毛,需要足够的保温措施来维持体温。企鹅羽毛有多级结构,包括羽轴、羽枝、小羽枝、倒钩及多孔结构等。这种复杂的多级结构可以有效地锁住空气,实现热管理。驯鹿是生活在北极附近的大型哺乳动物,主要分布在亚欧大陆、北美洲北部以及一些大型岛屿上。驯鹿的毛发具有微米级别多孔的结构,用以实现良好的保温。

受到自然界特殊结构和功能的启发,具有保温隔热功能的天然材料成为开发隔热材料的灵感源泉(图 4-11),其主要研究路线是制备各种的多孔材料。多孔纤维最常见的制备方法主要包括熔融纺丝、微流体纺丝、静电纺丝、冷冻纺丝等。熔融纺丝是以聚合物熔体为原料,采用熔融纺丝机进行纺丝的一种成型方法。加热后能够熔融或转变成黏流体而不发生显著降解的聚合物,均可通过熔融纺丝法加工。熔融纺丝时,熔体或聚合物在螺杆挤出机中加热熔融,经泵输送至纺丝组件,过滤后由喷丝板的毛细孔中挤出成细流,在纺丝雨道或直接在空气中冷却成型。微流体纺丝是指在传统湿法纺丝的基础上,结合微流体的层流效应,使用具有一定黏度的纺丝液,利用微流体芯片,制备出具有不同形貌和尺寸的纤维。通过微流体纺丝制备多孔纤维则需要根据实际需求对微流体芯片中的微通道进行设计。静电纺丝是由纺丝液在外加静电场力的作用下生产纤维的方法。在高压电场的作用下,纺丝液受到与表面张力方向相反的电场力,形成"泰勒锥"。当电场强度增大,带电液滴克服其表面张力从喷丝口喷射出来,喷射流不断拉细,溶剂挥发,从而形成纤维。冷冻纺丝是一种冰模板法,其利用冷冻过程中形成的冰晶作为模板制备多孔材料,具有适用于众多材料体系、环境友好、易于调控制备复杂多孔结构等优点,板冰晶更易完全去除,且不污染环境。常见的冰模板法有普通模板法、定向冷冻法和双向冷冻法等。其中,定向冰冻法主要用于制备取向多孔材料。这些方法为多孔材料的制备提供了途径。

图 4-11 超多孔无机氧化物纳米纤维

4.9 仿生纳米锥

纳米锥结构在生活中很多方面都有应用,尤其是在电池和光伏产业中。在薄膜太阳能电池中,氧化锌纳米阵列早已经得到了广泛应用。例如,在染料敏化电池中将具有纳米阵列的氧化锌作为阳极,与传统的二氧化钛纳米颗粒比较,纳米线阵列结构具有更好的电子传输性能。在聚合物/无机物混合型太阳能电池中,氧化锌阵列结构更便于电子的收集、传输。在无机物电池中有文献提出,氧化锌纳米锥的尖端结构与平面电池相比,具有较强的电场,这将有利于光生载流子的分离。Milan Vanecek 等采用自上而下的方法制备出了氧化锌纳米锥阵列,方法是:结合电子束刻蚀以及反应离子刻蚀,然后在纳米锥阵列上沉积了非晶硅薄膜电池,最后通过低压力化学气相沉积法制备了氧化锌背电极,电池的效率超过 10%。玻璃纳米锥也应用于光伏产业中,马泽宇课题组使用特殊的玻璃,得到了高度有序的玻璃纳米锥序列,纳米锥体结构提供了一个增强光吸收的最佳形状高径比(纳米锥高度/直径),用于太阳能转换,材料的优异性能主要是因为极高的折射率,纳米锥材料就像很多子弹站立起来排列一样,极大地提高了光的转化效率。纳米锥序列还可应用于自清洁方面,在一具有纳米阵列结构的表面上,通过化学反应接枝一层低表面能物质,就会表现出非常优异的超疏水性能和自清洁性能。除了上述应用外,纳米锥还应用于传感、电子发射和清洁等方面,包括前面介绍的杀菌作用蝉翼表面铺满了有序纳米锥,仅仅依靠纳米结构就能够杀死细菌,而与翅膀生化功能无关,其核心就是纳米锥的结构参数,如高径比、锥间距等,对日常生活和医疗均具有重大的研究意义,这在第 1 章已有论述,在此不再赘言。

基于此,很多科学家利用各种不同的材料,制备出仿蝉翼纳米锥序列,并研究了杀菌效果。2014 年,Surgical Research 等在硅基底采用掠射角溅射沉积方法制备金属钛纳米柱仿生蝉翅纳米结构表面。将金黄色葡萄球菌和大肠杆菌在表面上培养 1 h 和 3 h,温度 37 ℃,1 h 后各组没有区别,3 h 后大肠杆菌在纳米表面受到抑制,细胞的活率下降,形貌变化、细胞壁变形,但是金黄色葡萄球菌则没有,而且人的骨髓间充质干细胞也没有受到影响,杀菌效果明显。2014 年,Ting Diu 等采用水热合成的方法,在金属钛表面生长出二氧化钛纳米线阵列,纳米线高度约为蝉翼表面纳米凸起的一个数量级倍,较为无序。经过研究发现,纳米线对铜绿假单胞菌有很强的致命作用,但是对金黄色葡萄球菌没有,这种杀菌作用具有选择性,并且动态时杀灭效果更明显,而且二氧化钛具有生物相容性,还能够引导各种不同动物细胞的增殖分裂,如图 4-12 所示。2015 年,Jafar Hasan 等在硅基底上利用深度反应离子刻蚀技术制备纳米结构,与蜻蜓翅膀的结构类似,纳米柱直径 220 nm,高度 4 μm,间距随机,具有超疏水性,能够对大肠杆菌和金黄色葡萄球菌都有杀灭作用,180 min 以后,杀灭率可以达到 80% 以上。杀菌主要是通过撕破细胞壁的途径,表面上细胞活率低于光表面 6 倍,但是也能杀灭动物细胞、小鼠的成骨细胞。2016 年,Leanne E. Fisher 等通过微波等离子化学气相沉积和反应离子刻蚀,得到两种金刚石纳米锥结构表面,前者纳米锥倾角为 45°,锥高在 800 nm~2.5 μm 之间;后者锥高大的为 3.5 μm 左右,小的在 100 nm 左右,纳米锥间距不固定;并研究了两者的杀菌效率。结果表明,高径比大的纳米锥具有更强的杀菌效果,但是纳米锥太规则或者太密集,均会使杀菌效率降低。通过上述总结可以看出,研究学者对于纳米结构杀菌的研究从未停止,纳米阵列杀菌主要受纳米锥高、锥间距、有序性以及高径比影响。

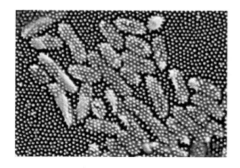

图 4-12　铜绿假单胞菌在蝉翼表面和在纳米锥之间陷落

4.10　仿生黏附表面

随着人们对仿生微结构的进一步认识,研究人员在仿生微结构的基础上提出了表面织构技术。通过在摩擦副表面上加工出特定的表面织构,可以有效提高摩擦副的摩擦学性能。表面织构在工程实际中有许多应用。在计算机领域,将微凹坑阵列加工在硬盘上可以减小硬盘的黏附力和摩擦力,使其使用寿命大大增加。在机械加工领域,对刀具进行织构化处理可以提高刀具的摩擦学性能,延长刀具的寿命。在机械密封领域,与无织构的密封环相比,织构化的密封环的磨损量和摩擦系数显著减小,使用寿命大大增加。此外,高尔夫球表面的微凹坑设计可以减小其在飞行中的空气阻力,有效增加了球的飞行距离。由此可见,对仿生微结构的研究是非常重要的。

4.10.1　仿生动物足垫的研究现状

许多动物都具有超强的攀爬能力及超强的环境适应性,例如壁虎、树蛙、螽斯、蝾螈等,它们可以在各种角度的墙壁上自由爬行,不会轻易掉落。这些动物体现出的惊人摩擦力与吸附力给一些生活用品的防滑设计以及黏附设计带来了启示,引起了许多研究人员的注意。

4.10.2　刚毛型足垫的研究现状

这些具有超强攀爬能力的生物所具有的典型结构之一是类似于壁虎脚掌的刚毛型足垫。研究人员对仿壁虎脚掌的刚毛型足垫方面做了大量的研究。Hoon Eui Jeong 等提出了利用模板法制作大面积、高密度纳米结构的方法。他们用高弹性模量的聚氨酯丙烯酸酯(PUA)做模板得到了精确的纳米级结构,并利用此方法在 PMMA 上制作了仿壁虎刚毛阵列。同时,利用树脂的氧阻聚作用,通过二次压印实现了复合微纳阵列的制作。Jongho Lee 等利用填充多孔膜的方法在聚丙烯上制备出与壁虎刚毛长径比相似的纤维结构,纤维长度 $20~\mu m$,直径约 $0.6~\mu m$,并研究了该结构在玻璃上的黏附作用。结果表明,这种高密度纤维结构可以产生很高的黏附力,剪切力也会随着滑动距离的增加而相应增加。Christian Greiner 等利用 SU-8 光刻胶受紫外光照射后凝固的特点,通过二次曝光在 PDMS 上得到分级结构的仿壁虎刚毛阵列,并测量了所得分级结构的黏附性能。研究发现,由于刚毛密度较低,分级结构并不会增加试样的黏附力,其作用效果低于他们的预期。吴连伟等以硅片作为模板,利用真空浇注法在硅橡胶和聚氨酯上制备了具有末端膨大二级结构的仿壁虎刚毛阵列,并进行了切向黏附测试试验。其单根刚毛的尺寸较大,直径为 0.5 mm,长度为 1.4 mm。结果表明,该二级结构的刚毛阵列具有各向异性的黏附性能,且二级结构的存在可以有效增加切向黏附力。

4.10.3　光滑型足垫的研究现状

在光滑型足垫方面,主要是以树蛙和蝾螈为代表的湿黏附和摩擦学性能研究。Huawei Chen 等对树蛙脚掌形态进行了更为细致的观察,他们发现,树蛙脚掌的结构并不是严格的六边形,而是以六边形为主的多边形阵列结构;同时,这些多边形结构存在各向异性,在接近身体的方向长度有所延长,而两侧长度缩短;在此基础上,他们在 PDMS 上分别加工出了六边形、正方形等不同形状的微结构,并与猪的肝脏软组织进行了不同方向的摩擦试验,结果表明,六边形凸起具有较大且稳定的摩擦力,不同纵横比的不规则六边形凸起中,纵横比大的在滑动方向上摩擦系数最大。Kun Wang 等利用软光刻和电铸技术,在 PDMS 表面加工出了仿生正方形和六边形凸起阵列,并对其进行了黏附力测试;结果表明,仿生结构可以有效改善 PDMS 的湿黏附能力;此外,他们还研究了粗糙度对黏附力的影响,发现当粗糙峰的高度低于微结构尺寸时，微结构可以有效增加黏附力。王帅等研究了蝾螈脚掌的表面形貌及其攀附能力；如图 4-13 所示，发现在蝾螈脚掌表面不是类似于树蛙的沟槽结构，而是由直径为 $20\sim30~\mu m$ 的多边形上皮细胞构成，其细胞之间的沟槽较浅；且在其脚掌表面分布有纳米级别的半球状凸起，这些纳米微结构可能是蝾螈脚掌具有超强黏附力的原因之一。Wei Huang 等受蝾螈脚掌的启发，利用软光刻的方法在 PDMS 表面分别加工出了圆凹坑、圆柱凸起和六边形凸起三种织构，并与不锈钢球组成摩擦副进行了球盘摩擦学试验；结果表明，在较高的滑动速度下，圆柱凸起织构与六边形凸起织构均起到了显著的增摩作用；且随着面积率的增加，两种织构的摩擦力逐渐增加。Varenberg 等在聚乙烯基硅氧烷上制作不同参数的仿生六边形凸起试样，并进行了摩擦学试验；研究发现，试样在不同的条件下体现出了不同的作用效果；在干接触时，具有仿生结构的试样的摩擦力相对较低；而在有矿物油的条件下，具有仿生结构的试样体现出了一定的增摩作用。Roshan 等利用光刻复模工艺在聚乙烯表面加工出了仿树蛙脚掌结构的微凸起阵列，并测量了试样在不同的倾斜角度下的黏附力；结果表明，接触面积对于黏附力的影响较小，而在一定范围内，黏附力随预载力的增加而增加，超过这一范围，黏附力几乎不随预载力的增加而变化，且随着倾斜角度的增加，试样的黏附力显著减小；此外，螽斯的足垫具有类似于树蛙的六边形凸起结构，同样存在沟槽，并且同样可以分泌黏液。周群等研究了螽斯足垫的结构，并对螽斯的黏附力和摩擦力进行了测量；他们发现，螽斯的足垫的黏附力要低于其摩擦力；同时，螽斯的足垫具有各向异性的特点，这与 BullockJ M 在其他昆虫足垫上的观察相一致。经过以上文献调研我们可以发现，研究人员对两种仿生足垫的黏附特性研究较多，在摩擦学方面的研究相对较少，尤其在静摩擦的研究方面基本处于空白。而动物能够在垂直墙壁上的攀爬不仅仅与黏附力有关，很大程度上还与静摩擦力有关。因此研究静摩擦力与黏附力的关系也十分有必要。由于加工方法的限制，仿生所用的材料多是 PDMS 等疏水性较强的、弹性模量较低的材料，对于其他的材料鲜有涉及。而对于不同性质的材料，微结构的作用机理和作用效果可能都会有所差别，因此有必要对仿生足垫做更加深入的研究。

图 4-13　蝾螈脚掌表面的结构

4.11　仿生减阻表面

仿生学是 20 世纪 60 年代才出现的"崭新的边缘科学"，也是跨学科综合性的科学。众所周知，大自然中丰富多彩的生物是经过亿万年进化和优选的结果。因此，在自然选择的影响下最能适应的生物,其有机体表现出与其生存环境高度的统一。仿生学从出现至今,对当代科学技术的发展和人类的进步起着不可忽视的作用。仿生技术已经引起了各学术界的重视,相应的研究也取得了一些成果,比较典型的例子就是仿生非光滑表面减阻理论。仿生减阻表面分为沟槽表面、自适应表面、凸环表面和凹坑表面等。

4.11.1 沟槽表面

美国 NASA 兰利研究中心的 Walsh 等及法国 ONERA/CERT 较早开展并发现了顺流方向的微小沟槽表面能有效地降低壁面摩擦阻力。自此众多研究者加入该领域的研究并肯定了沟槽表面的减阻作用,人们对沟槽表面的优化及其减阻机理的研究兴趣也更加浓厚。1997 年,Bechert 利用沟槽表面在油洞中进行高精度测力试验,沟槽表面对表面剪力的减阻效果达到 9.9%。随着科学的发展及研究的不断深入,各种各样的沟槽如 V 形、U 形、L 形以及 Space-V 形(图 4-14)等表面均被研究者尝试并取得了减阻效果。王晋军等在水洞试验得 Space-V 形沟槽表面 13.26% 的减阻效果;王子延、庞俊国对 L 形沟槽表面的研究中证实了其具有 8% 的减阻效果;田丽梅等通过数值模拟研究发现,在速度为 44 m/s 时,棱纹表面减小了旋成体 11.12% 的总阻力。

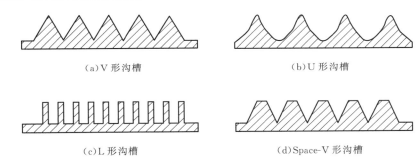

(a)V 形沟槽   (b)U 形沟槽

(c)L 形沟槽   (d)Space-V 形沟槽

图 4-14 不同沟槽形状的非光滑表面

4.11.2 自适应表面

Gray 等于 1936 年发现海豚的实际游泳速度要比其生理上所能达到的游泳速度要高。经研究发现当海豚快速游动时,随着水阻力的增加,海豚的皮肤可由光滑逐渐变为具有一定几何形状的非光滑形态,以降低游动时的阻力。这种皮肤就像一个减振器,外界流体发生相对运动的情况下,会改变层流边界层的边界条件,使边界柔顺化,减小边界层的流速梯度及流体的剪切力,防止湍流或紊流产生,水流可稳定流过海豚表面,使发生紊流的转折点推后,从而减少了海水在海豚表面的黏附阻力,海豚表面如图 4-15 所示。

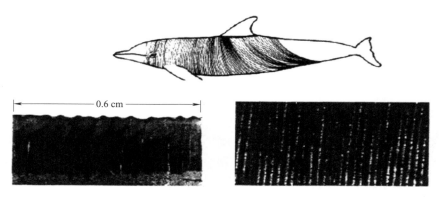

图 4-15　海豚体表及微观结构

4.11.3　凸环表面

Hee Chang Lim 和 Sang.Joon Lee 利用风洞试验以及流态显示研究了凸形环表面对圆柱体周围流场控制减阻。试验表明,在基于圆柱体直径的雷诺数为 1.2×10^5 的条件下,圆柱体上的凸环能减小其 9% 的阻力。流动显示结果表明,凸环表面模型后部成涡区拉长,激发宽度减小,可以肯定凸环表面可以控制边界层结构,进而抑制边界层的转捩达到减阻的目的。

4.11.4　凹坑表面

凹坑表面具有减阻作用,其最成功最普遍的应用实例就是高尔夫球表面,而且在其他领域也陆续出现了凹坑表面的应用,如滑雪板表面。Bearman 和 Harvey 发现,雷诺数在 $4 \times 10^4 \sim 3 \times 10^5$ 的范围内,布置凹坑直径与圆柱直径比为 0.009 的凹坑在圆柱体表面能实现减阻。北京航空航天大学杨弘伟、高歌口等将菱形网状圆凹坑点阵结构布置于 NACA-16012 翼型上,并进行了水洞试验;试验结果表明,由于圆坑结构近似于一种小面积曲面,可以形成一种独特的涡使流场中的旋涡重新拟合,且流场中大部分的涡都被约束在这种结构中,破坏了原始流场中的湍流涡结构,并严重干扰了湍流大涡的形成,从而实现减阻。

4.12　微液滴驱动

自然界是仿生研究最好的老师,因为自然界的生物经过了上亿年的进化,它们都具有特殊的性能,吸取自然环境的养分来满足自身的生理需求。例如,仙人掌的表面具有锥形刺状结构,这些结构是仙人掌的叶子。它们的主要作用不是用来进行光合作用,而是收集空气中的水分。尤其是在沙漠环境中的仙人掌,它们必须要最大程度利用环境中的水分,否则肯定会因为干涸而死亡。仙人掌的刺在清晨会收集空气中的水蒸气,当水蒸气在针表面形成后逐渐长大,当液滴的体积超过一定范围时,拉普拉斯压差的效应开始显现出来。在拉普拉斯效应下,液滴会从刺的顶端向底部运动,最终液滴在这种作用下运动到刺的底部,满足仙人掌本身的需求。植物有适应环境的能力,动物也具有这种特殊的功能。例如,沙漠甲虫的集水作用。沙漠甲虫的背部是一种多级结构,具体表现为亲水的微米凸起结构和疏水的平面结构。甲虫背部结构的亲水凸起结构直径为 $80\sim100~\mu m$,这种亲水的凸起具有很高的表面能,所以很容易吸收空气中的水蒸气。水蒸气在亲水凸起结构表面凝结成大液滴之后,因为重力和边界(其他部位是疏水的)原因,液滴会滚离表面。甲虫正是利用这一个功能,在清晨它们倒立在沙漠上,背部滚下来的水流到它们的头部被吸收,从而满足它们一天所需的水分。除此之外,蝴蝶翅膀也具有特殊的功能。蝴蝶翅膀的层状结构,可以保证液滴在它表面可以单向传输,从而避免表面被浸润,保证了飞行过程中自重。

因为流体驱动对于我们现实有很多意义,所以界面研究工作者对于仿生驱动液滴产生了浓厚的兴趣。通过仿生,构筑了各种梯度,实现了微液滴驱动可控,目前的液滴驱动主要有静电力驱动、光驱动、温度梯度驱动以及磁驱动等几种。

4.12.1　静电力驱动

当前常见的微流体控制驱动的方法很多,例如在介质表面的电浸润驱动、静电力驱动以及介电泳驱动等。中科院上海微系统与信息技术研究所的王跃林老师一直致力于数字微流体控制研究,该组已经实现了在低工作电压下静电力的驱动。硅片作为基底材料,氧化硅作为绝缘层材料,氮化硅作为介质材料,碳氟聚合物用来处理表面浸润性,驱动电极阵列嵌入到绝缘层 SiO_2 中,如图 4-16 所示为静电力驱动流体的过程。当液滴所带电荷为负时,运动方向相反,从低电位电极朝高电位电极方向运动。这种表面在 20 V 电压下,流体驱动速度超过了 96 mm/s。

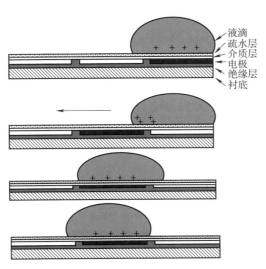

图 4-16　静电力驱动流体原理分析

4.12.2　光驱动

光是自然界一种取之不尽的资源,如果可以利用光来实现流体的驱动,可以达到环保、低成本的目的,必然会成为一种最受欢迎的资源。众所周知,表面张力梯度的存在能够实现液滴的传输,这种能量可以为微流体装置的操作以及体外生物细胞的运动提供一种驱动力。因为平整的固体基底的表面自由能是由构成其最外表面的原子级结构来决定的,光刺激(或其他一些外部刺激)导致最外层单分子层的化学结构的改变可以被用来触发和操纵各种界面现象,包括润湿性、液晶取向以及分散性。因此,如果液体是在一个由于最表面的化学结构空间上受控变化而产生的光化学作用导致的表面能梯度作用,其运动可以通过在放置的光敏衬底表面之上的空间控制光照来引导。Sang-Keun Oh 和 Kunihiro Ichimura 等就介绍一种经过光异构化偶氮苯单分子层修饰的基底表面,它能够利用光可逆操作来驱动液滴在其上面运动。液体的光驱动是通过合理选择基底最外表面的光反应性分子和流体物质来实现。

赵霖和郑咏梅研究了一种有纳米二氧化钛颗粒均匀附着的 PMMA 纤维阵列表面,一种将二氧化钛与 PMMA 纤维相结合的复合纤维膜,并实现了光照后液滴长距离驱动。它是通过二氧化钛在长时间紫外光照射下化学键结构的变化导致的。由于纳米二氧化钛的表面能比较高,它的表面常常吸附有机杂质和空气中的水分子等,正因为这些杂质的存在,二氧化钛的表面能降低了,其表面并没有表现明显的亲水性。但经过一段时间的紫外光照处理之后,紫外光的能量大于二氧化钛禁带宽度从而使导带的电子发生跃迁,产生了电子空穴对,从而分解原本吸附在二氧化钛表面的杂质而形成 O—H 键,最终使纳米二氧化钛颗粒具有超亲水性。这样在涂覆有纳米二氧化钛颗粒的 PMMA 纤维膜一端与没有涂覆的一端就产生了一个化学梯度,从而驱动液滴运动。

4.12.3　温度梯度驱动

温度梯度驱动流体的原理是利用温度梯度下的马兰格尼效应,这一效应能导致流体表面张力发生变化,从而改变流体三相线分布结构,最终实现流体的驱动。斯坦福国际研究院的 Okawa 等利用 $1.5~\mu m$ 波长的激光激发水分子中 OH 键从而对液滴加热,而非他们先前提出的利用可见波段对水滴中激发染料分子进行电子激发产热。红外加热排除了由于非刻意的电子跃迁和发色团光化学引起的不利因素。通过对油下水滴的不对称加热产生的马兰格尼效应(也可称为热毛细力),实现油下水滴的光控运动。这一方法可成功用于蛋白质的分析检测。

法国巴黎高等师范学院 Baigl 等首次提出了一种颜色毛细现象,即一种并非由温度梯度引起,而是一种等温条件下光致界面张力变化导致的马兰格尼力。

液体弹珠是包裹着疏水粉末的液滴,其不润湿任何固体或者液体基底,液体弹珠的这一性质使其运输和操控富有意义和挑战性。巴黎文理研究大学 Kavokine 等提出了光驱动漂浮液体弹珠这一现象,并强调了液体弹珠一个特殊的运动行为。液体弹珠放置在含有光敏表面活性剂的水溶液中,当液体基底的厚度足够大时,照射这一溶液产生的光可逆马兰格尼力,可以使液体弹珠朝着紫外光或远离蓝色光传递;而当液体基底在临界厚度以下,液体弹珠朝相反方向,即朝表面流速度增加、液体厚度减小的方向移动(抗马兰格尼运动)。Kavokine 等认为抗马兰格尼运动是由于液体基底自由表面的变形导致的,这一变形推动液体弹珠逆着表面流运动,他们将这种行为称为"滑动效应"。

4.13　光电润湿

随着过去几年介质上电润湿(EWOD)技术的发展,研究者的研究范围由传统二维平面器件延伸到三维器件。相较于二维器件,三维器件更富有灵活性、功能性,且具有更大的体积容量。然而,传统的介质上电润湿器件在像素电极的布置和连接方面需要复杂且昂贵的制造工艺,同时也限制了可操作的最小液滴尺寸。

新加坡国立大学 Jiang 等提出了一种柔性单面连续光电润湿(SCOEW)器件,不仅能够通过简单的旋涂方法来制备,也不需要复杂的布置和连接过程,还能够实现液滴的 3D 操控。为了获得光导性能,先前的非晶硅光电润湿器件,其制备通常需要化学气相沉积或者等离子体增强化学气相沉积等超过 300 ℃的高温处理步骤。然而,在传统高温制作过程中,多数商业的柔性基底会受热变形,例如聚对苯二甲酸乙二酯(PET)和聚萘二甲酸乙二酯(PEN)。由于传统光电润湿器件与柔性基底之间的这一兼容性的问题,光驱动下液滴的 3D 操纵从未在柔性基底上展示过。通过利用低成本的旋涂方法在柔性基底表面旋涂了聚合物基光导材料(酞菁氧钛 TiOPc),成功制备了柔性单面连续光电润湿(SCOEW)器件。通过不对称阴影照射,可使液滴两侧接触角产生差异,从而产生介质上的电湿润(EWOD)力,来实现液滴在各种 3D 形貌表面(例如倾斜、垂直、倒置以及弯曲)的光操控(例如,传输、混合和分裂)。

4.14　光致几何梯度

复旦大学俞燕蕾课题组提出了一种新型的光控微型驱动器,实现了对液体的非接触的实时控制,如图 4-17 所示。Lü 等从血管壁的构造中获得灵感,采用了光致形变的交联液晶聚合物制备出了管状微型驱动器(TMAs)。这种 TMAs 提供了一种概念性的新方法:借助光诱导非对称形变产生的毛细力来推动液体,该方法既不依靠湿润性梯度也不需要马兰格尼效应。它能够利用光控使多相液体混合、液体对微球的捕获甚至是液体爬坡。这种微尺度下的光诱导液体混合、微球的捕获和移动能够极大地简化微流体设备。该微型驱动器可被制备成多种形状(直线形、"Y"形、"S"形或螺旋形等)。无论何种形状,该微型驱动器均能推动非极性乃至极性液体移动,可应用的液体类型十分宽广(包括硅油、己烷、乙酸乙酯、丙酮、乙醇和水),此外还包括一部分复合流体(如乳液、液体—固液混合物甚至是汽油等)以及牛血清蛋白、磷酸盐缓冲溶液、细胞培养介质和细胞分散液等。因此,这种光致形变的TMAs 能够广泛应用于微反应器、芯片实验室和微引擎系统领域中。

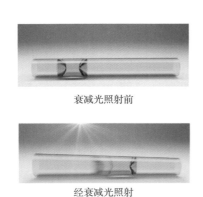

衰减光照射前

经衰减光照射

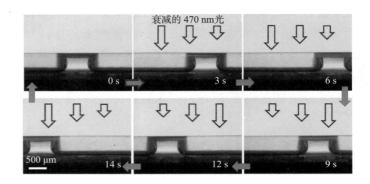

图 4-17　新型的光控微型驱动器

4.15　微液滴传输

4.15.1　电响应动态界面微液滴传输

固体表面形貌和化学性质的不均质性可产生钉扎力,能够用于液滴的捕获及控制其按设定方向运动。荷兰屯特大学 Mannetje 等通过试验确定了在具备电致浸润缺陷性能的倾斜板表面,滑动液滴的捕获所需要的一般物理条件,并且展示了电致润湿缺陷可用于液滴沿可切换轨道滑动,这一技术在微流控领域有潜在应用。

Guo 等提出了一种各向异性润滑表面,这一表面由方向性多孔导电聚 3-己基噻吩(P3HT)纤维和硅油构成,对不同导电液滴展示了优异的各向异性滑动性质。通过对材料施加电压,他们成功实现了导电液滴在该种材料表面滑动行为的可逆控制。这一表面的独特性取决于各向性 P3HT 纤维,其不仅提供了方向性液滴滑动的液-液-固界面,而且该半导体网络结构能够实现电驱动液滴滑动的可逆控制。

Tian 等制备出了一种具有梯度微孔结构的薄膜材料,在其表面实现了电场刺激和梯度微结构协同驱动的水下油滴定向输运,如图 4-18 所示。首先通过控制环境湿度制备了具有梯度多孔结构的聚苯乙烯薄膜,在该薄膜表面水及水下油滴具有各向异性浸润的特征,并显示出方向性运动的趋势;在外加电场的作用下,水下油滴被挤压且在液滴两端产生不平衡的表面张力,当施加电压大于临界电压时,油滴会实现方向性运动,最大运动速率为 8.5 mm/s。这项工作提供一种持续驱动和控制水下油滴的方法,由于其具有易于构筑、持续驱动、便于控制、效率高的优点,该技术有望应用于新型功能界面材料领域如能源动力、生物科技、微传感器及显示技术等。

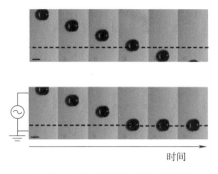

（a）液滴在电控可调润湿缺陷处的捕获

（b）不同相对湿度条件下，多孔 PS 薄膜的 SEM 图像

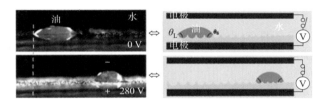

（c）电场和梯度微结构协同作用实现水下油滴的定向驱动

图 4-18　电响应动态界面微液滴传输

4.15.2　磁响应动态界面微液滴传输

目前，液滴操控仍然面临着材料响应速率低、液体运动速率和方向不可控等问题。Tian 等提出了一种可对外加磁场快速响应和液滴运输可控的智能磁流体/氧化锌纳米阵列复合界面。这一复合界面可通过外部梯度磁场产生梯度粗糙度，从而改变水滴两侧的浸润性。这种磁响应复合界面能够实现毫秒范围内梯度粗糙度的产生及转化，响应时间至少比其他响应性界面快一个数量级。当梯度磁场移动时，水滴可以沿着梯度复合界面移动，液滴运动方向可通过调整外部梯度磁场的方向得到控制。这一复合界面可作为不互溶液滴或微通道内物体传输所需的泵组件。这一研究对于智能界面材料和微流体器件的设计提供了一条新思路。

宾夕法尼亚州立大学的 Wong 等，通过将仿生荷叶的微纳米结构和仿生猪笼草的超润滑结构进行有效结合，同时在表面结构中引入磁性物质，制备了具有磁控可逆超疏水/超润滑结构表面转换的智能超疏液表面。智能表面的磁性柱状阵列能够在外界磁场的作用下进行取向的可逆转变，可用于雾气收集和液滴重力滑动行为操控。

通过材料表面微纳米多级结构的方向性运动进而实现液滴的定向脱离仍然是一个挑

战。Wang 等人提出了一种新型表面具有动态磁响应微米墙阵列的 PDMS 基材料（DMRW）。由于磁性材料的引入，材料表面的微米墙结构能够在外部磁场的作用下轻易倾斜，液滴在 DMRW 表面可以方向性脱离。由于微结构局部柔性和形状可恢复性，其在外部磁场作用下可产生 0°～60°倾斜，进而能够实现 1～15 μL 液滴的方向性脱离。该研究为可调节和方向性的动态疏水界面材料的设计提供了新思路。

液滴的磁驱动主要依赖于施加在被输送液体上的体积力。然而，如果不在液体中加入磁性颗粒，体积力对水和油等传统的抗磁性液体的驱动效率很低。Vialetto 等提出了一种新的、无须任何添加剂的离散液体驱动方法。这一方法包括使用顺磁性液体作为可变形的基材，使用磁铁引导各种漂浮的液体（纯液体或者液体弹珠）实现运动。研究结果表明，包括抗磁性（水、油）和非磁性在内的多种液体，可以通过利用一个小永磁体产生的中等磁场（约50 mT）实现运输。液滴可以沿着设定的复杂轨迹运动，并可以根据需要实现液滴之间的融合。这种利用顺磁性流体作为基底实现液滴的磁驱动方法无须任何复杂的设备或电力，因而能够满足分析和诊断微流体设备朝着耐用和低成本两方面的发展的需求。

4.15.3 热响应动态界面微液滴传输

Yao 等通过溶胀法将具有不同碳链长度的石蜡融入 PDMS 的交联网络中，制备了新型油凝胶材料。通过对油凝胶材料的浸润性表征发现，该材料在所用石蜡的熔点前后对于水滴呈现高黏附和低黏附两种状态，且这两种黏附状态能够实现空气中的可逆转化。通过不同手段的微观表征证明了高温条件下油凝胶表面油膜的存在。通过实现可逆转换来实现原位上的液滴可逆黏附转化和运动操控；通过观测材料微观和宏观形貌，解释了油凝胶表面的高低黏附状态可逆转化的机理；通过可视化的试验装置和紫外可见光谱展示了油凝胶材料优良的温控可逆光学透过性。这种材料的特殊浸润性和光学性能可以为材料科学领域提供新的思路。

如图 4-19 所示，受猪笼草口缘区液滴快速连续单向搬运现象的启发，陈华伟教授课题组提出了一种智能温度响应的口缘液滴的单向铺展。通过在人造 PDMS 口缘接枝热响应 PNIPAAm 材料，制备了智能人工温度响应口缘。通过改变表面温度，智能口缘单向水的铺展可以动态调控。除此之外，水的铺展具有显著的可逆性和稳定性。通过调查液滴铺展距离和浸润性之间的关系，解释了潜在机理。这一工作对于微流控和医药器件中实现液体单向铺展控制提供了一条新的思路。

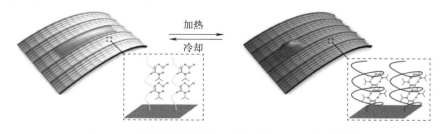

图 4-19　温度控制液滴单向铺展智能人工口缘的设计

4.15.4 机械响应动态界面微液滴传输

Yao 等提出了一种将 SLIPS 材料负载于弹性体材料表面的方法。通过机械弯曲或拉伸,可以实现对 SLIPS 材料空隙率的可逆调节,从而控制材料表面润滑层连续性。这种机械操控能够实现不同种类的液滴在材料表面黏附力的可逆转换,进而实现液滴运动的操控。

Wang 等通过带有丁基和十二烷基侧链的单体进行共聚制备凝胶网络,并经硅油溶胀制得油凝胶。通过软刻蚀技术得到表面带有沟槽结构的油凝胶材料,当液滴滑动方向与沟槽方向垂直时,液滴滑动所受的阻力大于与沟槽方向平行时所受的阻力,形成了 SLIPS 材料的各向异性浸润(滑动)特性。通过对油凝胶进行不对称拉伸,可以有效地调控油凝胶表面沟槽的间距来形成梯度,进而实现对液滴滑动行为的控制。

4.16 仿生表面微液滴可控操纵

仿照蘑菇的形状使用双光子聚合方法在玻璃基板上 3D 打印出类蘑菇阵列,氟化后用 PDMS 再次浇注和固化,取下二次复形的样品进行氟硅化,得到表面是类蘑菇结构的材料。整合了生物激发黏附和润湿研究的进展,提出了一种具有液体超排斥性的生物激发纤维状黏附表面,即使对极低表面张力的液体也能保持其黏附特性。该表面结合蘑菇形纤维阵列的有效黏附原理和纤维尖端几何结构的液体排斥,即使在接触界面加入低表面张力的液体,微纤丝结构的黏附性能仍能保持。材料表面的抗液性能可以通过调整阵列中纤盖直径和中心距来操控。Liimatainen 等将全氟己烷和过量的十氟戊烷分别放在阵列上发现两种表面张力很低的液滴在其表面都处于 Cassie 状态,通过弯曲表面还能实现对包括甲醇(低表面张力)在内的各种液体进行取放操作。

参考文献

[1] FENG L,LI S,LI H,et al. Super-hydrophobic surface of aligned polyacrylonitrile nanofibers[J]. Angewandte Chemie International Edition,2002,41(7):1221-1223.

[2] FENG L,SONG Y,ZHAI J,et al. Creation of a superhydrophobic surface from an amphiphilic polymer[J]. Angewandte Chemie International Edition,2003,42(7):800-802.

[3] ZHU Y,HU D,WAN M X,et al. Conducting and superhydrophobic rambutan-like hollow spheres of polyaniline[J]. Advanced Materials,2007,19(16):2092-2096.

[4] ZHU Y,ZHANG J,ZHENG Y,et al. Stable,superhydrophobic,and conductive polyaniline/polystyrene films for corrosive environments[J]. Advanced Functional Materials,2006,16(4):568-574.

[5] SUN T,WANG G,LIU H,et al. Control over the wettability of an aligned carbon nanotube film[J]. Journal of the American Chemical Society,2003,125(49):14996-14997.

[6] WANG S,FENG L,JIANG L. One-step solution-immersion process for the fabrication of stable bionic superhydrophobic surfaces[J]. Advanced Materials,2006,18(6):767-770.

[7] LIU K,ZHANG M,ZHAI J,et al. Bioinspired construction of Mg-Li alloys surfaces with stable

superhydrophobicity and improved corrosion resistance [J]. Applied Physics Letters, 2008, 92 (18):183103.

[8] LUO Z Z, ZHANG Z Z, HU L T, et al. Stable bionic superhydrophobic coating surface fabricated by a conventional curing process[J]. Advanced Materials, 2008, 20(5):970-974.

[9] XIE Q, XU J, FENG L, et al. Facile creation of a super-amphiphobic coating surface with bionic microstructure[J]. Advanced Materials, 2004, 16(4):302-305.

[10] ZHAO K, LIU K S, LI J F, et al. Superamphiphobic CaLi-based bulk metallic glasses[J]. Scripta Materialia, 2009, 60(4):225-227.

[11] LIU M, WANG S, WEI Z, et al. Bioinspired design of a superoleophobic and low adhesive water/solid interface[J]. Advanced Materials, 2009, 21(6):665-669.

[12] TUTEJA A, CHOI W, MA M, et al. Designing superoleophobic surfaces[J]. Science, 2007, 318 (5856):1618-1622.

[13] WU W, WANG X, WANG D, et al. Alumina nanowire forests via unconventional anodization and super-repellency plus low adhesion to diverse liquids[J]. Chemical Communications, 2009 (9): 1043-1045.

[14] BOINOVICH L B, EMELYANENKO A M, IVANOV V K, et al. Durable icephobic coating for stainless steel[J]. ACS Applied Materials & Interfaces, 2013, 5(7):2549-2554.

[15] HEJAZI V, SOBOLEV K, NOSONOVSKY M. From superhydrophobicity to icephobicity: forces and interaction analysis[J]. Scientific Reports, 2013, 3(1):1-6.

[16] SARKAR D K, FARZANEH M. Superhydrophobic coatings with reduced ice adhesion[J]. Journal of Adhesion Science and Technology, 2009, 23(9):1215-1237.

[17] CAO L, JONES A K, SIKKA V K, et al. Anti-icing superhydrophobic coatings[J]. Langmuir, 2009, 25(21):12444-12448.

[18] KULINICH S A, FARHADI S, NOSE K, et al. Superhydrophobic surfaces: are they really ice-repellent? [J]. Langmuir, 2011, 27(1):25-29.

[19] ZHU L, XUE J, WANG Y, et al. Ice-phobic coatings based on silicon-oil-infused polydimethylsiloxane [J]. ACS Applied Materials & Interfaces, 2013, 5(10):4053-4062.

[20] SUBRAMANYAM S B, RYKACZEWSKI K, VARANASI K K. Ice adhesion on lubricant-impregnated textured surfaces[J]. Langmuir, 2013, 29(44):13414-13418.

[21] KIM P, WONG T S, ALVARENGA J, et al. Liquid-infused nanostructured surfaces with extreme anti-ice and anti-frost performance[J]. ACS Nano, 2012, 6(8):6569-6577.

[22] HOWARTER J A, YOUNGBLOOD J P. Self-cleaning and anti-fog surfaces via stimuli-responsive polymer brushes[J]. Advanced Materials, 2007, 19(22):3838-3843.

[23] HOWARTER J A, YOUNGBLOOD J P. Self-Cleaning and next generation anti-fog surfaces and coatings[J]. Macromolecular Rapid Communications, 2008, 29(6):455-466.

[24] ZHANG L, LI Y, SUN J, et al. Mechanically stable antireflection and antifogging coatings fabricated by the layer-by-layer deposition process and postcalcination [J]. Langmuir, 2008, 24 (19): 10851-10857.

[25] WANG R, HASHIMOTO K, FUJISHIMA A, et al. Light-induced amphiphilic surfaces[J]. Nature,

1997,388(6641):431-432.

[26] CEBECI F C,WU Z,ZHAI L,et al. Nanoporosity-driven superhydrophilicity:a means to create multifunctional antifogging coatings[J]. Langmuir,2006,22(6):2856-2862.

[27] LEE D,RUBNER M F,COHEN R E. All-nanoparticle thin-film coatings[J]. Nano Letters,2006,6 (10):2305-2312.

[28] LI J,ZHU J,GAO X. Bio-inspired high-performance antireflection and antifogging polymer films[J]. Small,2014,10(13):2578-2582.

[29] PARK J T,KIM J H,LEE D. Excellent anti-fogging dye-sensitized solar cells based on superhydrophilic nanoparticle coatings[J]. Nanoscale,2014,6(13):7362-7368.

[30] 任露泉,丛茜,陈秉聪,等. 几何非光滑典型生物体表防粘特性的研究[J]. 农业机械学报,1992(2): 29-35.

[31] 刘志华,董文才,夏飞. V型沟槽尖峰形状对减阻效果及流场特性影响的数值分析[J]. 水动力学研究与进展,2006(2):223-231.

[32] 赵志勇,董守平. 沟槽面在湍流减阻中的应用[J]. 石油化工高等学校学报,2004,17(3):76-79.

[33] 孙久荣,戴振东. 非光滑表面仿生学(Ⅰ)[J]. 自然科学进展,2008,18(3):241-246.

[34] 童秉纲. 鱼类波状游动的推进机制[J]. 力学与实践,2000(3):69-74.

[35] SCHOLLE M,RUND A,AKSEL N. Drag reduction and improvement of material transport in creeping films[J]. Archive of Applied Mechanics,2006,75(2):93-112.

[36] 潘潘光,郭晓娟,胡海豹. 半圆形随行波表面流场数值仿真及减阻机理分析[J]. 系统仿真学报, 2006,18(11):3073-3074.

[37] 刘占一,胡海豹,宋保维,等. 不同间隔脊状表面的减阻数值仿真研究[J]. 系统仿真学报,2009,21 (19):6025-6028,6032.

[38] 宋保维,刘冠杉,胡海豹. 不同宽高比的 V 型随行波表面减阻仿真研究[J]. 计算机工程与应用, 2009,45(32):222-224,248.

[39] 钱凤超. 仿生鱼鳞形凹坑表面减阻性能的数值研究[D]. 大连:大连理工大学,2013.

[40] BEARMAN P W,HARVEY J K. Control of circular cylinder flow by the use of dimples[J]. AIAA Journal,1993,31(10):1753-1756.

[41] 杨弘炜,高歌. 一种新型边界层控制技术应用于湍流减阻的试验研究[J]. 航空学报,1997(4): 72-74.

[42] AUTUMN K,LIANG Y A,HSIEH S T,et al. Adhesive force of a single gecko foot-hair[J]. Nature,2000,405(6787):681-685.

[43] ARZT E,GORB S,SPOLENAK R. From micro to nano contacts in biological attachment devices[J]. Proceedings of the National Academy of Sciences,2003,100(19):10603-10606.

[44] HANSEN W R,AUTUMN K. Evidence for self-cleaning in gecko setae[J]. Proceedings of the National Academy of Sciences,2005,102(2):385-389.

[45] AUTUMN K,SITTI M,LIANG Y A,et al. Evidence for van der Waals adhesion in gecko setae[J]. Proceedings of the National Academy of Sciences,2002,99(19):12252-12256.

[46] HUBER G,MANTZ H,SPOLENAK R,et al. Evidence for capillarity contributions to gecko adhesion from single spatula nanomechanical measurements [J]. Proceedings of the National

Academy of Sciences,2005,102(45):16293-16296.

[47] TIAN Y,PESIKA N,ZENG H,et al. Adhesion and friction in gecko toe attachment and detachment [J]. Proceedings of the National Academy of Sciences,2006,103(51):19320-19325.

[48] PEATTIE A M,FULL R J. Phylogenetic analysis of the scaling of wet and dry biological fibrillar adhesives[J]. Proceedings of the National Academy of Sciences,2007,104(47):18595-18600.

[49] JIN M,FENG X,FENG L,et al. Superhydrophobic aligned polystyrene nanotube films with high adhesive force[J]. Advanced Materials,2005,17(16):1977-1981.

[50] QU L,DAI L. Gecko-foot-mimetic aligned single-walled carbon nanotube dry adhesives with unique electrical and thermal properties[J]. Advanced Materials,2007,19(22):3844-3849.

[51] YURDUMAKAN B,RARAVIKAR N R,AJAYAN P M,et al. Synthetic gecko foot-hairs from multiwalled carbon nanotubes[J]. Chemical Communications,2005 (30):3799-3801.

[52] GE L,SETHI S,CI L,et al. Carbon nanotube-based synthetic gecko tapes[J]. Proceedings of the National Academy of Sciences,2007,104(26):10792-10795.

[53] QU L,DAI L,STONE M,et al. Carbon nanotube arrays with strong shear binding-on and easy normal lifting-off[J]. Science,2008,322(5899):238-242.

[54] LEE H,LEE B P,MESSERSMITH P B. A reversible wet/dry adhesive inspired by mussels and geckos[J]. Nature,2007,448(7151):338-341.

[55] LEE H,SCHERER N F,MESSERSMITH P B. Single-molecule mechanics of mussel adhesion[J]. Proceedings of the National Academy of Sciences,2006,103(35):12999-13003.

[56] LEE H,DELLATORE S M,MILLER W M,et al. Mussel-inspired surface chemistry for multifunctional coatings[J]. Science,2007,318(5849):426-430.

[57] BAI H,JU J,SUN R,et al. Bioinspired materials:controlled fabrication and water collection ability of bioinspired artificial spider silks[J]. Advanced Materials,2011,23(32):3607.

[58] GARROD R P,HARRIS L G,SCHOFIELD W C E,et al. Mimicking a stenocara beetle's back for microcondensation using plasmachemical patterned superhydrophobic-superhydrophilic surfaces[J]. Langmuir,2007,23(2):689-693.

[59] BAI H,TIAN X,ZHENG Y,et al. Artifi cal spider silk:direction controlled driving of tiny water drops on bioinspired artificial spider silks[J]. Advanced Materials,2010,22(48):5435.

[60] DONG H,WANG N,WANG L,et al. Bioinspired electrospun knotted microfibers for fog harvesting [J]. ChemPhysChem,2012,13(5):1153-1156.

[61] SUN Z,ZUSSMAN E,YARIN A L,et al. Compound core-shell polymer nanofibers by co-electrospinning[J]. Advanced Materials,2003,15(22):1929-1932.

[62] BAI H,TIAN X,ZHENG Y,et al. Direction controlled driving of tiny water drops on bioinspired artificial spider silks[J]. Advanced Materials,2010,22(48):5521-5525.

[63] XUE Y,CHEN Y,WANG T,et al. Directional size-triggered microdroplet target transport on gradient-step fibers[J]. Journal of Materials Chemistry A,2014,2(20):7156-7160.

[64] FENG S,HOU Y,XUE Y,et al. Photo-controlled water gathering on bio-inspired fibers[J]. Soft Matter,2013,9(39):9294-9297.

[65] DU M,ZHAO Y,TIAN Y,et al. Electrospun multiscale structured membrane for efficient water collection and directional transport[J]. Small,2016,12(8):1000-1005.

[66] PARKER A R,LAWRENCE C R. Water capture by a desert beetle[J]. Nature,2001,414(6859): 33-34.

[67] WEN C,GUO H,BAI H,et al. Beetle-inspired hierarchical antibacterial interface for reliable fog harvesting[J]. ACS Applied Materials & Interfaces,2019,11(37):34330-34337.

[68] YIN K,DU H,DONG X,et al. A simple way to achieve bioinspired hybrid wettability surface with micro/nanopatterns for efficient fog collection[J]. Nanoscale,2017,9(38):14620-14626.

[69] WANG Y,ZHANG L,WU J,et al. A facile strategy for the fabrication of a bioinspired hydrophilic-superhydrophobic patterned surface for highly efficient fog-harvesting[J]. Journal of Materials Chemistry A,2015,3(37):18963-18969.

[70] JU J,XIAO K,YAO X,et al. Bioinspired conical copper wire with gradient wettability for continuous and efficient fog collection[J]. Advanced Materials,2013,25(41):5937-5942.

[71] TRICINCI O,TERENCIO T,MAZZOLAI B,et al. 3D micropatterned surface inspired by Salvinia molesta via direct laser lithography[J]. ACS Applied Materials & Interfaces, 2015, 7 (46): 25560-25567.

[72] SHARMA V,OREJON D,TAKATA Y,et al. Gladiolus dalenii based bioinspired structured surface via soft lithography and its application in water vapor condensation and fog harvesting[J]. Acs Sustainable Chemistry & Engineering,2018,6(5):6981-6993.

[73] FENG R,XU C,SONG F,et al. A bioinspired slippery surface with stable lubricant impregnation for efficient water harvesting[J]. ACS Applied Materials & Interfaces,2020,12(10):12373-12381.

[74] XU T,LIN Y,ZHANG M,et al. High-efficiency fog collector:water unidirectional transport on heterogeneous rough conical wires[J]. ACS Nano,2016,10(12):10681-10688.

[75] WANG Z,LIU X,GUO J,et al. A liquid-based Janus porous membrane for convenient liquid-liquid extraction and immiscible oil/water separation[J]. Chemical Communications, 2019, 55 (96): 14486-14489.

[76] JU J,YAO X,YANG S,et al. Cactus stem inspired cone-arrayed surfaces for efficient fog collection [J]. Advanced Functional Materials,2014,24(44):6933-6938.

[77] LUO H,LU Y,YIN S,et al. Robust platform for water harvesting and directional transport[J]. Journal of Materials Chemistry A,2018,6(14):5635-5643.

[78] HU H,GRANDL J,BANDELL M,et al. Two amino acid residues determine 2-APB sensitivity of the ion channels $TRPV_3$ and $TRPV_4$[J]. Proceedings of the National Academy of Sciences,2009,106 (5):1626-1631.

[79] MAO Y,LIU D,WANG S,et al. Alternating-electric-field-enhanced reversible switching of DNA nanocontainers with pH[J]. Nucleic Acids Research,2007,35(5):33.

[80] MAO Y,CHANG S,YANG S,et al. Tunable non-equilibrium gating of flexible DNA nanochannels in response to transport flux[J]. Nature Nanotechnology,2007,2(6):366-371.

[81] XIA F,GUO W,MAO Y,et al. Gating of single synthetic nanopores by proton-driven DNA molecular motors[J]. Journal of the American Chemical Society,2008,130(26):8345-8350.

[82] WONG T S,KANG S H,TANG S K Y,et al. Bioinspired self-repairing slippery surfaces with pressure-stable omniphobicity[J]. Nature,2011,477(7365):443-447.

[83] GUO Y,LI K,HOU C,et al. Fluoroalkylsilane-modified textile-based personal energy management

device for multifunctional wearable applications[J]. ACS Applied Materials & Interfaces,2016,8 (7):4676-4683.

[84] CHEN H,DI J,WANG N,et al. Fabrication of hierarchically porous inorganic nanofibers by a general microemulsion electrospinning approach[J]. Small,2011,7(13):1779-1783.

[85] LAW M,GREENE L E,JOHNSON J C,et al. Nanowire dye-sensitized solar cells[J]. Nature Materials,2005,4(6):455-459.

[86] 陈冠雨,孙大林,陈国荣. ZnO 纳米棒/聚合物混合型太阳电池[J]. 功能材料,2009,40(9):1416-1421.

[87] LEE S H,ZHANG X G,PARISH C M,et al. Nanocone tip-film solar cells with efficient charge transport[J]. Advanced Materials,2011,23(38):4381-4385.

[88] VANECEK M,BABCHENKO O,PURKRT A,et al. Nanostructured three-dimensional thin film silicon solar cells with very high efficiency potential[J]. Applied Physics Letters,2011,98 (16):163503.

[89] MA Z,MA L,SU M. Engineering three-dimensional micromirror arrays by fiber-drawing nanomanufacturing for solar energy conversion[J]. Advanced Materials,2008,20(19):3734-3738.

[90] SENGSTOCK C,LOPIAN M,MOTEMANI Y,et al. Structure-related antibacterial activity of a titanium nanostructured surface fabricated by glancing angle sputter deposition[J]. Nanotechnology,2014,25(19):195101.

[91] DIU T,FARUQUI N,SJÖSTRÖM T,et al. Cicada-inspired cell-instructive nanopatterned arrays[J]. Scientific Reports,2014,4(1):1-7.

[92] HASAN J,RAJ S,YADAV L,et al. Engineering a nanostructured "super surface" with superhydrophobic and superkilling properties[J]. RSC Advances,2015,5(56):44953-44959.

[93] TAN A H,CHENG S W. A novel textured design for hard disk tribology improvement[J]. Tribology International,2006,39(6):506-511.

[94] LEI S,DEVARAJAN S,CHANG Z. A study of micropool lubricated cutting tool in machining of mild steel[J]. Journal of Materials Processing Technology,2009,209(3):1612-1620.

[95] ETSION I. Improving tribological performance of mechanical components by laser surface texturing [J]. Tribology Letters,2004,17(4):733-737.

[96] AOKI K,MUTO K,OKANAGA H. Aerodynamic characteristics and flow pattern of a golf ball with rotation[J]. Procedia Engineering,2010,2(2):2431-2436.

[97] JEONG H E,KWAK R,KIM J K,et al. Generation and self-replication of monolithic,dual-scale polymer structures by two-step capillary-force lithography[J]. Small,2008,4(11):1913-1918.

[98] LEE J,MAJIDI C,SCHUBERT B,et al. Sliding-induced adhesion of stiff polymer microfibre arrays. I. macroscale behaviour[J]. Journal of the Royal Society Interface,2008,5(25):835-844.

[99] GREINER C,ARZT E,DEL CAMPO A. Hierarchical gecko-like adhesives[J]. Advanced Materials,2009,21(4):479-482.

[100] 吴连伟,张昊,李佳波,等. 末端膨大两级结构的制备及黏附性能测试[J]. 机器人,2011,33(2):222-228.

[101] CHEN H,ZHANG L,ZHANG D,et al. Bioinspired surface for surgical graspers based on the strong wet friction of tree frog toe pads[J]. ACS Applied Materials & Interfaces,2015,7(25):

13987-13995.

[102] WANG K,HE B,LI M,et al. Fabrication of biomimetic wet adhesive pads with surface microstructures by combining electroforming with soft lithography[J]. Surface Engineering and Applied Electrochemistry, 2012,48(2):99-104.

[103] WANG K,HE B,SHEN R J. Influence of surface roughness on wet adhesion of biomimetic adhesive pads with planar microstructures[J]. Micro & Nano Letters,2012,7(12):1274-1277.

[104] WANG S,LI M,HUANG W,et al. Sticking/climbing ability and morphology studies of the toe pads of Chinese fire belly newt[J]. Journal of Bionic Engineering,2016,13(1):115-123.

[105] VARENBERG M,GORB S N. Hexagonal surface micropattern for dry and wet friction[J]. Advanced Materials,2009,21(4):483-486.

[106] ROSHAN R,JAYNE D G,LISKIEWICZ T,et al. Effect of tribological factors on wet adhesion of a microstructured surface to peritoneal tissue[J]. Acta Biomaterialia,2011,7(11):4007-4017.

[107] 周群,何斌. 螽斯吸附足垫的构造及其吸附性能分析[J]. 生物物理学报,2009,25(5):361-365.

[108] BULLOCK J M R,DRECHSLER P,FEDERLE W. Comparison of smooth and hairy attachment pads in insects：friction,adhesion and mechanisms for direction-dependence[J]. Journal of Experimental Biology,2008,211(20):3333-3343.

[109] WALSH M J,WEINSTEIN L M. Drag and heat-transfer characteristics of small longitudinally ribbed surfaces[J]. AIAA Journal,1979,17(7):770-771.

[110] 王子延,庞俊国. 细薄肋型减阻沟纹湍流减阻特性的试验研究[J]. 西安交通大学学报,1999,33 (11):4.

[111] CARPENTER P. The right sort of roughness[J]. Nature International Weekly Journal of Science, 1997,388(6644):713-714.

[112] 李光吉,蒲侠,雷朝媛,等. 具有非光滑表面的仿生减阻材料的研究简介[J]. 材料研究与应用, 2008,2(4):455-459.

[113] LIM H C,LEE S J. Flow control of a circular cylinder with O-rings[J]. Fluid Dynamics Research, 2004,35(2):107.

[114] BEARMAN P W,HARVEY J K. Control of circular cylinder flow by the use of dimples[J]. AIAA Journal,1993,31(10):1753-1756.

[115] 杨弘炜,高歌. 一种新型边界层控制技术应用于湍流减阻的试验研究[J]. 航空学报,1997(4): 72-74.

[116] TIAN X,CHEN Y,ZHENG Y,et al. Controlling water capture of bioinspired fibers with hump structures[J]. Advanced Materials,2011,23(46):5486-5491.

[117] BAI H,JU J,SUN R,et al. Controlled fabrication and water collection ability of bioinspired artificial spider silks[J]. Advanced Materials,2011,23(32):3708-3711.

[118] JU J,BAI H,ZHENG Y,et al. A multi-structural and multi-functional integrated fog collection system in cactus[J]. Nature Communications,2012,3(1):1-6.

[119] CHEN H,ZHANG P,ZHANG L,et al. Continuous directional water transport on the peristome surface of Nepenthes alata[J]. Nature,2016,532(7597):85-89.

[120] ZHENG Y,GAO X,JIANG L. Directional adhesion of superhydrophobic butterfly wings[J]. Soft Matter,2007,3(2):178-182.

[121] LV J,LIU Y,WEI J,et al. Photocontrol of fluid slugs in liquid crystal polymer microactuators[J].
        Nature,2016,537(7619):179-184.

[122] BAIN C D,WHITESIDES G M. A study by contact angle of the acid-base behavior of monolayers
        containing omega-mercaptocarboxylic acids adsorbed on gold:an example of reactive spreading[J].
        Langmuir,1989,5(6):1370-1378.

[123] OKAWA D,PASTINE S J,ZETTL A,et al. Surface tension mediated conversion of light to work
        [J]. Journal of the American Chemical Society,2009,131(15):5396-5398.

[124] BAIGL D. Photo-actuation of liquids for light-driven microfluidics:state of the art and perspectives
        [J]. Lab on a Chip,2012,12(19):3637-3653.

[125] KAVOKINE N,ANYFANTAKIS M,MOREL M,et al. Light-driven transport of a liquid marble
        with and against surface flows[J]. Angewandte Chemie International Edition,2016,55(37):
        11183-11187.

[126] YOU I, LEE T G, NAM Y S,et al. Fabrication of a micro-omnifluidic device by omniphilic/
        omniphobic patterning on nanostructured surfaces[J]. ACS Nano,2014,8(9):9016-9024.

[127] TANG X,WANG L. Loss-free photo-manipulation of droplets by pyroelectro-trapping on superhydrophobic
        surfaces[J]. ACS Nano,2018,12(9):8994-9004.

[128] JIANG D,PARK S Y. Light-driven 3D droplet manipulation on flexible optoelectrowetting devices
        fabricated by a simple spin-coating method[J]. Lab on a Chip,2016,16(10):1831-1839.

[129] LV J,LIU Y,WEI J,et al. Photocontrol of fluid slugs in liquid crystal polymer microactuators[J].
        Nature,2016,537(7619):179-184.

[130] MANNETJE D,GHOSH S,LAGRAAUW R,et al. Trapping of drops by wetting defects[J].
        Nature Communications,2014,5(1):1-7.

[131] GUO T,CHE P,HENG L,et al. Anisotropic slippery surfaces:electric-driven smart control of a
        drop's slide[J]. Advanced Materials,2016,28(32):6999-7007.

[132] TIAN D,HE L,ZHANG N,et al. Electric field and gradient microstructure for cooperative driving
        of directional motion of underwater oil droplets[J]. Advanced Functional Materials,2016,26(44):
        7986-7992.

[133] TIAN D, ZHANG N, ZHENG X,et al. Fast responsive and controllable liquid transport on a
        magnetic fluid/nanoarray composite interface[J]. ACS Nano,2016,10(6):6220-6226.

[134] WANG L, ZHANG M, SHI W, et al. Dynamic magnetic responsive wall array with droplet
        shedding-off properties[J]. Scientific Reports,2015,5(1):1-6.

[135] VIALETTO J, HAYAKAWA M, KAVOKINE N,et al. Magnetic actuation of drops and liquid
        marbles using a deformable paramagnetic liquid substrate[J]. Angewandte Chemie International
        Edition,2017,56(52):16565-16570.

[136] YAO X,JU J,YANG S,et al. Temperature-driven switching of water adhesion on organogel surface
        [J]. Advanced Materials,2014,26(12):1895-1900.

[137] WANG B L,HENG L,JIANG L. Temperature-responsive anisotropic slippery surface for smart
        control of the droplet motion[J]. ACS Applied Materials & Interfaces,2018,10(8):7442-7450.

[138] YAO X,HU Y,GRINTHAL A,et al. Adaptive fluid-infused porous films with tunable transparency and
        wettability[J]. Nature Materials,2013,12(6):529-534.

[139] ZHANG P,LIU H,MENG J,et al. Grooved organogel surfaces towards anisotropic sliding of water droplets[J]. Advanced Materials,2014,26(19):3131-3135.

[140] 姚晰. 特殊浸润性仿生智能响应凝胶材料的制备与应用研究[D]. 长春:吉林大学,2014.

第5章 仿生材料新的应用领域及未来

5.1 仿生水上行走机器

仿生水上行走机器人是指主要靠水表面张力浮于水面,能够在水面自由运动,并且帮助人类完成一定任务的微小型机器人,其仿生原型为水黾、水蜘蛛等水上昆虫,如图 5-1 所示。仿生水上行走机器人研究是一个综合仿生学、微机电系统、纳米材料以及表面化学等学科的交叉前沿课题。仿生水上行走机器人相关研究目前在国内外都还处于空白或刚刚起步阶段,研究在微小型机器人系统集成、水面拖动、特殊运动模式系统的运动分析和动力学建模与控制系统设计,以及超疏水材料的制备与应用等方面,具有重要的研究意义。

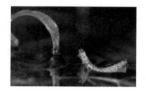

图 5-1　仿生原型生物

2003 年,Bush 等在《自然》杂志上发表关于水黾水上跳跃运动机理的文章,首次提出了仿生水上行走机器人的概念;2004 年,江雷等通过对水黾腿漂浮机理的研究,发现水黾腿所具有的超疏水性源于其表面的微纳米刚毛结构,这一研究成果也发表在《自然》杂志上。自此,很多国内外学者对此产生了浓厚的兴趣,并基于水上昆虫的仿生原理,对疏水材料、运动机理以及仿生水上行走机器人研究方面做了大量工作,并制作了许多水上行走机器人试验样机。2004 年,江雷等研究发现,水黾腿表面具有的超疏水性并非以前人们普遍认为的靠其分泌的油脂,而是利用其腿部表面的微纳米刚毛结构来实现的。该结构使空气有效地吸附在这些取向的微米刚毛和螺旋状纳米沟槽的缝隙内,在其表面形成一层稳定的气膜,阻碍了水滴的浸润,宏观上表现出水黾腿的超疏水特性。对其腿的力学测量表明:仅仅一条腿在水面的最大支持力就达到了其身体总质量的 15 倍。正是这种超强的负载能力使得水黾在水面上行动自如,即使在狂风暴雨和急速流动的水流中也不会沉没。目前,对水黾腿表面疏水性研究,都是基于 Cassie 状态模型,分析微纳米刚毛结构对腿表面接触角的影响,这为仿生超疏水性材料的制备提供了理论基础。另外,水蜘蛛等水上昆虫身体表面同样具有绒毛状结构,疏水原理与水黾类似。2003 年,Bush 等设计制作世界上首个仿生水上行走试验样机,如图 5-2 所示,该样机基于水黾漂浮机理,靠四根经表面防水处理的钢丝作为支撑腿浮于水面,采用弹性带变形来给驱动腿提供动力,并利用这种驱动方式验证水黾的运动机理:水黾主要靠腿部划动水面时形成半球形的涡旋产生驱动力,水面张力波对推力的贡献非常小。该样机长 9 cm,重 0.35 g,直线运动速度可达 18 cm/s。

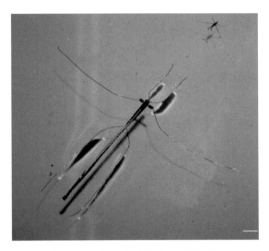

图 5-2 仿生水上行走试验样机

仿生水上行走机器人的研究已经取得了一定的成果,但是目前仅仅停留在实验室研究阶段,离实际应用还很遥远。根据仿生原型的特点,未来仿生水上行走机器人的研究必将趋于微型化,能源、控制和驱动系统的集成化,以及特殊材料的研制与应用。虽然仿生水上行走机器人很小,但该研究是一项综合仿生学、微机电系统集成、纳米材料以及表面化学等学科的交叉前沿课题,要达到很好的要求,其研究设计制作难度不亚于航空航天等高科技产品的研制,正如 Metin Sitti 教授所说的"是对微型机器人研究的极限挑战,是微型机器人研究的最后冲刺"。仿生水上行走机器人的研究是一项极具挑战性的课题,如果能够取得突破性的研究成果,必将在微机电系统(MEMS)研究领域产生划时代的意义,这需要长期大量的研究工作。目前,仿生水上行走机器人研究所面临的关键问题如下:

(1)微型化问题。水黾、水蜘蛛等水上昆虫之所以能够在水面上自由运动,并能够灵敏地躲避障碍、风浪、雨滴等,根本原因在于其体型小,表面张力能够提供足够的浮力裕量,使它们能够完成各种姿态运动保证其身体浮于水面,躲避危险。同样,现阶段仿生水上行走机器人存在的一个很严重的问题是几乎没有一点抗击水面搅动的能力,更不用说抵抗风浪能力,究其原因就是因为样机的负载能力太小,稳定裕量小。解决该问题的唯一途径就是对机器人设计制作的微型化,使表面张力能够提供足够的浮力裕量。

(2)能源问题。在未来应用中,由于受作业环境的限制,仿生水上行走机器人需要具备无线遥控或者自适应控制能力,这就要求机器人自身携带能源,而现在普遍使用的能源(例如电池等)质量相对大,仿生水上行走机器人浮力主要源于表面张力,负载能力有限。因此,寻求新型的能源供应方式是仿生水上行走机器人研究面临的一个重要问题。

(3)驱动方式问题。由于仿生水上行走机器人负载能力以及空间尺寸的限制,传统的驱动方式(例如电机＋连杆机构,电磁铁)已不能满足机器人性能的要求。我们必须在静电原理、电磁原理、压电原理、记忆合金原理等理论的基础上,研究尺寸小、低耗能、可靠性好的驱动方式。

(4)控制方式问题。对于无线控制的仿生水上行走机器人,机器人与人之间的信息传递必须通过无线发射接收系统,寻找小而功耗低的信息交换系统是仿生水上行走机器人研究的关键问题之一。

(5)特殊材料的研制问题。仿生水上行走机器人要获得足够的表面张力作用,需要疏水材料具有大的接触角,同时针对不同的特殊环境,特殊材料在抗磨性、抗腐蚀性等方面有一定的要求。新型特殊材料的研制与应用是仿生水上行走机器人研究的重点之一。

目前,该课题研究还处于研究起步阶段,要解决仿生水上行走机器人研究所面临的这些问题极具挑战性,需要经过长期大量的研究工作。

5.2 超疏水表面材料的新应用

5.2.1 外墙涂料

建筑物外墙表面的污染主要来源于空气中微小颗粒的黏附,以及雨、雪的覆盖污染。超疏水表面材料具有优异的疏水性能,在建筑外墙、玻璃等的防水、防冰、耐沾污等方面均有广泛的应用前景,可有效降低建筑物的维护费用。目前,超疏水表面材料在建筑物防污染方面的应用主要是用作超疏水涂层的填料。Yamashita 等采用离子辅助沉积法将 TiO_2 纳米颗粒作为表面修饰剂沉积在疏水性的多孔聚四氟乙烯模板上,当有机污染物黏附在薄膜表面时,TiO_2 在紫外线的照射下能够将有机污染物分解,从而该表面的超疏水性得到再生。此外,研究表明该聚四氟乙烯表面的耐候性较强,可用作建筑外墙涂料的添加剂。Kim 等在芳香族聚酰胺薄膜层上通过与-COOH 的共价键和氢键作用进行 TiO_2 纳米颗粒的自组装,制备的复合物薄膜在紫外线照射下能够显著降解其表面的有机物,有效降低有机污染物对薄膜疏水性能的影响。该研究对芳香族聚合物在表面自清洁及解决有机污染物淤积等研究有一定的启示。

5.2.2 超疏水织物

采用静电纺丝法或者对纤维材料表面进行改性处理,均可制备具有微纳米结构的超疏水纤维,从而获得抗污染的超疏水织物。Yazdanshenas 等采用超声辅助法合成辛基三乙氧基硅烷(OTES)改性的二氧化硅纳米颗粒,并掺入到棉纺织品中。所制得的面料具有稳定的超疏水性,其接触角为 $152.8°±2.6°$,滑动角为 8°。由于该涂层是透明的,并不影响织物的颜色。此外,该涂层具有较高的机械稳定性,能够反复洗涤。Huang 等采用水热反应制备了万寿菊花状的 TiO_2 颗粒与棉布面料的复合物,然后经氟烷烃改性处理,构建了超疏水纳米 TiO_2@面料。与其他疏水棉织物相比,该 TiO_2@面料展现了较强的超疏水性,其水接触角达到 160°。此外，该超疏水织物具有较强的耐磨损和抗紫外照射性能。

5.2.3　金属防腐

金属的腐蚀备受关注，每年由于金属腐蚀所带来的损耗占全世界 GDP 的 3%。超疏水表面材料可以用作防腐表面涂层，而不掺杂任何有害化学添加剂。Wang 等将铜板置于肉豆蔻酸溶液中进行电化学氧化，得到花状结构的表面。该表面展现极好的防腐性能和耐候性，在质量分数为 3.5% 的 NaCl 溶液中浸渍 20 d 后，其水接触角仍然达到 140°。Chang 等将经过喷砂和 Ag 沉积过程制得的粗糙表面沉浸于乙醇溶液中进行氟化改性处理后，获得了具有防腐性能的超双疏表面。特别是当涂层失去超双疏性能后，可通过一个简易的再生过程恢复其超双疏性。

5.2.4　抗菌材料

除了具备疏水性外，一些超疏水表面也具有一定的抗菌性能。Jin 等将滤纸置于碱性溶液中进行化学刻蚀，以增强滤纸表面的粗糙度，然后通过溶胶-凝胶过程沉积一层 TiO_2 薄膜，最后用全氟辛基三甲氧基硅烷（PFOTMS）对滤纸进行表面改性。由于化学刻蚀作用和 PFOTMS 的低表面能，天然亲水性的滤纸转变为超双疏性表面，并能有效抑制细菌（大肠杆菌）的黏附。Wang 等将铝合金、硅板、聚丙烯等基板在盐酸多巴胺—盐酸的缓冲液中沉浸一段时间后，转移到含有不同 Ag^+ 浓度的银氨溶液中，再逐滴加入甲醛溶液，获得沉积银的聚多巴胺基底，最后将基板浸入到乙醇和十二烷基硫醇的混合液中改性，制得超疏水银基板，其水接触角高达 170°。由于 Ag^+ 具有优菌性能，能够有效抑制大肠杆菌和金黄色葡萄球菌的活性。

超疏水表面材料是一种特殊的功能材料，涵盖航天工业、建筑、医疗、日用纺织品等各个方面，具有广泛的应用前景。但是，目前研制的超疏水表面材料均要使用价格昂贵的含氟聚合物或硅烷化合物等低表面能改性物质，导致原料成本增高。其次，现有的超疏水表面材料强度和耐候性较差，如有机高分子超疏水涂层长时间接触水时，亲水基团翻转导致超疏水性能稳定性变差，易发生转变甚至超亲水化，或者使大分子链降解，从而导致涂层表面粉化，迅速失去超疏水性能，限制了其应用领域。此外，一些制备方法涉及复杂的设备、严苛的条件和较长的反应周期，难以应用到大面积超疏水表面的制备。因此，开发简易低廉、环保高效的超疏水表面材料，对超疏水表面微纳结构的几何形貌、尺寸与表面润湿性的关系，特别是与滞后接触角的定量关系等，还有待深入研究。此外，超疏水表面材料的应用领域还有待拓展，如水下功能材料和刺激响应表面材料等具有多功能的智能化表面的制备与应用。Wu 等用溶液浸涂法在棉织物表面制得一种抗菌超疏水涂层，其工艺为将聚乙烯亚胺、纳米银粒子沉降在织物表面。研究表明：纳米银粒子具有杀菌作用，可显著抑制大肠杆菌和枯草芽孢杆菌的活性，从而具有一定的抗菌性能。Jin 等以滤纸为基质，制备超双疏表面，其工艺为先用碱性溶液对滤纸进行化学刻蚀，使滤纸表面的粗糙度增加，然后通过溶胶凝胶过程在滤纸表面沉积 TiO_2，最后用全氟辛基三甲氧基硅烷（PFOTMS）进行表面修饰。结果表明该表面能显著抑制大肠杆菌的黏附。

5.3 仿生防污涂层

5.3.1 仿生微结构防污涂层

附着基的粗糙度影响着污损生物的附着,一般来说,由于污损生物和光滑基底之间的作用力较弱,光滑表面污损生物附着量相对较小,粗糙的非光滑基底表面附着量相对较大。但现有研究表明,基底表面一定形状和结构尺寸的微观纹理也具有防污效果。针对这一特点,Scardino 提出了附着点理论,该理论认为,影响微生物附着有两个主要因素,一是微生物自身的固有尺寸,二是附着基的微结构大小,当附着基微结构尺寸小于微生物的尺寸时,微生物在附着基表面的附着点会变少,附着点少污损生物的附着量就会变少。为了验证附着点理论,Vucko 等在 PDMS 上构筑了 18 种不同尺寸的形貌,尺寸分布在 $0.2 \sim 1\,000\ \mu m$ 之间。结果表明,对于新月菱形和双眉形硅藻,无论纹理间距和形貌如何,均可被遏制。苔藓虫的幼虫在纹理尺寸接近但小于幼虫尺寸的试验板上附着较少,此外,在 $20 \sim 80\ \mu m$ 样品上有较高附着率。表面微结构防污的灵感来源于仿生学,关注的焦点为鲨鱼、海豚、贝壳等生活在海洋里的大型海洋生物,它们在海洋里生存但皮肤表面没有污损生物附着,原因在于它们的表面结构非常复杂。根据这些海洋生物的表面结构,广大研究学者做了广泛的研究,研究最多的是鲨鱼、海豚和贝壳等。鲨鱼生活在海洋中表面无污损生物附着,说明其表皮有一定的防污性能。在显微镜下观察,鲨鱼表皮存在着微米级别的形貌。鲨鱼表皮存在排列紧密的鳞片状结构。德国学者 Ball 研究表明鲨鱼鳞片上 V 形和 U 形沟槽交叉组合分布,使得其表面具有一定的自清洁作用。Schumacher 等参照短鳍真鲨皮肤设计 Sharklet TM 仿生表面,发现增大仿生表面微结构的高宽比能显著降低藤壶幼虫和绿藻孢子的附着量。Brennan 在聚二甲基硅氧烷弹性体表面加工出了仿生鲨鱼形貌表面,通过防污试验验证其防污性,试验结果显示,仿鲨鱼形貌结构能有效降低石莼孢子的附着,防污率达到了 86%。瑞典工程师在环氧树脂层上植入带有静电的密集纤维,可以使载体层表面具有一种排列紧密的细小静电纤维,防污试验测试,涂层表面几乎没有污损生物,防污性能优异。Bers 认为紫贻贝能够防止海洋生物的附着,是其表面微结构和分泌的化学物质共同作用的结果。每种不同的贝壳都有着不同的表面微结构,沟槽的排列方式各不相同,如图 5-3 所示为两种不同种类的贝壳。武汉理工大学谢国涛等为了探究贝壳表面微结构与防污性能之间的联系,将贝壳表面形貌复刻到样本上进行试验,以检验此类具有贝壳表面微结构样本的防污效果。试验选取了三种贝类作为研究对象,分别是日本镜蛤、加夫蛤和栉孔扇贝。其结果表明在所有复刻样本中,复刻日本镜蛤的 E44 环氧树脂样本具有最好的防污效果。中船重工第七二五所郑纪勇用显微镜对紫贻贝表面进行了形貌的观测和提取,发现贝壳表面有环形波纹结构,而且存在着区域性差异。实验室静态防污试验结果表明,紫贻贝存在的微米级波纹状结构起到了良好的防污效果。海星一般都是静止不动的,即使移动也较为缓慢,海星表面没有污损生物附着与其表面结构有着密切的关系。在光学显微镜下观察,海星表面存在着微米级别的凸起,尺寸为 $100 \sim 250\ \mu m$,如图 5-4(a) 所示,这种凸起上又存在着更细微的结构,在扫描电镜下观察,如图 5-4(b) 所示。受此启发,郑继勇等在 PDMS 上加工出了仿海星表面微结构,如图 5-5 所示。每个正六边形包含 19 个小圆柱,圆柱的直径为 2.5 μm,圆柱与圆柱之间的间距为 6 μm。通过实验室动态防污装置验证防污性能,结果表明,相比于光滑的 PDMS 表面,具有仿海星微结构的 PDMS 表面具有较好的防污性能。

　　　　　　(a)青蛤　　　　　　　　　　　　　　　　　(b)魁蚶

图 5-3　海洋贝壳

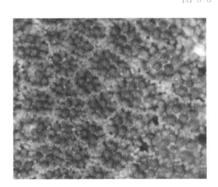 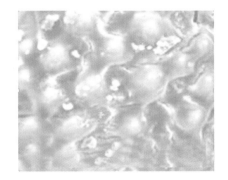

　(a)光学显微镜下海星表面形貌　　　　　　　(b)扫描电镜下海星表面形貌

图 5-4　显微镜下海星表面微结构

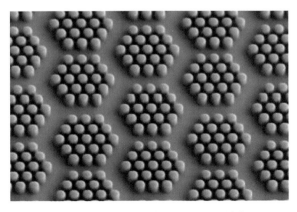

图 5-5　PDMS 加工仿海星表面微结构

目前美国、德国、英国、澳大利亚等一些研究机构和大学正在开展表面微结构防污减阻方面的研究工作。虽然不是所有的微结构尺度都能防止污损生物的附着,而且有些粗糙表面与光滑表面相比,能够显著增加表面污损生物的附着,使阻力增大,但普遍的研究认为,材料表面高度规则且尺寸合适的微观结构会大大减少污损生物附着。

5.3.2 仿生亲水性防污涂层

亲水材料与水接触后会形成一层致密的水层,其他物质若想粘连上去必须破坏水层,由于这一特性,亲水性表面可有效地防止蛋白质和微生物的附着。亲水性涂层已被广泛应用于生物医学等领域,海洋中也有很多生物通过分泌亲水性黏液来防止海洋污损生物的附着,一些研究学者针对这一特性,对海洋生物分泌的亲水的黏液进行了分析,设计出了一些亲水性的防污涂层,有一些已经形成了产品,得到了应用。

海豚在水中高速游动,皮肤光洁,没有任何污损生物黏附。通过显微镜观察其微观结构发现,海豚皮肤表层极其光滑,分布着细小的绒毛,能随着水体的流动来回摆动,同时又类似于水凝胶聚合物的体液会持续地从表皮渗出,使表面更加光滑,以至于污损生物无法识别附着。受此启发,哈尔滨工程大学魏欢通过实验室制备 PVA 水凝胶与环氧树脂混合涂在低碳钢表面上形成防污涂层,来模拟海豚表面分泌水凝胶体液,用静电植入的方法在涂层上植入水凝胶纤维来模仿海豚表层的绒毛,还原海豚防污过程。涂层浸水后,能持续渗出水凝胶,2 个月之后依然有水凝胶的溶出。实验室硅藻附着试验和浅海挂板试验结果表明,该涂层起到了防止硅藻和一些大型污损生物附着的作用。

鲨鱼与海豚类似,表面能分泌水凝胶黏液,根据这一特点,中船重工第七二五所将丙烯酰胺与有机硅单体进行共聚合成形成了聚丙烯酰胺共聚物,这种经过改性后的共聚物与有机硅材料混合固化后形成涂层,涂层吸水后会像鲨鱼皮分泌黏液一样,表面产生细小的亲水丙烯酰胺微凝胶。通过硅藻附着试验和贻贝足丝附着试验对涂层防污性能进行验证,结果表明该涂层能起到很好的防污效果,与普通低表面能有机硅材料进行对比,普通低表面能有机硅材料不能防止一些硅藻和贻贝附着,反而为其更为稳定地黏附提供了良好的条件,聚丙烯酰胺共聚物改性有机硅形成的涂层对藻类和贻贝的抑制率提升了 50%。

金枪鱼体型较长,整体呈鱼雷状流线形,游泳速度比海豚快,瞬时速度可达 160 km/h,平均速度为 60~80 km/h,金枪鱼表面存在着大量的黏性物质。受此启发,日本立邦防污涂料公司,借鉴金枪鱼身体表面特征研制出的仿生船底防污涂料——LF-Sea Ⅱ能有效降低船舶能耗,在船底涂料中加入了亲水性高而且具有黏性的水凝胶,水凝胶中桥联的高分子能够形成三维网眼构造,水存于这种网眼中,形成一种黏膜结构,既不损害防污涂层的力学性能又能防止一些大型污损生物如藤壶的附着,还能够减弱与海水之间摩擦阻力。在轮渡进行实船应用调查发现,采用该涂料的轮渡约能降低燃油消耗近 3.4%,节约开支 100~200 万美元。2013 年该公司对 LF-sea 进行了升级,使用的自平滑铜甲硅烷基丙烯酸酯共聚物能保证稳定而长效地防污,可以与现有的防污漆相结合得到应用,升级后的产品节约的燃料率达到了 10%。亲水性防污涂层没有得到广泛应用的最主要原因是涂层本身不是很稳定,亲水性水凝胶与船舶基底结合不够紧密,在船舶行驶的过程中容易受到水流的破坏,同时相比于传统的防污涂料,水凝胶的合成过程成本过高。研制出能快速、简便、大批量生产同时能与基底紧密连接的亲水性防污涂层,值得进一步深入研究。

5.4　防覆冰涂层的应用

结冰给人们的日常生活带来极大的危害,特别是交通道路以及电力输送系统。输电线路上的覆冰会导致电力系统瘫痪,影响人们的生活。如果在输电线路上涂上一层超疏水涂层,可显著地降低覆冰现象,这是因为超疏水材料表面截留了大量的空气,极大地降低了水滴与表面的接触面积,水滴将立即从表面滚落。

当前较为常见的覆冰处理技术主要有两大类:(1)主动防/除冰技术,包括热除冰、化学除冰、机械除冰以及其他除冰方法,但这种防/除冰技术其应用局限性较大,能耗较高,整体除冰效率偏低,且有一定的生态环境污染性。(2)被动防/除冰技术,主要是在结构表面涂刷防覆冰涂层,以达到覆冰防治与应对的目的。该技术具有能耗小、环境友好和适用范围广等优点,是目前覆冰问题应对的主要技术。当前防覆冰涂层的研究中普遍聚焦在设计几种涂层:润滑表面型防覆冰涂层、疏水型防覆冰涂层以及超疏水型防覆冰涂层。疏水型防覆冰涂层与超疏水型防覆冰涂层应用范围较广,应用效果更明显。基于荷叶效应,超疏水覆冰涂层被广泛地开发,其应用原理是涂层确保常温下水在其表面的静态接触角大于 $150\ ℃$,滚动角小于 $10\ ℃$,水滴很容易移动。在低温下,涂层表面仍然具有高比例的气相融在微纳米结构中,保持低温的良好的疏水特性,进而达到理想的防覆冰效果。因此,超疏水覆冰涂层有着极大应用前景。

Cheng 等在铜基底上制备了超疏水 $CuZn_5$ 和 $AuZn_3$ 合金表面,所制备的表面显示出优异的超疏水性,水接触角高达 $170°$,滚动角低至约 $0°$,分别对超疏水铜片和未处理的铜片进行抗冰试验,结果表明,在经过 $-16\ ℃$ 的环境下处理 20 min 后,未处理铜片上的水滴已经结冰,而超疏水铜片表面的水滴仍然是液态状,表明超疏水铜片具有良好的防覆冰性。Huang 等以含氟丙聚烯酸树脂和改性二氧化硅为原料,在不同的基材上制备了聚丙烯酸酯/二氧化硅疏水涂层。研究表明:基材的热导率是决定结冰速率的重要因素,水滴在玻璃表面和铝片上的结冰时间分别为 2 min 和 40 s;将基材表面疏水化后,随着水接触角的增大,涂层的防结冰性能显著增强,当基材表面达到超疏水状态时,水滴在超疏水玻璃表面和超疏水铝片上的结冰时间分别为 95 min 和 37 min。

近几年来,国内外研究者们对光热型(吸能型)超疏水防覆冰涂层也开展了广泛的研究。其涂层保留超疏水防覆冰特性,在制备过程中,采用复合技术,将纳米光热材料(如石墨烯,四氧化三铁等)复合到涂层中,使得具有光辐射下,涂层升温进而融化冰层,达到高效的防覆冰/除冰的效果。这些为防覆冰涂层的研发及应用打开了前景。

5.5 仿生减阻降噪

船舶在海中航行时要耗费大量能量来克服水的阻力和轮船自身振动,减少水流阻力与降低振动,是设计水中航行器必须要面对的问题。这时人们把目光对准了海洋中游速较快的动物,希望从他们身上获得水中减阻减振的灵感。

1957～1977 年,Kramer 发表多篇著作阐述了仿海豚皮肤柔性材料的设计、制备、测试以及减阻机制。仿照海豚皮肤的结构和拉伸模量,Kramer 设计了柱状结构柔性面。为了解决柱状模型的应力释放和表面可见波纹的问题,Kramer 又设计了肋状结构柔性面和多层均质柔性面。这三种柔性面都分为三层,从外到里采用弹性模量不同的橡胶模拟海豚表皮、真皮及脂肪层。表层厚度 0.254～0.914 mm,底层厚度 0.254～0.508 mm,总厚度 2.2～3.6 mm。柔性面贴覆在刚性拖曳体上,用拖船拖着拖曳体在河水和海水中进行试验,测试其阻力系数和贴覆后相对刚性体的减阻率。Kramer 的柔性减阻材料获得的最大减阻率超过 50%。

为了得到不同游速及雷诺数下,最优的弹性、结构设计及力学特征,以 Babenko 教授为代表的乌克兰国家科学院对包括海豚在内的海洋生物减阻降噪及仿生的理论和试验方面进行了长达 30 多年的研究。Babenko 认为 Kramer 在海豚皮肤结构上存在着错误认识,所以对海豚皮肤结构特征和力学特性进行了系统研究,包括表皮褶皱、真皮乳突的形状与倾角、与水流的相互作用等情况,设计了一系列的仿海豚皮肤结构及功能的复杂柔性面。Babenko 的仿海豚皮肤柔性材料也分为三层,不同层选用不同力学性能的弹性材料,这些层复合在一起贴覆在硬铝板上,然后安装在他们设计的标准测试板上,在不同环境、不同流速中测试其切向流体压力以表征摩擦阻力的大小。在后来的设计中,Babenko 在复合柔性面内部空腔中填充石墨纤维织物、导电橡胶等导电材料,通过直流加热的方式改变弹性材料的力学性能以及利用交流电磁波引起的弹性波与表面波的相互作用,影响近壁区流体的动态特性达到减阻目的。在这一系列的复杂柔性面中,获得的最大减阻率是 35%。

海豚皮肤仿生研究是一门涉及生物学、流体力学、材料学、机械制造等多个领域的交叉学科。在国外已有 50 多年的研究历史,并带动了柔性面减阻这个领域的兴起。目前,针对海豚等水生动物的仿生研究还在继续深化之中,它们独特动力学特征的生物学机制尚未得到系统阐释,仍有巨大的仿生研究潜力以待发掘。可以预见,通过材料、机械、电子、信息等手段构建出的具有类似海豚皮肤生物功能的仿生减阻降噪材料系统,将在船舶的水下减阻降噪中发挥重要作用。未来海豚皮肤仿生研究将主要集中于:(1)海豚皮肤结构与流场作用关系间的试验和仿真研究。(2)自适应仿海豚皮肤材料的设计研究。(3)仿海豚皮肤材料的制备、测试的新技术和新工艺,尤其是大纵深比微纳结构模具的设计与加工等。

5.6　防覆冰涂层研究进展

物体表面覆冰给国民经济发展、人身财产安全带来极大不利影响,防覆冰工作一直是困扰表面工程从业者的一大难题。传统除冰方法有机械除冰、溶液除冰和加热除冰等,传统除冰存在效率低下、污染严重及操作困难等缺陷。随着表面工程的发展,通过在金属表面涂覆涂层进行防覆冰成为除冰技术的新方向。固体表面防覆冰涂层具有效率高、操作简单的特点,已经在国家电网改造过程中取得重大应用,在轮船表面、飞机表面也获得广泛应用。现在制备的防覆冰涂层仍存在缺陷,涂层的耐磨性耐候性较差、生产成本过高、废液污染环境等,因此研究具有无毒低成本且长效性的涂层成为防覆冰研究发展的热点。

通过阻碍过冷水在固体表面结冰是现在进行防覆冰工作的有效方法,具体分为超疏水防覆冰、超亲水防覆冰及复合涂层防覆冰等。通过仿生试验和微观分析已探索了表面具有超疏水、超亲水性质的根本原因。目前采用超疏水涂层进行防覆冰工作备受关注。

5.6.1　超疏水防覆冰表面制备

中船重工第七二五所陈凯锋等利用高分子材料/无机粒子复合法制备具有微—纳米二元阶层结构涂层,有机/无机粒子复合法具备了有机、无机的双重优点,无机材料部分不仅提高了材料的力学性能,还能提高耐热性和耐溶剂性能等,有机材料部分提供了可控的分子结构和优良的可加工性。通过筛选低表面能的树脂和提高涂层表面空气占比高的聚丙烯腈(PAN)纳米纤维及 SiO_2 填料等组合获得微—纳米二元结构,该涂层具备良好的超疏水性能。马利珍等将三元乙丙橡胶(EPDM)、苯乙烯-丁二烯嵌段共聚物(SBS)、丁基橡胶(IIR)溶解在一定温度的二甲苯溶液中,再将疏水改性的 SiO_2 粒子均匀分散于溶液中,并涂布在预处理的玻璃片上,干燥成膜后得到超疏水涂层。当橡胶用量为 2 g/100 mL,疏水性二氧化硅用量为 2 g/100 mL 时,EPDM、SBS、IIR 复合涂层与水的接触角分别达到 169.4°、172.8°和 170.5°,且滚动角都小于 1°,表现出非常优良的超疏水、自清洁性能。

5.6.2　超亲水涂层制备

亲水涂层的主要防覆冰机理在于亲水表面可以使得滴落在基质表面的过冷水凝固点降低,延长结冰时间而达到防结冰的效果。Meyers 等制备了一种应用于飞机表面的高浓度防冰液(其中包括丙二醇、乙二醇、非离子表面活性剂、pH 调控剂及增稠剂)在飞机起飞前稀释喷洒,但是这种方法有效作用时间短且用量大,并且在严重结冰状况下除冰效果差。亲水涂层最大的缺点在于表面与水滴的亲和力大,不利于水滴滚落,一旦表面形成覆冰,不但防覆冰效果丧失,而且所形成的冰层致密不易脱除。所以,单纯的亲水涂层在防覆冰领域应用并不广泛。

5.6.3　复合涂层制备

近几年,随着超疏水涂层的弊端被不断发掘,防覆冰机理的研究不断深入,亲水修饰超疏水多功能复合涂层成了防覆冰涂层的新思路。涂层表面的含水率与冰雪的附着力息息相关,水膜的形成可以起到润滑作用,所以对于水含量较高的湿雪,亲水表面相对于超疏水表面更有利湿雪滚落。基于这一机理,Kako 在超疏水涂层中引入亲水通道,从宏观上构筑三维复合涂层。该复合涂层集合了超疏水涂层与亲水涂层的优点,液滴滑落效果介于亲水层与超疏水涂层之间。综合亲水与超疏水的双重优势,使得液滴的成核与汇聚达到可控,表面液滴的自滚落效率大大提升,展现出优越防覆冰潜力。

5.6.4 防覆冰涂层耐久性

目前超疏水防覆冰是防覆冰涂层研究的热点,采用不同方法制备的超疏水涂层在测试时大都具有良好的疏水性能,但涂覆超疏水涂层的工业设备在不同的使用环境中经常发生的一些接触、刮擦等行为非常容易导致疏水涂层失效。使用一段时间后在覆冰除冰的过程中涂层疏水效果自动失效以及在自然环境严酷地带,光照、昼夜温差及风霜雨雪等恶劣气候,加速了涂层的老化、锈蚀、剥落等问题。一旦涂层出现粉化、开裂等现象,涂层将失去防覆冰效果,水滴将渗透进入涂层从而实现凝冰。分析主要有两个原因,一是涂层与基底的结合力不强导致涂层易随冰层掉落;二是涂层内部的纳米粒子易发生团聚,导致超疏水性能失效。在实验室通过测量在超声振动下附着力的大小来表征涂层与基体间结合力的大小。中科院兰州化学物理研究所欧军飞博士通过化学方法在基底上形成的新的极性表面层与基体相结合,两者之间具有极强的结合力,为涂层耐久性研究提供了方向。目前对纳米粒子间发生团聚还没有统一的认识。涂层在传统上的缺陷也是一个亟须解决的问题,研究具备抗老化、耐磨、抗划伤等综合性能优异的防覆冰涂层炙手可热。

5.6.5 覆冰过程的延缓及附着力的降低

超疏水防覆冰并不是直接阻止冰的形成,而是很大程度上依赖于延迟结冰时间和降低两者间附着强度。涂层表面能的大小直接影响到与冰面的附着力大小,表面能越小,接触角越大,冰与其附着力就越小。K. Tadanaga 等研究表明过冷水滴与表面接触角越大,即表面的憎水性越强,过冷却水滴在这种表面上发生冻结所需要的时间也越长。X. Lu 等发现聚乙烯超疏水涂层表面多孔不完美球形结构是通过控制结晶时间和成核速率以控制低密度聚乙烯的结晶行为来实现的。K. Fukagata 研究了超疏水涂层的水滴接触角滞后对覆冰黏附强度的影响,结果表明,超疏水涂层的接触角滞后越大,涂层表面与冰的黏结强度也越强。掌握影响过冷水结成冰层的吉布斯自由能的因素,并通过控制这些因素来影响过冷水的结冰过程,通过延缓过冷水的结冰,甚至在某些条件下不结冰从而达到防覆冰的效果。在覆冰的状态下,尽量减少冰层与涂层间的附着力,使其在风速或重力等作用下脱离涂层。

5.6.6 超疏水涂层工业化

现阶段制备超疏水涂层的方法主要是通过在金属基底表面通过模板挤压法、刻蚀法、电化学沉积法、阳极氧化法等获得粗糙表面,然后修饰低表面能物质获得疏水涂层。上述方法都能达到良好的疏水防覆冰性能,但各自也有一定的局限性,模板法、刻蚀法、水热法与溶胶—凝胶法等只能加工小面积的表面,电化学与碳纳米管法所需条件苛刻、成本高昂等。这些缺点意味着现阶段制备的超疏水表面存在生产成本过高,产品生命周期短等问题,导致大范围推广相对困难。高分子材料/无机粒子复合法直接获得超疏水涂层,通过高分子材料/无机粒子复合法制备具有微-纳米二元阶层结构涂层,兼具有机聚合物和无机粒子的综合性能,能够获得优异的防覆冰性能同时兼具良好的持久性、耐磨性,已经用于输电线、风电叶片等。控制好生产成本、降低环境污染的前提下保持良好的疏水及耐久性等性能,超疏水涂层才能在工业生产和日常生活中获得广泛应用。

5.6.7　防覆冰的发展方向

防覆冰涂层分为超疏水、超亲水以及复合涂层三类,当下研究的热点是超疏水防覆冰涂层,而超疏水防覆冰涂层耐久性较差是一个亟须解决的难题。根据荷叶的超疏水原理增强纳米结构的疏水性能是一种维持超疏水性能的方法。粗糙表面采用具有弹性或极其坚硬的材料也是研究的重要方向。过冷液滴在涂层表面的成核与结晶机理、润湿性、表面微观结构与附着力之间的定量关系仍需要进一步探讨。要获得既防结冰又易除冰的功能化表面,或许可以通过优化润湿性和粗糙度这两个矛盾的影响因素来克服现在的难点并获得更好的性能,使超疏水防覆冰涂层最终广泛应用在各种工业设施及日常生活中。如何控制工业生产成本,开发新的工艺方法,获得优良的产品同时对环境污染小,防覆冰涂层制备后在使用周期内保持良好的耐久性耐磨性等,这些都是今后发展的方向。

涂层防覆冰相对于传统除冰方式具有很大的优势,具有能耗小、对环境友好且适用范围广的优点。就现阶段来说,防覆冰分为超疏水防覆冰、超亲水防覆冰及复合涂层防覆冰三种。超疏水涂层是当下研究的热点,从理论到制备都已经获得了一些阶段性的成果,在工程设备上也获得了相应的应用,如超疏水防覆冰输电线等。但防覆冰涂层也存在涂层的耐久性、耐磨性与基底结合力小等涂层传统缺陷。同时,防覆冰涂层的制备本身也会带来一些不利的因素,比如污染环境及生产成本过高等。总的来说,防覆冰涂层是一种具备潜力的防覆冰方法,现在还存在一些缺点,但随着进一步的研究与试验,超疏水防覆冰在工业上将获得重大的发展。

5.7　仿生智能纳米孔与能源捕获

生物离子通道以及半人工体系在生物体外的脆弱性极大地限制了其在能源转换领域的发展和应用。因此,找到稳定的且有发展潜能的人工替代材料成了一个急需解决的问题。仿生智能纳米孔,因其优异的物理化学性质,作为一种很有吸引力的候选材料受到科学家们的广泛关注。目前,利用仿生智能纳米孔进行清洁能源捕获的工作已经屡见不鲜了。

5.7.1　压力驱动的能源捕获

自从 Dekker 教授等在 2005 年提出了受压力驱动的液流在单个硅纳米孔中的流动电

流,很多课题组相继加入纳米尺度的压力差能源转换这个领域。在这个工作中,他们利用70 nm 的硅纳米孔来研究流动电流。所测得的流动电流与施加的压强呈线性正相关关系,而且电流大小在电解质浓度低于 10 mmol 后基本保持不变,继续增加浓度其值反而变小。改变孔道表面电荷的性质之后,他们观察到了反向的流动电流。在该体系的基础上,他们还从理论以及试验方面探究了流体静力学能与电能之间的转换关系,他们估计该体系的最大效率能够达到 12%。这些结果都表明,流体静力学能可以转换成流动电流,而且通过不断优化条件,该器件能够拥有更好地转换性能。这些研究为科学家们进一步探索压力驱动能源转换打下了坚实的基础。

和一维(1D)纳米孔相比,二维(2D)层层堆积材料能够极大地减小流体阻力而且能增加堆积密度,这些优点使得其更具有实用性,而且效率更高。江雷等设计了一种二维纳流发电器,该发电器是由自堆积的溶剂化石墨烯水凝胶膜(GHM)组成,能够用于转换压力差能源。在压力的驱动下,离子流从石墨烯间穿过;此时石墨烯就相当于过滤器,它只允许反离子流过,如此,流体运动就转换成了流动电流。另外该二维纳流发电器既能观测到持续的流动电流,也能检测到脉冲式离子电流信号。也就是说,该器件能够用于收集来自脚步的能量或者是用于检测心脏跳动。因为层层堆积材料可以大规模生产,所以该体系很有可能应用于实际生产中。另外,除了石墨烯外,该方法也普遍适用于其他二维材料,这也极大拓宽了仿生智能纳米孔领域在能源转换中的应用。

5.7.2 浓度差能源转换

在能源危机的背景下,海水与河水之间的浓度差能量,由于其储量惊人而且无污染等优点,已经在最热门能源中占有一席之地了。据估计,在河流入海口有巨大的能源可以供人们利用。为了捕获这部分巨大的能量,科学家们做了大量的工作。为了提高转换效率,科学家们不断地从化学和材料学上改进优化能量转换装置。其中,仿生智能纳米孔已经在该领域崭露头角。由于其具有高离子传导以及高的表面电荷密度,仿生智能纳米孔的性能有望比其他方法和材料提高一倍。

2005 年,Siwy 教授课题组发表了在锥形纳米孔中的扩散电流研究。他们所使用的纳米孔具有固定的电荷以及足够小的孔径,而孔的两端放置了浓度不同的电解质。该体系的影响因素包括电解质浓度、表面电荷以及孔内的电场分布,因此他们认为双电层理论可以解释他们试验中观察到的现象。而该试验中他们对锥形孔的浓差能源转换的系统研究也在试验以及理论上为以后的研究起到了很好的指导作用。

受电鳗启发,设计了一个单孔纳流能源捕获装置来高效地将这种自由能转换成电能。与之前的离子交换膜相比,这种仿生结构能够将能量密度提高一到三倍之多。如果在此基础上增加纳米孔阵列,该纳流能源发电装置有望为微纳尺寸的机器供电。通过将介孔碳(孔径约为 7 nm)与大孔氧化铝(孔径约为 80 nm)结合成非对称的复合膜来进行能源捕获。理论模拟和试验结果都表明,这种复合的非对称纳流结构更有利于阳离子选择性地在材料中进行传导,而用人工海水与河水测试设置后我们能够得到的能量密度高达 3.46 W/m²,超过了很多传统的商业离子交换膜。

5.7.3　光电转换

在自然界中,太阳能能够被一些生物以各种形式转换从而加以利用。而设计人工的光捕获系统可以为利用太阳能以及发展新型太阳能电池提供新的思路和方法。受自然界启发,科学家们已经制备了许多基于仿生智能纳米孔的新型太阳能电池,这些电池与目前的光伏太阳能电池大不相同。最近,受生物系统的光驱动跨膜质子泵启发,一种光酸分子作为光驱动质子泵,它能够在光照下产生质子,从而使膜两端产生质子浓度差;之后修饰在孔道内的 C4-DNA 将质子传导到膜的另外一侧,从而产生离子电流。虽然该体系得到的光电压和光电流都很小,但是它为光的捕获提供了一种新的思路。如果能提高光酸分子的质子化能力,优化膜和光敏分子的性能,该体系就能得到更高的效率。利用光碱分子(孔雀石绿)在光照下使膜两侧产生氢氧根离子浓度差,而带正电荷的锥形纳米孔则将诱使氢氧根定向跨膜扩散,从而产生电流。这两个体系使得光电转换体系能够在所有 pH 条件下运行。

从自然界获取灵感,科学家们在过去的几十年里已经发展了很多相关的基于仿生智能纳米孔的能源转换体系。通过向自然学习,科学家们能够利用仿生智能纳米孔对可持续能源进行捕获收集,这些包括压力差诱导的能源转换,浓度差能源转换,光电转换,生物电容器,以及湿度梯度能源转换。这些工作极大地拓展了我们对于清洁能源的了解。

虽然该领域在近些年已经取得了很大的进步,但是目前还存在很多的问题和挑战。主要的两个问题是设备效率低和仿生纳米孔的实用性差。为了解决这两个问题,还有很多工作亟待去探索和研究解决。二维纳流软材料,由于其能够对各种作用力产生介电响应(包括机械压力,浓度差,温度差以及光照等),具备很好的发展前景。另外,还可以开发研究其他类型的清洁能源,比如热电转换、磁电转换等,以此来进一步拓宽该领域的应用范围。通过向自然学习,我们相信在基于智能纳米孔的能源转换领域一定会取得硕果累累的成果。

5.8　仿生智能医学材料

生物医学材料是将工程材料的设计理念运用在医学和生物学的综合体现。目的是缩小工程材料和医学材料之间的实际应用差距。生物医学材料的设计结合工程材料设计和医用材料设计的技巧,以改善医疗诊断、医疗监测的水平。生物医学中仿生材料的概念目前处于医学材料研究的最前沿。

生物的微观世界由一群隐秘的微生物组成,这些微生物拥有令人震惊但尚未开发的功能,提供了巨大的探索机会。这些微生物物种形成微生物群,相互之间有效地协同作用,并执行难以置信的任务。目前人们正在有选择地、可控地将来自生物微观世界的不同柔性材料与应用物种组合起来,实现面向创新应用的功能仿生体系结构,以便更好地认识生物微观世界,从而带来新的机遇。美国新泽西州史蒂文斯理工学院机械工程系神经仿生学与神经电医学实验室 Mannoor 等成功地使用仿生 3D 打印技术在蘑菇上种植了蓝藻菌群,如图 5-6 所示。

图 5-6　3D 打印纳米生物技术

仿生材料在医学领域的应用及发展十分艰难,因为在这一领域关联着更多其他基础学科、科研方向的发展,如工程学、微生物学、细胞学、理化科学、预防医学等。目前来看,仿生材料在医学领域的应用尚处于起步阶段,其未来的发展还有一段漫长的路要走,要坚信仿生材料在医学领域的应用将会对未来社会的进步、科技的进步做出重要的贡献。

5.9　仿生多尺度功能水凝胶

自然界中有众多具有特异功能的凝胶材料,其中许多功能与材料的二维界面和三维网络有着重要的联系。例如具有水下自清洁功能的鱼皮,研究发现,鱼皮表面具有多级微纳结构,直径为 4～5 mm 的扇形鱼鳞整齐排列在其表面,长 100～300 μm、宽 30～40 μm 的微凸结构取向排列在鱼鳞上,如图 5-7 所示。这种独特的多级微纳结构能够捕获水分子,当油滴与鱼皮接触时,形成油/水/固界面,赋予鱼皮表面超疏油特性,从而使鱼可以在油污污染的海域保持自身清洁。树蛙能够在光滑的表面上自由行走,也是由于其脚趾垫独特的结构和组成所决定。树蛙脚趾垫表皮细胞呈近六边形,每个细胞间具有宽约 1 μm 的通道,通道内的腺体分泌胶状黏液,使表皮细胞长期处于润湿状态。因此,树蛙脚趾垫与基底表面之间连续的液体填充连接点产生的表面张力与黏液黏附力的共同作用,使树蛙脚趾产生独特的"湿黏附"机理,从而能够在光滑表面行走。此外,具有水下超疏油、盐水中稳定特性的海带;具有低黏附类液体,能够高效地捕食昆虫的猪笼草,都是自然界中典型的凝胶材料。

表面化学改性和物理修饰可以调节水凝胶材料表面的组成与结构,从而改变其表面的浸润性和黏附性。例如,利用化学改性调节水凝胶的表面性质,克服传统水凝胶表面易脱水,易吸附蛋白质、脂质等缺点,提高水凝胶在用作隐形眼镜时的整体舒适度。

Filipe 和 Hoare 等提出了一种"点击"化学方法,用透明质酸(HA)使聚(甲基丙烯酸-2-羟乙酯)(PHEMA)基隐形眼镜表面官能化。结果表明,与未改性的 PHEMA 相比,HA 改性的水凝胶具有更高的亲水性、更好的保水性和更低的蛋白质结合力。Zandi 等提出了一种简单高效的方法,对 PHEMA 水凝胶进行表面化学改性,使其表面具有优异的抗生物污染性能。化学改性的步骤为,首先将 PHEMA 水凝胶浸泡在 30% 的硫酸溶液中,使水凝胶表

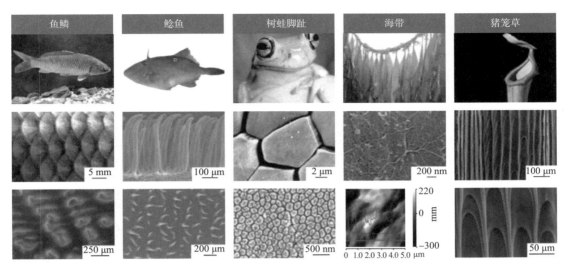

图 5-7　自然界的功能凝胶表面

面的酯基充分水解,后用去离子水和乙醇清洗干净;再将处理后的 PHEMA 水凝胶通过丁二胺反应将胺基团官能化到水凝胶表面;最后利用羧基经过酰胺化改性表面的氨基。通过此方法改性的水凝胶具有优异的抗生物黏附性,提高了水凝胶在生物体液环境中的适应性与使用寿命。超疏水界面(如细胞膜)在控制物质扩散过程发挥着重要的作用。构筑具有超疏水表面的水凝胶能够拓展其在组织工程、细胞固定、药物运输等领域的应用。

除了上述方法,水凝胶的表面性质也可以通过与微/纳米颗粒的物理组装来实现。如 Soh 等发展了一种普适的方法实现刺激响应的智能水凝胶,其表面可实现超疏水和超亲水的可逆转换。方法是将疏水微球镶嵌在刺激响应性水凝胶表面,在外界刺激下,水凝胶可逆转变诱导疏水颗粒的排布发生变化,从而引起水凝胶表面对水浸润性的可逆转变。这种方法适用于多种刺激响应性水凝胶,结合机械拉伸、温度和 pH 响应性水凝胶,他们设计了一种同时对多种外界刺激响应的智能可控系统。在每种响应性复合水凝胶外侧放置不同颜色的染料,施加刺激前,复合水凝胶表面是超疏水的;当施加相应刺激时,水凝胶发生响应,由超疏水状态转变为亲水状态,染料则可以透过复合水凝胶进入到中间水池。这一工作为智能物质控制释放系统的设计提供了新方法,也拓展了水凝胶材料在人工智能领域的应用。

材料表面的微纳结构对其黏附性和浸润性产生直接影响。自然界中典型例子是具有水下超疏油性能的鱼皮,它由亲水性物质(磷酸钙、蛋白质和黏液)组成,并且具有多级微纳结构。这些微纳结构可以捕获大量水分子,使鱼皮表面具有水下超疏油性和低油黏附性。受鱼皮启发,通过调节表面微观形貌,已制备出许多具有水下超疏油性能的功能表面。例如在亲水聚合物和无机金属氧化物材料上引入多级微纳结构。水凝胶由于其独特的亲水性而广泛地应用于构建水下超疏油表面。通过使用模板,可以在水凝胶表面构建任意多级微纳结构。2017 年,Lin 和 Yi 等以砂纸为模板,通过 PDMS 二次复型,制备了具有类砂纸结构的聚2-羟乙基甲基丙烯酸酯(PHEMA)水凝胶。与表面光滑的 PHEMA 水凝胶相比,具有结构化粗糙表面的 PHEMA 水凝胶表现出了优异的水下超疏油性和低油黏附性。此外，PHEMA 水凝胶在淡水和海水中都不溶胀，从而可以长期保持其表面的微纳结构不被破坏。

此外，受壁虎脚趾与固体表面可逆黏附、分离机制的启发，Zhou 等构筑了可稳定切换两侧摩擦状态的水凝胶膜。首先通过两步阳极氧化法制备了非穿透多孔氧化铝（AAO）膜，将含有丙烯酸（AA），N,N'-亚甲基双丙烯酰胺和过硫酸钾的预聚液倒入装有 AAO 膜的模具中，反应体系经过 7 h 热聚合后，AAO 膜两面的纳米孔均被直径为 100 nm 的水凝胶纤维填充。同时，水凝胶纤维从 AAO 膜的表面突出，形成了厚度为 3～5 μm 的薄膜。水凝胶纤维从特定的空隙中伸出并且相互独立，形成了刷状结构。当水凝胶刷浸泡在碱性溶液（pH＝12）中时，聚丙烯酸将转变为聚丙烯酸钠，聚合物网络上的—COO—基团与水形成分子间氢键，水凝胶快速水合，进而膨胀，使其表面由高摩擦态转变为超低摩擦态。相反，在酸性介质中，聚合物链转变为聚丙烯酸，聚合物网络上的—COOH 形成分子内氢键，水凝胶溶胀度快速下降，凝胶纤维失水收缩，使其表面粗糙度和摩擦系数增大。同时，由于水凝胶复合膜两侧相互独立，可分别调控不同的摩擦状态，因此，水凝胶复合膜可展现出 3 种摩擦状态的组合，以适应不同的需求。

科研人员制备了具有可控物质释放的仿细胞膜水凝胶材料以及具有浸润性可调的智能凝胶表面，拓展了水凝胶在药物输运、组织工程等领域的应用。通过对水凝胶的三维网络结构的设计，如引入非共价交联作用，设计有序网络结构、异质互穿网络和油水微相分离网络等方法，赋予了仿生水凝胶自修复性能、各向异性、高强度、形状记忆性能及抗冻性等优异的特性，拓展了水凝胶材料在可穿戴设备，软体机器人以及极端环境中的实际应用。

然而，目前仿生多尺度功能水凝胶的制备、表征及应用依然面临许多挑战。首先，我们需要进一步揭示自然界中生物水凝胶的表面微观形貌和三维网络结构与其功能之间的构效关系，这样便能启发人们构筑性能优异的仿生功能水凝胶。对于仿生高强度各向异性水凝胶而言，揭示其力学性能与取向结构之间的关系，建立理论模型，实现在分子尺度、微纳米尺度上对水凝胶网络的精准设计，依然需要进一步地探索。在异质复合凝胶体系中，如何设计异质界面分子的相互作用，仍是一个难题与挑战。例如，对有机-无机纳米复合水凝胶而言，通过对无机纳米材料的改性实现其在凝胶网络中的均匀分散，以此拓展有机-无机纳米复合水凝胶的制备方法和实际应用；在宏观界面上，通过引入分子间共价与非共价作用，实现水凝胶与异质界面（金属、陶瓷、橡胶等）的高效黏附；在异质网络复合油水凝胶的制备中，如何实现与水不相溶的高分子（导电高分子、亲油高分子）和亲水高分子的均匀稳定复合，以此提高油水凝胶的力学性能和环境适应性，对研究者都是新的挑战。如何实现仿生响应性水凝胶对多种刺激的快速识别以及能否对水凝胶的溶胀度进行精确调控仍然是亟须探索的研究难点。利用超分辨荧光显微镜、激光共聚焦显微镜、拉曼光谱、中子散射等技术，发展水凝胶表面形貌、三维网络以及水分子和高分子网络间弱相互作用的无损表征方法，依然需要进一步地探索。此外，仿生水凝胶在电子、生物等领域的应用，还需要进一步的拓展。总之，运用理论模型，并将基础研究与实际应用相结合，实现水凝胶机械强度、响应性的精准设计，发展新的表征方法，拓展水凝胶在多个领域的实际应用，才能既体现仿生水凝胶研究的科学价值，又能体现其社会价值。

5.10　仿生材料防冰新技术

5.10.1　多孔浸液润滑表面

受猪笼草结构的启发，Aizenberg 团队提出一种多孔浸液润滑表面（SLIPS），他们通过在多孔材料表面上滴加全氟类试剂，使其完全浸润于多孔基底材料中。如图 5-8 所示，由于多孔材料的微纳米结构中毛细力的作用，这种全氟试剂可以很好地浸润其中形成连续的液层，从而使基底材料表面达到分子级的光滑程度以及低接触角滞后效果。水在接触到材料表面时，在较小的倾角下便可滑离。他们还发现，即使在低温高湿条件下（相对湿度 60%），SLIPS 即使在多次结霜-融化循环后依然能够保持憎水性。这是由于表面的一层油膜可作为中介层阻止冰霜的侵入，而且研究人员测得 SLIPS 上冰的黏附强度仅仅约为 15.6 kPa。经过 150 次过冷液滴结冰-融化循环后，SLIPS 依然保持其防冰性能。

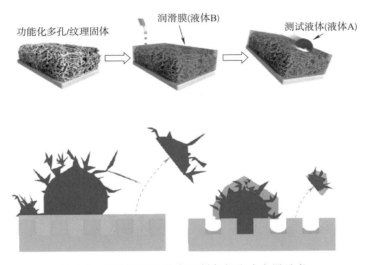

图 5-8　多孔浸油润滑表面制备与防冰应用示意

Zhu 等采用不同硅油浓度制备了一种硅油浸液 PDMS 涂层，其表现出较低的表面能以及覆冰强度（仅为纯铝面的 3%）。由于硅油和 PDMS 都是低表面能材料，以及硅油的高流动性，水在表面有非常大的接触角和接触面积，从而导致形成的冰层相对较松动易除去。此外，由于冰几乎不与基底固体结构直接接触，而是被油层隔离，冰与基底之间的黏附作用被大大弱化。Zhou 等发明了一种耐久性的光热型浸油薄膜，由于多孔结构中锁住的润滑液存在，冰的黏附力降低；不仅如此，材料内部存在四氧化三铁颗粒，这种粒子在近红外光的辐射下可以快速升温，从而使材料表面的覆冰融化，同时在油层的帮助下使残留水滑离。

此外，通过改变所加入的有机试剂种类，可以使表面实现超双疏特性，除水滴外，多孔浸油表面可以保持不被油滴以及血液等液体浸润。这种表面有着固有的光滑性、透明性、抗磨损性、自愈合性以及外力抵抗性等优点,是至今为止功能最为全面的材料表面之一。这种强大的功能,不仅可应用于防冰霜,在抗污损、光学器件等领域都有着潜在的应用价值。

5.10.2 界面水层自润滑涂层

与 SLIPS 类似的一种浸液法是将油层替换为水层的界面水层自润滑涂层法,这种涂层可以通过黏附剂直接与多种基底材料结合,从而达到大幅度降低覆冰强度的效果。SLIPS 是通过多孔微纳米结构将油层控在其内部及表面,与 SLIPS 不同的是,水层润滑界面是通过在界面层添加亲水基团,如常用到交联状聚丙烯酸、玻尿酸或聚氨酯等,或者在微米孔中接枝吸湿性亲水聚合物等方法最终在界面形成一层水层,如图 5-9 所示。Wang 等提出了一种防覆冰性能强的自润滑水层涂层,即使冰在上面堆积形成后,也可以被外界的强风吹离表面。通过对比不同的表面,这种自润滑水层表面有较小的冰黏附力,而且在 −25 ℃ 下可以保持其稳定性。另外,这种表面在超过 80 次刮擦试验后仍可以保持其机械稳定性以及自愈合性能。不仅如此,他们还通过旋涂法将聚氨酯、γ-丁内酯及固化剂混合制备了一种防冰涂层。冰在涂层上积累后同样可以被强风吹掉,而且材料的低冰黏附性即使在温度降至 −53 ℃ 仍保持稳定。上述提到的涂层黏附剂一般常用到透明质酸修饰过的多巴胺。研究发现界面水层的厚度对覆冰黏附力有很大的影响,比如当水层厚度为 20 nm 时,冰黏附最小,其值比在纯金属表面上小一个数量级左右,而且不到其在高分子聚合物上的一半。由于多巴胺的无选择性黏附,这种自润滑水层涂层可以应用于不同基底材料。

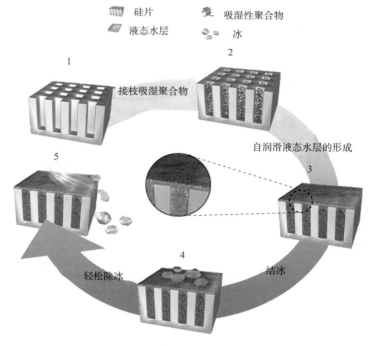

图 5-9　多孔自润滑材料制备示意

　　除了吸湿性聚合物以外,离子型聚合物也可以用来抑制冰核形成。Chernyy 等通过结合单个、两种和三种离子的离子交换法制备一种超亲水聚合物刷齿状涂层,并证明了其表现出优异的防结冰性能。他们在玻璃片上对比了五种离子型和非离子型聚合物刷齿状涂层的冰黏附强度。结果发现,Li^+ 在 $-18\ ^{\circ}\text{C}$ 下可以将冰的黏附力减少 40%,而且在 $-10\ ^{\circ}\text{C}$ 下可以减少 70%;Ag^+ 在 $-10\ ^{\circ}\text{C}$ 下比未处理的表面可以减小 80%。试验总体表明,超亲水聚合物刷在低温下较疏水涂层(如甲基丙烯酸甲酯等),以及表面活性剂电解质交换聚合物的防冰性能更好。

5.10.3　生物蛋白抑制结冰法

　　在自然界中,很多生物体生活在极度寒冷的环境中,比如鱼类、昆虫、植物、海藻以及细菌等,他们可以在冷环境中保持生命体的正常代谢作用而未被冻结。这是因为它们的体内有特殊的蛋白质,如防冰蛋白(AFPs)和防冰糖蛋白(AFGPs)可抑制体内水分凝结成冰。早在 20 世纪 60 年代,科学家们用南极鱼体内的 AFPs 和 AFGPs 与高分子聚合物骨架构筑人工防冰材料。其中,AFPs 可以使水的凝固点下降至平衡融点以下,从而导致热滞现象。热滞活性低的蛋白可以通过束缚小冰晶以及抑制其生长从而阻止冰在宏观上形成。Olijve 等开创性地诠释了为何 AFPs 的物理化学特性可以影响其热滞活性;以及为何不同的 AFPs 可以依附不同种晶体型的冰晶,从而影响结晶动力学和机理。

　　防冰蛋白的水溶液对冰的形成与累积十分重要,许多工作都将防冰蛋白的热滞性与动态冰形成活性作为研究重点。研究人员发现这些影响因素随着吸附抑制机理不同,即使对于同一种防冰蛋白来说影响也不尽相同。在制备防冰材料过程中,常用的方法是将防冰蛋白附加于聚合物上,然后将它们固定于基底表面上。Liu 等从胸鳌甲虫体中提取了防冰蛋白并将其与聚多巴胺及甲基二甲氧基硅烷结合,制备了一种防冰涂层,其有两种完全不同的性质,分别为结冰面(IBF)与非结冰面(NIBF)。他们发现在硅片上的 NIBF 可以有效抑制冰的成核以及冰晶的生长,然而 IBF 反而促使冰晶的成核与累积。通过结冰对比试验发现,在 NIBF 表面上水滴可以维持 2 254 s 直到其完全冻结,然而在 IBF 上,水滴仅需 8 s 就完全结冰了。这是由于 AFPs 中含有的羟基基团可以降低冰点抑制冰晶生长,而有着特殊甲基与羟基基团空间排列结构的 AFPs 反而会促进冰的形成。Yang 等研究了用超电荷多肽修饰的硅片上,在不同的电荷浓度下的冰成核温度。他们发现超电荷多肽上的正电荷浓度下降使冰成核温度有明显降低,而负电荷浓度的下降反而使冰成核温度升高。

　　在被动防冰中,降低冰成核温度与抑制冰晶生长是两种常用且效率高的方法。这两种方法的应用主要包括两个方面:一是在成核抑制下的水滴与疏水表面接触时能够实现自我除去,或者在亲水表面上结冰时间可以大幅延迟;二是在分子级别上,防冰蛋白链中甲基与羧基的排列以及空间结构影响,或者多肽上电荷密度影响热滞现象以及冰成核温度。防冰蛋白法制备防冰材料表面目前在应用上尚显不足,其研究发展需要与生物学、表面化学及工程学交叉结合等。

5.10.4　仿生皮肤刺激响应法

　　冰的形成受环境温度湿度以及各种环境气候影响因而存在多种物理形态,比如空气中的湿度较高时,通过升华或冷凝的气相成核作用,在寒冷环境下,冰冷的固体表面会有霜的形成。霜是由稀疏的枝状晶体组成,其随着时间的推移而渐渐变得密集。另外,冰的形态也受过冷液滴尺寸大小所影响。比如,当过冷液滴大小为 $5 \sim 70~\mu m$,如云或雾中,冰会以雾凇的形态形成,其为一种白色的、易碎且呈羽毛状;而当过冷液滴大小在 $70~\mu m$ 至几毫米时,比如冻雨,冰通常会形成透明、密集且坚硬的冰釉。

在工业生产或商业应用中,防冰的方法通常用到的是冰点抑制法,其原理为采用醇类比如乙二醇等化学试剂溶液将水的凝固点降低。在实际操作中,往往将这些防冻液喷涂于被保护的基底上,这种方法不仅浪费原料,容易在外力作用下使试剂流动掉落,而且在大面积使用操作的情况下,往往需要重型液压泵。为了固定防冰液且减少液压泵的使用,人们采用一种简单的方法,即通过添加一张多孔膜,其不仅内部的毛细力作用可以使防冻液自发浸润,而且可以作为一个储存防冻液之地通过毛细力进行缓释补给。在自然界中,有些生物体内的液体是受外界刺激后分泌至环境中,如毒镖蛙体内有两种特殊的腺体,其在外界刺激下,如天敌的捕捉时,可以释放出黏液与毒素。

Sun 等受毒镖蛙皮肤的启发,制备了一种刺激响应性的双层防冰涂层。这种双层结构分别是由两层不同浸润性的材料组成,上层是多孔超疏水聚合物外壳,下层是有防冻液浸润的超亲水纳米尼龙薄膜。这种防冰方法可以看作是超疏水弹跳防冰与防冰液抑制冰点两种方法的结合。在干燥环境下这种表面与超疏水表面防冰原理相同,比如在冻雨条件下,外层的超疏水层可以将碰撞水滴及时弹离;而在高湿度条件下,由于上层的多孔性,使得下层的防冻液可以与表面的冰或水接触,从而使形成的冰融化而除去。他们通过结霜试验、模拟冻雾以及冻雨环境三种条件下对所制备样品进行测试。研究发现,这种仿生皮肤结构上霜、雾凇与冰釉形成的时间延迟至少是超疏水与多孔浸油表面的十倍以上。此外,与仅含防冰液的单层膜对比,其延迟时间也达到十倍以上。

5.11 磁性仿生纤毛的应用

仿生纤毛的研究不仅与芯片试验装置和微流控器件的潜在应用息息相关,还为生物系统在科学研究和技术应用方面奠定了基础,并为其提供了一个很好的范例。为了将仿生纤毛真正应用到芯片实验室设备和微流体设备中,开发成本低廉、性能可靠的仿生纤毛制造和驱动方法至关重要。在当前的大多数研究中,磁驱动方法由于具有易于操控、便捷、成本低廉、生物相容性以及在液体或生物环境中不会损害液体或生物成分等优点,而受到科学家们的青睐。

5.11.1 磁性仿生纤毛微流体操控器件

微流体操控是在微尺度或纳米尺度上操纵和处理包括流体(液体和气体)和颗粒在内的胶体系统的科学和技术。在过去的二十年里,随着微加工技术的飞速发展,微流体技术已经被集成到小芯片中,实现了芯片上实验室系统的构建。与传统的宏观尺寸设备相比,微流体操控的微型化具有成本低、反应时间短、试剂用量少、功耗小、浪费产出少、环境友好等优点,可用于多个反应的并行加工或处理。近年来,微流控技术因其在生物医学、化学诊断、环境监测、微电子机械系统等诸多领域中具有重要的应用价值和广阔的应用前景而受到国内外科学家的广泛关注。

受大自然的启发,磁性仿生纤毛被开发出来,并被应用于微流控设备中的泵送或混合,我们将在本章节中举例描述。其结构是类似于纤毛的微型驱动器,在磁场的作用下运动,从而实现微流体的流动和混合。对于微流体的操控主要包括对液滴的操控和在微流体环境中对流体混合的操控。利用磁性仿生纤毛既能实现对液滴的操控,也可实现在微流体环境中对流体混合的操控。

例如,可以利用磁场调节液滴与磁性仿生纤毛表面的浸润性来操控液滴混合。如图 5-10 所示,当不施加磁场时,液滴与磁性仿生纤毛表面是点接触模式;当施加磁场时,磁性仿生纤毛表面发生聚集,液滴与磁性仿生纤毛表面之间转变成线接触模式的同时,磁性仿生纤毛表面对液滴也由原来的疏水状态转变成亲水状态。此时,提起磁性仿生纤毛表面,液滴将跟随磁性仿生纤毛表面一起移动到设定位置,从而实现了对液滴的抓取操控,也实现了液滴的混合。如图 5-10 所示,该研究实现了在多种平面上对液滴的抓取混合操控。该磁性仿生纤毛不仅为微流体操控和液滴输送提供了一种新的界面材料,也为实现流体收集和输送的程序化以及智能微流体装置的设计开辟了新的途径。

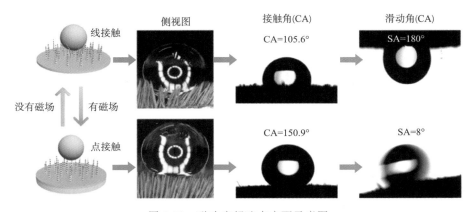

图 5-10　磁响应超疏水表面示意图

磁性仿生纤毛还被广泛地应用于微流体环境中对流体流向的操控。例如,利用磁性仿生纤毛在磁场作用下能够跟随磁场向不同方向摆动的性质,带动流体向不同方向流动,加快流体混合速率,从而加快反应速率。在磁性仿生纤毛表面上覆盖上一层羧基石墨烯(G-COOH)-二氧化钛(TiO_2)光催化剂涂层。在旋转磁场的作用下,带有 G-COOH-TiO_2 涂层的磁性仿生纤毛做圆周运动,这不仅加快了流体的混合速率,还增加了光催化剂的接触面积与光吸收,提高了光催化效率。此外,该方法还适用于其他光催化体系,如在磁性仿生纤毛表面覆盖 P25、ZnO、CO_3O_4 等体系涂层,也能提高光催化效率。

基于生物鞭毛和纤毛驱动流体流动的启发,仿生设计的磁性人工纤毛在磁场的作用下能够以圆周运动、前后摆动和八字形运动等多种方式运动。利用磁性仿生纤毛设计的微流体操控设备以及实验室芯片设备具有高效、高性能的操控、输送和混合能力,可用于各种类型的研究,包括胶体、软质和生物材料等。因此,磁性仿生纤毛系统可以作为多种应用的通用工具,如流体混合、胶体自组装、微粒子和生物细胞的定向组装和分离,并且在细胞生物学和药物筛选等研究领域具有广阔的应用前景。

5.11.2　磁性纳米复合材料仿生纤毛微型传感器

仿生人工纤毛传感器是一种模拟自然界中极其敏感的纤毛受体的装置。仿生人工纤毛传感器能够传递各种机械力,具有精确的传感性能,主要是由于纤毛结构具有较高的高宽比、表面积比和体积比,使其与环境之间存在强相互作用,从而实现高灵敏度、高效率、多功能的触觉传感器功能。仿生人工纤毛传感器中常用的测量方法主要依靠测量电容或压阻的变化。

例如,Alfadhel 等将高弹性的磁性纳米复合人工纤毛集成到磁敏传感元件上,开发了一种新型触觉传感装置。如图 5-11 所示,高弹性的磁性纳米复合人工纤毛由铁纳米线(NWs)与 PDMS 复合而成。该传感器的工作原理是检测在外力(如振动、液体流动或手触摸等)作用下,由于磁性纳米复合人工纤毛中铁纳米粒子的存在而导致的纤毛的磁场变化。该纳米复合人工纤毛的一个显著优点是铁纳米线的永磁特性,这为磁性传感器提供了所需的偏磁场。如图 5-11 所示,利用电脑控制步进式电动机对磁性仿生人工纤毛触觉传感器施加垂直的力。在外力的作用下,人工纤毛弯曲,导致传感器相连的传感器分析仪的平均磁场值发生变化,从而改变其阻抗,实现传感功能。磁性仿生人工纤毛利用铁磁纳米粒子的永磁特性,允许远程操作,无须额外的磁场来磁化,从而最大限度地降低了功耗并简化集成系统。此外,该铁纳米线复合材料(NWs-PDMS)仿生人工纤毛具有高弹性、易图案化、耐腐蚀性和生物相容性,并且 PDMS 还可以保护 NWs 不被快速氧化。利用这一概念实现的高灵敏度、高效率、多功能的触觉传感器,既可以在空气中工作也能在液体中工作。分辨率、灵敏度和操作范围都可以根据纤毛的大小轻松地调整,以适应不同的应用范围。

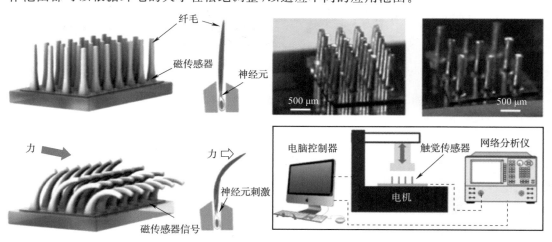

图 5-11　磁性纳米复合人工纤毛触觉传感器

磁性纳米复合人工纤毛传感器既适用于刚性基板,也适用于柔性基板;既可以在空气中应用,也可以在水中应用。磁性纳米复合人工纤毛传感器具有独一无二的高灵敏测量能力,其微细加工工艺和磁性工作原理使高度集成成为可能,再加上极低的功耗,使得磁性纳米复合人工纤毛传感器为许多应用领域提供了一个有吸引力的解决方案。

5.11.3　磁性仿生纤毛微型机器人

开发能够适应恶劣环境并具有高运动速率的微机器人,对于各种工业和生物医学领域的新兴应用具有重要意义。尽管研究者最近成功地利用软材料实现了传统刚性机器人所不具备的复杂功能,但要制造在干湿两种条件下都具有优异性能的微型机器人,仍然具有很大的挑战性。受自然生物启发的磁柔性仿生纤毛微型机器人为解决这一问题提供了新策略。

如图 5-12 所示,受许多生物灵活、柔软、有弹性的腿/脚结构启发的多足柔性微型机器人具有类似于生物纤毛结构的柔性足,其结构和功能都类似于生物纤毛。因此,也可以称其为多足柔性仿生纤毛微型机器人。该多足柔性仿生纤毛微型机器人是由 PDMS 和铁微米粒子复合材料通过模板剥离覆型法制备而成,因而该机器人还具有磁响应性。可通过调节外加磁场的运动方向和速度,调节多足磁柔性仿生纤毛微型机器人的前进方向和运动速度。研究证实该多足柔性仿生纤毛微型机器人具有较快的移动速度、较强的承载能力(大于100 倍自重)和卓越的越障能力(能够呈 90°站立和跨越大于 10 倍自身身高的障碍),并对各种恶劣环境具有良好的适应性。将其运动速度与多种生物比较,可定义一秒内相对于下肢(腿或脚)长度的运动距离,即无量纲数 V_1,用以量化各种生物的运动效率。人类和猎豹的最大速度分别为 10.4 m/s 和 33.3 m/s,对应的 V_1 分别为 7.4 m/s 和 33.3 m/s。相比之下,在摆动频率为 3 Hz 和 13 Hz 时,该机器人可以轻松达到人和猎豹的最大速度。在复杂的胃模型内演示多足柔性仿生纤毛微型机器人的输运能力,复杂的胃内部结构深度为 1.5～6.8 mm,宽度为 2.4～6.2 mm(比机器人腿长大 2～10 个数量级)。在如此恶劣的体内模拟环境下,机器人可以在 50 s 内移动 32 mm,同时携带比自身重两倍的药片(约 91.4 mg)。该多足柔性仿生纤毛微型机器人代表了仿生机器人新兴领域的一个重要进展,并将大大拓宽其应用范围。

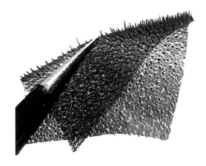

图 5-12　多足柔性仿生纤毛微型机器人的 SEM 图像和光学图像

磁性仿生纤毛微型机器人在生物医学领域有着广阔的应用前景,如靶向药物递送或细胞操控等。最基本的挑战是找到适合微型机器人的运动和驱动方法。磁场驱动不仅适用于体外,也适用于体内应用,因为所需的磁场强度对人类和微生物无害。研究表明,各种磁性仿生纤毛机器人都可以用磁场驱动。有些是由磁力驱动的,有些是由磁力扭矩驱动的。可根据实际需要来设计制备相应磁驱动方式的磁性仿生纤毛微型机器人。在未来的研究工作中,对磁性仿生纤毛微型机器人的研究将从基本设计转向高级微型机器人设计,重点放在特定领域的应用和工具的集成上。磁性仿生纤毛微型机器人有望成为生物医学领域应用最有前途的微型工具之一。

5.11.4　磁微纤毛定向润湿的研究

模仿蝴蝶翅膀的单向润湿行为、猪笼草光滑表面上的液体和微生物的运动纤毛,将这三个特征综合设计了一个智能的流体控制表面——各向异性润湿表面。该表面由单向倾斜的磁体微纤毛覆盖,这些磁体微纤毛的方向可以通过控制外界的磁场来调控,在表面注入润滑油后该表面可实现连续、全方位的可控送水。

该表面制作方法简单,无须模板。将含有 PDMS 和钴微粒(MPs)的混合物沉积在粗糙的砂纸上,垂直放置在表面强度为 0.5 T 的垂直磁场下。调整磁场的倾斜角(偏斜)后,通过红外线加热 15 min 使倾斜的微纤毛凝固,在基底砂纸的约束作用下微纤毛的直径和长度分别控制在 $60\sim100~\mu m$ 和 $800\sim1~200~\mu m$。随后在表面注入低黏度硅油,得到光滑的定向表面,在这表面上利用微纤毛的倾斜角变化,通过施加外部磁场控制微纤毛的摆动方向,表面的水滴运动可以得到控制(轻松停止运动的水滴)。在这种表面,水滴在顺着微纤毛的倾斜方向容易滑动,这个方向与水滴在传统的超疏水或亲水基质上的运动方向相反。表面上存在的润滑油是造成这个现象的原因。由于润滑油的存在使得液滴与该表面直接接触,在顺着微纤毛的方向滑动时,液滴与微纤毛间的三相线长度小于液滴逆着纤维毛方向滑动时的情况。此外,利用微纤毛的高磁可操作性,通过调整微纤毛倾斜方向可立即控制水的扩散方向,在其旁边加上超亲水滤纸后,位于疏水亲水边界上的水滴可定向运输并持续引导进入亲水通道,实现连续的方向可选择的快速定向传输。

目前,仿生纤毛材料已成为新型材料领域的一个研究热点,许多研究小组受自然生物纤毛的启发,开发了可用于微流体设备中流体操控、微型传感器、微型机器人的仿生人工纤毛。仿生人工纤毛的性质和外观是多种多样的,由各种驱动原理驱动——从静电、磁性、光学、pH 驱动,到共振诱导等。仿生人工纤毛的尺寸从微纳米到毫米不等。制造工艺因不同的驱动方式而有很大的不同。各种各样的方法表明,仿生的本质,并不等同于照搬照抄;仿生人工纤毛的作用机理可能与天然生物纤毛完全不同,但仍能达到预期的效果。尤其是磁驱动人工纤毛,因其与生物流体具有较好的相容性,并且可通过永磁体或电磁铁从外部驱动微流体通道内的仿生人工纤毛而受到广泛关注和研究。磁性仿生人工纤毛已经被证实在微流体操控、微型传感器以及微型机器人等领域具有非常重要的价值。

然而,磁性仿生人工纤毛领域还很年轻,在商业产品中的应用还很遥远。流体操控的有效性、局部控制流动的能力、微流体通道中潜在的不确定性,以及对微纳米颗粒及气泡的有效操控性等问题仍然存在。因此,磁性仿生人工纤毛材料未来研究的重要方向如下:

1)因为目前存在的磁驱动方式具有较多的局限性,限制了磁性仿生人工纤毛的输运速度和多方向性,所以,需要开发一种操作简单、有效、方便的磁驱动磁性仿生人工纤毛输运微流体、微纳米粒子和微气泡的方法。

2)磁性仿生人工纤毛表面的浸润性研究需要加深。虽然表面具有超疏水性质的磁性仿生人工纤毛已被成功设计和制备,但受其表面超疏水结构的稳定性限制,难以实现循环利用,造成了极大的浪费,并且对于表面具有超疏油/超疏气性质的磁性仿生人工纤毛的研究较为欠缺。

3)制备能够满足实际应用需求的磁性仿生人工纤毛,拓展其在新领域中的应用,从微流体的定向操控转换到微流体、微纳米粒子以及微气泡的可逆、无损操控。

5.12 仿生提高表面传热效率和冷凝效率

冷凝是一种最常见的高效能量输运方式,被广泛用于发电、海水淡化、环境温湿度控制、热管理等诸多工业领域。冷凝是蒸汽受冷却或在升压条件下放出潜热形成液相的过程。蒸汽冷凝时会放出热量,即汽化热。金属材料由于自身表面能较高或氧化层的存在,冷凝液在其表面通常会形成一层连续液膜。连续液膜热阻较大,如水的热导率仅为金属的几百分之一,其在金属材料表面的驻留不利于相变热能的高效输运。

随着电子器件的微型化、集成化、大功率化发展,对小尺度空间高热流密度散热技术提出了迫切需求,力争开发新型高效冷凝传热界面材料。普通光滑疏水表面的离散冷凝液滴往往靠重力驱离,其自身热阻仍相对较高,更新频率也相对缓慢。滴状冷凝是一种更为高效的能量输运方式。新型的冷凝传质传热技术将有助于设计开发高性能微型相变热控器件,解决便携式电子器件、功率电子器件、纯电驱动机车等面临的小尺度空间高热流密度散热技术瓶颈问题。

20 世纪 30 年代,科学家研究发现,金属表面通过疏水化修饰,冷凝传热系数可提高 5～7 倍。相比于亲水表面连续液膜,疏水表面离散液滴不仅自身热阻较低,而且可以动态更新,不断释放更多裸露位点用于冷凝相变热能的输运。然而,传统疏水表面上的冷凝液滴必须生长到毫米量级才能在重力作用下驱离,这种大尺寸液滴不仅自身热阻较大,而且更新频率较慢,不利于冷凝高效传热。

近些年,受生物灵感启发,仿荷叶超疏水界面、仿翼超疏水界面、仿沙漠甲虫亲疏水复合界面以及仿猪笼草超润滑界面研究,有望强化界面的冷凝传热。冷凝传质传热技术在近年来引起了学术界和产业界的极大兴趣,纳米仿生研究为新型冷凝传质传热界面的设计开发提供了新思路。例如,荷叶表面的微纳米结构协同的憎水特性;蝉翼表面具有湿气自清洁功能,密排列纳米锥阵列结构及疏水蜡质层的协同作用可实现冷凝微液滴融合自弹射去除;非洲纳米布沙漠甲虫具有独特的水收集能力,其背部的亲水微区能捕获空气中的悬浮微滴,这些水滴随后能够不断吸附长大并通过疏水通道输送到口器；猪笼草口缘表面的多级楔形盲孔阵列结构所产生的泰勒毛细升力可增强液体的铺展能力，在潮湿环境下呈超润滑状态，加速了液滴的输运。

以荷叶为例，关于液滴凝结，仿照荷叶表面结构及其疏水性能，采用湿化学氧化法、光刻法和电子束蒸发法制备了具有层次结构的 CuO 纳米晶须（图 5-13）。通过调整光刻胶的微特性和氧化参数，CuO 纳米晶体的几何形状可以在 15～25 mm 之间进行微调。图形化的微突起表面具有显著的超疏水性能和由微/纳米尺度的粗糙度或几何形状引起的液滴凝结效应。其中，突起之间的纹理有利于凝结液滴的形成和防止凝结水表面渗出，增强了传热和水的凝结，从而大大提高了材料的传热效率和冷凝效率。

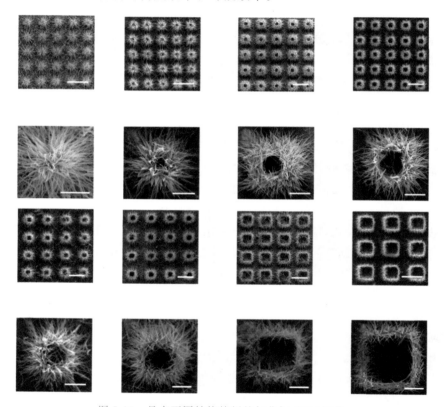

图 5-13　具有不同结构特征的氧化铜 SEM 图像

5.13　仿生可控润湿表面

科研工作者模拟生物个体表面的单元结构，使用微流体法制造了一种三层的分层微球，包括第一层微球，由第二层密实 PS 纳米颗粒（几百个纳米）组成的第一级微球（数百微米）和第三层聚合物的纳米褶皱（几十纳米）。用该分层微球在总体上呈现出了"壁虎"和"玫瑰花瓣"的湿润状态，形成具有生物效应的表面，表面润湿性可控。该方法制备的微球具有物理尺寸均匀性好,选材灵活等优点,如图 5-14 所示。在紫外线(UV)照射下,油相中的光引发剂分子变成自由基并扩散到水-油界面,激活 NIPAM 单体,开始交联,在氢键的作用下,NIPAM 单体和制备的低聚体结合到羧基功能化的 PS 纳米颗粒表面。靠近连续油相的最上层首先聚合成为表皮层,由于交联反应的梯度,表皮层比靠近纳米颗粒的内层更硬。由于 UV 固化系统中,曝光期间的室温约为 65 ℃,高于 NIPAM 聚合物的低临界温度 32 ℃,导致 NIPAM 聚合物变得疏水,排出水引发外层的急剧收缩从而出现平面外变形。因此,Wang 等认为,改变 PS 纳米颗粒表面羧基的比例,可以精确地控制分级微球的表面拓扑。PS 纳米颗粒表面羧基密度高,产生的皱纹空间频率高,粗糙度大。使用直径为 250 nm 的分层纳米颗粒组装了致密的 PS 纳米颗粒薄膜,分别形成了两种状态:在壁虎状态下,一滴水被吸进了纳米级褶皱的顶部,导致在纳米级空间的底部形成了密封的空气袋,从而产生高附着力;在玫瑰花瓣状态下,一滴水只部分湿润超疏水表面的纹理结构。通过这种方法,Wang 等实现可变润湿性的表面,并且当薄膜倾斜时,通过保持水滴不脱落,具有较高的水附着力。

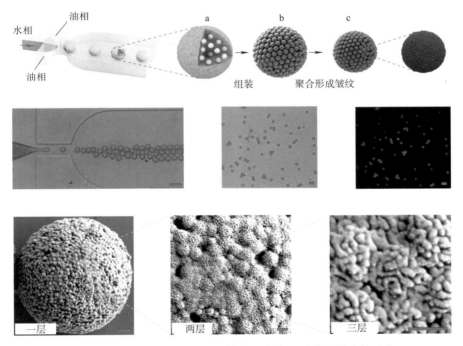

图 5-14　使用基于液滴的微流体装置制备三层分层微球的示意

科研工作者用微流体装置制备了均匀度高(变异系数为 1.5%)、产率高(每秒 1 000 微球)的油包水乳状液滴,液滴中含有羧化聚苯乙烯纳米颗粒,在界面张力和静电斥力的驱动下,聚苯乙烯纳米颗粒在液滴表面紧密排列,紫外固化形成分层微球。

5.14　仿生材料展望

仿生材料的出现将成为材料发展历史的又一座里程碑。如何低成本、高效率地制造出新型仿生材料将是其能否继续快速发展的关键问题。未来仿生新材料的发展,要顺应国家发展战略,产学研相结合,不断推陈出新,满足新型高新技术产业发展的需求,将仿生科学与微生物学、工程学、细胞学、理化科学等学科紧密结合起来,精确地构建多尺度宏观/微观结构,实现材料的结构功能一体化。但是,就目前来看,国内许多与仿生材料相关的科研工作仅停留在实验室的制备和应用层面,在工程应用及工业生产中的实际效果仍有待考察和检验。因此,合理地设计生产制备工艺,优化制备方法,实现大规模精确的材料制造与加工成型,也是仿生材料领域亟待解决的瓶颈问题。

对于未来仿生新材料的规划展望如下:

(1)应尽早突破生物材料结构与功能表征等关键技术,揭示典型生物材料卓越性能的内在规律。

(2)建立性能与功能仿生的设计模板,至少发展出几种典型极端环境(如超轻、抗电磁、低频隐身等)仿生材料的制备方法。

(3)研制出满足未来装备智能化、无人化发展的环境敏感响应的材料。

(4)对战场的生物附着、环境因素等研发出具有自感知、自适应、自修复能力并能提升装备效能的新材料。

(5)利用仿生新材料研制出典型的器件,且性能应处于世界先进水平,并在武器装备上得以应用。

仿生材料以其独特的性质在建筑业、工农业生产、医疗、国防军事等领域具有较为广阔的应用前景。目前,具有自清洁功能的玻璃、优异防水性能的织物、金属以及合金表面的超疏水防腐蚀涂层、室外天线的防结冰涂层、以超浸润表面为基础的绿色打印纸版设备和超浸润微流体控制设备等已经在人们的生产生活中得到了较为广泛的应用。超浸润界面材料符合新型环保的消费理念,是新型智能材料中的研究前沿领域。然而,目前大多数的超浸润界面材料存在着试验条件苛刻、步骤烦琐以及成本高昂等问题,许多良好性能的最新研发的超浸润材料并没有实现产业化。同时,已经投入市场的超浸润表面也存在着表面微观结构耐磨性低、易老化磨损、易污染等影响使用寿命的缺点。目前,相当一部分科学家已经在着力研究制备成本合理、恶劣条件下坚固耐用以及抗污染可循环使用的超浸润界面材料,而工业上制备工艺的优化以及制备方法的创新也将会使得超浸润材料在实际应用领域发挥更重要的作用。

参考文献

[1] 吴立成,孙富春,袁海斌. 水上行走机器人[J]. 机器人,2010,32(3):443-448.

[2] HU D L,CHAN B,BUSH J W M. The hydrodynamics of water strider locomotion[J]. Nature,2003,424(6949):663-666.

[3]　GAO X,JIANG L. Water-repellent legs of water striders[J]. Nature,2004,432(7013):36.

[4]　MADAENI S S,GHAEMI N. Characterization of self-cleaning RO membranes coated with TiO_2 particles under UV irradiation[J]. Journal of Membrane Science,2007,303(1-2):221-233.

[5]　YAZDANSHENAS M E,SHATERI-KHALILABAD M. One-step synthesis of superhydrophobic coating on cotton fabric by ultrasound irradiation[J]. Industrial & Engineering Chemistry Research,2013,52(36): 12846-12854.

[6]　HUANG J Y,LI S H,GE M Z,et al. Robust superhydrophobic TiO_2@ fabrics for UV shielding,self-cleaning and oil-water separation[J]. Journal of Materials Chemistry A,2015,3(6):2825-2832.

[7]　WANG P,QIU R,ZHANG D,et al. Fabricated super-hydrophobic film with potentiostatic electrolysis method on copper for corrosion protection[J]. Electrochimica Acta,2010,56(1):517-522.

[8]　CHANG K C,LU H I,PENG C W,et al. Nanocasting technique to prepare lotus-leaf-like superhydrophobic electroactive polyimide as advanced anticorrosive coatings[J]. ACS Applied Materials & Interfaces, 2013,5(4):1460-1467.

[9]　JIN C,JIANG Y,NIU T,et al. Cellulose-based material with amphiphobicity to inhibit bacterial adhesion by surface modification[J]. Journal of Materials Chemistry,2012,22(25):12562-12567.

[10]　WU M,MA B,PAN T,et al. Silver-nanoparticle-colored cotton fabrics with tunable colors and durable antibacterial and self-healing superhydrophobic properties[J]. Advanced Functional Materials,2016,26 (4):569-576.

[11]　JIN C,JIANG Y,NIU T,et al. Cellulose-based material with amphiphobicity to inhibit bacterial adhesion by surface modification[J]. Journal of Materials Chemistry,2012,22(25):12562-12567.

[12]　SCHUMACHER J F,CARMAN M L,ESTES T G,et al. Engineered antifouling microtopographies-effect of feature size,geometry,and roughness on settlement of zoospores of the green alga Ulva[J]. Biofouling,2007,23(1):55-62.

[13]　王瑞刚 . 非光滑表面纹理与海洋污损生物附着关系研究[D]. 武汉:武汉理工大学,2014.

[14]　SCARDINO A J,GUENTHER J,DE NYS R. Attachment point theory revisited:the fouling response to a microtextured matrix[J]. Biofouling,2008,24(1):45-53.

[15]　VUCKO M J,POOLE A J,CARL C,et al. Using textured PDMS to prevent settlement and enhance release of marine fouling organisms[J]. Biofouling,2014,30(1):1-16.

[16]　王雄,白秀琴,袁成清 . 基于仿生的非光滑表面防污减阻技术发展现状分析[J]. 船舶工程,2015 (6):1-5.

[17]　罗爱梅,蔺存国,王利,等 . 鲨鱼表皮的微观形貌观察及其防污能力评价[J]. 海洋环境科学,2009,28 (6):715-718.

[18]　BALL P. Engineering shark skin and other solutions[J]. Nature,1999,400(6744):507-509.

[19]　SCHUMACHER J F,ALDRED N,CALLOW M E,et al. Species-specific engineered antifouling topographies:correlations between the settlement of algal zoospores and barnacle cyprids[J]. Biofouling,2007,23(5):307-317.

[20]　BERS A V,D'SOUZA F,KLIJNSTRA J W,et al. Chemical defence in mussels:antifouling effect of crude extracts of the periostracum of the blue mussel Mytilus edulis[J]. Biofouling,2006,22(4):251-259.

[21]　谢国涛 . 基于贝壳表面微结构的仿生表面制备技术研究[D]. 武汉:武汉理工大学,2012.

[22] 赵文杰,陈子飞,莫梦婷,等. 绿色海洋防污材料的表面构筑研究进展[J]. 中国表面工程,2014,27
　　　(5):18.

[23] 魏欢. 类似海豚表皮微结构的构建及其仿生涂层防污性能研究[D]. 哈尔滨:哈尔滨工程大
　　　学,2012.

[24] BALL P. Engineering shark skin and other solutions[J]. Nature,1999,400(6744):507-509.

[25] BABENKO V V,CHUN H H,LEE I. Coherent vortical structures and methods of their control for
　　　drag reduction of bodies[J]. Journal of Hydrodynamics,2010,22(1):45-50.

[26] 马利珍. 非极性橡胶/改性二氧化硅复合超疏水涂层的研究[D]. 广州:华南理工大学,2011.

[27] KAKO T,NAKAJIMA A,IRIE H,et al. Adhesion and sliding of wet snow on a super-hydrophobic
　　　surface with hydrophilic channels[J]. Journal of Materials Science,2004,39(2):547-555.

[28] TADANAGA K,KATATA N,MINAMI T. Super-water-repellent Al_2O_3 coating films with high
　　　transparency[J]. Journal of the American Ceramic Society,1997,80(4):1040-1042.

[29] LU X Y,ZHANG C C,HAN Y C. Low-density polyethylene superhydrophobic surface from vapor-
　　　induced phase separation of copolymer micellar solution[J]. Marcromol Rapid Commun,2004,25:
　　　1606-1610.

[30] FUKAGATA K, KASAGI N, KOUMOUTSAKOS P. A theoretical prediction of friction drag
　　　reduction in turbulent flow by superhydrophobic surfaces[J]. Physics of Fluids,2006,18(5):51703.

[31] VAN D,STEIN D,DEKKER C. Streaming currents in a single nanofluidic channel[J]. Physical
　　　Review Letters,2005,95(11):116104.

[32] GUO W,CHENG C,WU Y,et al. Bio-inspired two-dimensional nanofluidic generators based on a
　　　layered graphene hydrogel membrane[J]. Advanced Materials,2013,25(42):6064-6068.

[33] GUO W,JIANG L. Two-dimensional ion channel based soft-matter piezoelectricity[J]. Science China
　　　Materials,2014,57(1):2-6.

[34] GUO W,CAO L,XIA J,et al. Energy harvesting with single-ion-selective nanopores:a concentration-
　　　gradient-driven nanofluidic power source [J]. Advanced Functional Materials, 2010, 20 (8):
　　　1339-1344.

[35] GAO J,GUO W,FENG D,et al. High-performance ionic diode membrane for salinity gradient power
　　　generation[J]. Journal of the American Chemical Society,2014,136(35):12265-12272.

[36] HUYNH W U,DITTMER J J,ALIVISATOS A P. Hybrid nanorod-polymer solar cells[J]. Science,
　　　2002,295(5564):2425-2427.

[37] WEN L,HOU X,TIAN Y,et al. Bio-inspired photoelectric conversion based on smart-gating nanochannels
　　　[J]. Advanced Functional Materials,2010,20(16):2636-2642.

[38] DAI L. Functionalization of graphene for efficient energy conversion and storage[J]. Accounts of
　　　Chemical Research,2013,46(1):31-42.

[39] JAIN T,RASERA B C,GUERRERO R J S,et al. Heterogeneous sub-continuum ionic transport in
　　　statistically isolated graphene nanopores[J]. Nature Nanotechnology,2015,10(12):1053-1057.

[40] JOSHI S,COOK E,MANNOOR M S. Bacterial nanobionics via 3D printing[J]. Nano Letters,2018,
　　　18(12):7448-7456.

[41] CHEN L,YIN Y,LIU Y,et al. Design and fabrication of functional hydrogels through interfacial
　　　engineering[J]. Chinese Journal of Polymer Science,2017,35(10):1181-1193.

[42] CAI Y,LIN L,XUE Z,et al. Filefish-inspired surface design for anisotropic underwater oleophobicity [J]. Advanced Functional Materials,2014,24(6):809-816.

[43] SCHOLZ I,BARNES W J P,SMITH J M,et al. Ultrastructure and physical properties of an adhesive surface,the toe pad epithelium of the tree frog,litoria caerulea white[J]. Journal of Experimental Biology,2009,212(2):155-162.

[44] CAI Y,LU Q,GUO X,et al. Salt-tolerant superoleophobicity on alginate gel surfaces inspired by seaweed (saccharina japonica)[J]. Advanced Materials,2015,27(28):4162-4168.

[45] CHEN H,ZHANG P,ZHANG L,et al. Continuous directional water transport on the peristome surface of nepenthes alata[J]. Nature,2016,532(7597):85-89.

[46] LAI Y C,FRIENDS G D. Surface wettability enhancement of silicone hydrogel lenses by processing with polar plastic molds[J]. Journal of Biomedical Materials Research:An Official Journal of the Society for Biomaterials and the Japanese Society for Biomaterials,1997,35(3):349-356.

[47] DENG X,KOROGIANNAKI M,RASTEGARI B,et al. "Click" chemistry-tethered hyaluronic acid-based contact lens coatings improve lens wettability and lower protein adsorption[J]. ACS Applied Materials & Interfaces,2016,8(34):22064-22073.

[48] KAZEMI ASHTIANI M,ZANDI M,SHOKROLLAHI P,et al. Surface modification of poly (2-hydroxyethyl methacrylate) hydrogel for contact lens application[J]. Polymers for Advanced Technologies,2018,29(4):1227-1233.

[49] HUANG X,SUN Y,SOH S. Stimuli-responsive surfaces for tunable and reversible control of wettability[J]. Advanced Materials,2015,27(27):4062-4068.

[50] LIU M,WANG S,JIANG L. Nature-inspired superwettability systems[J]. Nature Reviews Materials,2017,2(7):1-17.

[51] XUE Z,WANG S,LIN L,et al. A novel superhydrophilic and underwater superoleophobic hydrogel-coated mesh for oil/water separation[J]. Advanced Materials,2011,23(37):4270-4273.

[52] LIU X,ZHOU J,XUE Z,et al. Clam's shell inspired high-energy inorganic coatings with underwater low adhesive superoleophobicity[J]. Advanced Materials,2012,24(25):3401-3405.

[53] LIN L,YI H,GUO X,et al. Nonswellable hydrogels with robust micro/nano-structures and durable superoleophobic surfaces under seawater[J]. Science China Chemistry,2018,61(1):64-70.

[54] MA S,SCARAGGI M,LIN P,et al. Nanohydrogel brushes for switchable underwater adhesion[J]. The Journal of Physical Chemistry C,2017,121(15):8452-8463.

[55] WONG T S,KANG S H,TANG S K Y,et al. Bioinspired self-repairing slippery surfaces with pressure-stable omniphobicity[J]. Nature,2011,477(7365):443-447.

[56] RYKACZEWSKI K,ANAND S,SUBRAMANYAM S B,et al. Mechanism of frost formation on lubricant-impregnated surfaces[J]. Langmuir,2013,29(17):5230-5238.

[57] ZHU L,XUE J,WANG Y,et al. Ice-phobic coatings based on silicon-oil-infused polydimethylsiloxane [J]. ACS Applied Materials & Interfaces,2013,5(10):4053-4062.

[58] YIN X,ZHANG Y,WANG D,et al. Integration of self-lubrication and near-infrared photothermogenesis for excellent anti-icing/deicing performance[J]. Advanced Functional Materials,2015,25(27):4237-4245.

[59] CHEN J,DOU R,CUI D,et al. Robust prototypical anti-icing coatings with a self-lubricating liquid water layer between ice and substrate[J]. ACS Applied Materials & Interfaces,2013,5(10):

4026-4030.

[60] DOU R,CHEN J,ZHANG Y,et al. Anti-icing coating with an aqueous lubricating layer[J]. ACS Applied Materials & Interfaces,2014,6(10):6998-7003.

[61] CHERNYY S,JARN M,SHIMIZU K,et al. Superhydrophilic polyelectrolyte brush layers with imparted anti-icing properties:effect of counter ions[J]. ACS Applied Materials & Interfaces,2014,6 (9):6487-6496.

[62] OLIJVE L L C,MEISTER K,DEVRIES A L,et al. Blocking rapid ice crystal growth through nonbasal plane adsorption of antifreeze proteins[J]. Proceedings of the National Academy of Sciences,2016,113(14):3740-3745.

[63] LIU K,WANG C,MA J,et al. Janus effect of antifreeze proteins on ice nucleation[J]. Proceedings of the National Academy of Sciences,2016,113(51):14739-14744.

[64] YANG H,MA C,LI K,et al. Tuning ice nucleation with supercharged polypeptides[J]. Advanced Materials,2016,28(25):5008-5012.

[65] YANG C,WU L,LI G. Magnetically responsive superhydrophobic surface:in situ reversible switching of water droplet wettability and adhesion for droplet manipulation[J]. ACS Applied Materials & Interfaces,2018,10(23):20150-20158.

[66] ZHANG D,WANG W,PENG F,et al. A bio-inspired inner-motile photocatalyst film:a magnetically actuated artificial cilia photocatalyst[J]. Nanoscale,2014,6(10):5516-5525.

[67] CHEN C Y,CHEN C Y,LIN C Y,et al. Magnetically actuated artificial cilia for optimum mixing performance in microfluidics[J]. Lab on a Chip,2013,13(14):2834-2839.

[68] PANG C,KOO J H,NGUYEN A,et al. Highly skin-conformal microhairy sensor for pulse signal amplification[J]. Advanced Materials,2015,27(4):634-640.

[69] ALFADHEL A,KOSEL J. Magnetic nanocomposite cilia tactile sensor[J]. Advanced Materials, 2015,27(47):7888-7892.

[70] LU H,ZHANG M,YANG Y,et al. A bioinspired multilegged soft millirobot that functions in both dry and wet conditions[J]. Nature Communications,2018,9(1):1-7.

[71] PEYER K E,ZHANG L,NELSON B J. Bio-inspired magnetic swimming microrobots for biomedical applications[J]. Nanoscale,2013,5(4):1259-1272.

[72] PALAGI S,FISCHER P. Bioinspired microrobots[J]. Nature Reviews Materials,2018,3(6): 113-124.

[73] WANG S,LIU M,FENG Y,et al. Bioinspired hierarchical copper oxide surfaces for rapid dropwise condensation[J]. Journal of Materials Chemistry A,2017,5(40):21422-21428.

[74] WANG J,LE-THE H,WANG Z,et al. Microfluidics assisted fabrication of three-tier hierarchical microparticles for constructing bioinspired surfaces[J]. ACS Nano,2019,13(3):3638-3648.